高 ● 等 ● 学 ● 校 ● 教 ● 材

现代煤化工基础

胡瑞生　李玉林　白雅琴　编

第二版

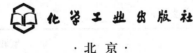

化学工业出版社

·北京·

本书按照当前化学工程与工艺专业人才培养的指导思想，在广泛吸取教学成功经验的基础上编写而成。全书共分为十章，即绪论、炼焦基础、炼焦化学产品的回收与精制、煤的气化、煤的间接液化、煤的直接液化、煤的热解及热解脱硫、新型煤化工技术、碳一化工主要产品、煤化工安全与环保。本书简要讨论了上述几个方面的基本理论、主要生产工艺流程及技术以及近年来国内外发展现状、市场前景等。

本书可作为化学工程与工艺、应用化学、能源化工、炼焦化工、应用化工技术等专业的教材或参考书，也可供从事化学工程、化学工艺、工业催化、能源、工业燃气及煤炭综合利用科研与开发的工程技术人员及生产、管理人员参阅。

图书在版编目（CIP）数据

现代煤化工基础/胡瑞生，李玉林，白雅琴编. —2版.
北京：化学工业出版社，2012.3（2023.1重印）
高等学校教材
ISBN 978-7-122-13358-8

Ⅰ．现…　Ⅱ．①胡…②李…③白…　Ⅲ．煤化工
Ⅳ．TQ53

中国版本图书馆 CIP 数据核字（2012）第 017257 号

责任编辑：徐雅妮　陈　丽　　　　　装帧设计：关　飞
责任校对：陈　静

出版发行：化学工业出版社（北京市东城区青年湖南街 13 号　邮政编码 100011）
印　　装：北京虎彩文化传播有限公司
787mm×1092mm　1/16　印张 14½　字数 329 千字　2023 年 1 月北京第 2 版第 7 次印刷

购书咨询：010-64518888　　　　　售后服务：010-64518899
网　　址：http://www.cip.com.cn
凡购买本书，如有缺损质量问题，本社销售中心负责调换。

定　　价：39.00 元

前　言

2006 年我们编写了《煤化工基础》（第一版），被许多高校选作本科教材，并得到肯定，但在这五年多的教学实践中我们深感煤化工技术发展迅速，本书已不能很好地满足当今煤化工教学需求，于是我们在《煤化工基础》（第一版）的基础上进行了修订和补充。

修订和补充的原则仍按照本科化学工程与工艺专业、应用化学专业人才培养的指导思想，同时兼顾在职培训以及高职教育，结合当今煤化工技术的发展，广泛吸取教学过程中的经验。本书仍保持简明扼要、内容新颖的特点，以满足煤化工基础课程 32～48 个学时的要求。

本书以化学原理—工艺流程—应用现状为主线，简明扼要、通俗易懂地介绍了现代煤化工基础，特别注重煤化工领域的新发展。本次修订，在第 1 章绪论中更新了煤炭资源数据，延伸了煤化工发展历史的描述，增加了煤化工产业政策。大幅度删减了第 2 章炼焦基础、第 3 章炼焦化学产品的回收与精制的内容。强化了第 4 章煤气化的新内容，如气化原理和气化类型、Lurgi、Texaco、Shell、GSP 气化方法和气化炉，地下气化方法等。补充了第 5 章煤的间接液化、第 6 章煤的直接液化的新知识和新成果。增加了第 7 章煤的热解及热解脱硫和第 8 章新型煤化工技术两章。煤的热解及热解脱硫这一章主要介绍了煤热解的基本概念、煤热解工艺、热解过程中硫的脱除以及热解脱硫的影响因素等。新型煤化工技术这一章主要介绍了煤制烯烃的工艺流程及基本原理、煤制烯烃催化剂及反应机理、MTO 与 MTP 工艺技术比较、MTO 与 MTP 技术发展与应用情况、煤制乙二醇的基本原理和工艺流程及应用、煤制天然气反应原理与基本工艺流程及应用等。细化了第 9 章碳一化工产品中甲醇的内容。完善了第 10 章煤化工安全与环保的有关内容。经过修订和补充我们感觉此书更具有现代和基础双重特色，因此，更名为现代煤化工基础。

全书共十章，第 1 章由胡瑞生和白雅琴共同编写，第 2 章、第 3 章由胡瑞生和李玉林编写；第 4 章、第 5 章、第 6 章、第 8 章由胡瑞生编写，第 9 章由白雅琴编写，第 7 章、第 10 章由内蒙古大学刘粉荣编写，全书由内蒙古大学胡瑞生统稿。

本书可作为化学工程与工艺、能源化工、煤化工、应用化学等专业的教材或参考书，也可供从事煤化工生产、城市煤气和工业燃气生产及煤炭综合利用等相关工程技术人员及管理人员参阅。

在本书编写过程中，参考了大量的文献，同时还得到了内蒙古大学化学化工学院苏海全院长及其他领导、教师和学生的支持与帮助，研究生付蕊、李春、秦丽婷、谢丽丽、其其格、王欣、李雪、丁冉冉、卢天竹、宋丽峰、陈思也参与了本书的修订工作，在此一并向他们表示衷心的感谢！

由于现代煤化工技术大多尚处于示范阶段以及技术保密等原因，加之作者水平与时间有限，书中难免有不妥之处，敬请读者批评指正。

胡瑞生
2012 年 1 月

第一版前言

我国有丰富的煤炭资源，煤炭产量和消费量均居世界首位。在石油消费量和进口量不断增加的形势下，大力发展煤化工技术是保证我国能源安全及化学工业持续发展的一项重要而紧迫的任务。国家已经将煤化工的研发及产业化列为国家中长期发展规划，是未来国家科技创新和产业化的主要研究方向之一。国内化工、电力、煤炭等行业也纷纷进行这些技术领域的应用、示范，已经形成了对这些技术的巨大需求。正是在这样的背景下，根据社会对人才的需求，国内很多高校的相关专业纷纷开设煤化工方面的选修课程，我们也在化工、应用化学等本科专业开设了煤化工基础 2 学分课程。

近年来国内简明扼要地介绍煤化工基础知识的本科教材相对较少，特别是包含煤化工研究最新发展的基础教材更为少见。本书就是在广泛汲取教学成功经验的基础上本着简明扼要、力求新颖的原则编写而成。全书共分 8 章，即绪论、炼焦、炼焦化学产品的回收与精制、煤的气化、煤的直接液化、煤的间接液化、碳一化工主要产品、煤化工安全与环境保护。书中主要讲述了上述几个方面的基本理论、原理、特点、典型生产工艺过程及其操作条件以及近年来国内外的发展历史、现状、市场前景等。其中第 1 章由胡瑞生和李玉林共同编写；第 2 章、第 3 章和第 8 章由李玉林编写；其余章节由胡瑞生和白雅琴编写；全书由胡瑞生教授主审并统稿。

本书可作为化学工程与工艺、能源化工、煤化工、炼焦化工、应用化工技术、应用化学等专业的教材或参考书，也可供从事城市煤气和工业燃气生产及煤炭综合利用部门的工程技术人员及管理人员参阅。

在本书编写过程中，参考了大量的相关中文专著和资料，同时我们的科研合作同事美国匹兹堡大学煤化工专家张玉龙博士也提供了较多的外文资料，在此谨向其作者表示感谢，同时还要感谢为本书提供大量技术资料的企业和老师、同学以及在出版过程中给予热情支持和帮助的单位和同志。另外在本书编写过程中还得到了内蒙古大学化学化工学院苏海全院长及其他领导、教师和学生的支持与帮助，在此也表示衷心的感谢！

我们对迄今为止的大量资料做了深入广泛的调研与分析，结合自己的科研实践，按化学原理一工艺流程一发展现状这一主线简明扼要地进行了介绍，这正是本书特色所在。但由于煤化工技术应用尚未形成较大规模以及技术保密等原因，加之作者水平与时间有限，书中难免有不足之处，恳请读者批评指正。

胡瑞生
2006 年 5 月

目　录

第3章 炼焦化学产品的回收与精制/ 31

第4章 煤的气化/ 74

第 9 章 碳一化工主要产品/ 174

第 10 章 煤化工安全与环保/ 193

第1章

绪　论

1.1　煤炭资源

　　煤是地球上能得到的最丰富的化石燃料，目前全世界已探明可采煤炭储量共计15980亿吨，最大可能储量10.6万亿吨，美国、俄罗斯、中国是煤炭储量比较丰富的国家，也是世界上主要产煤国，其中中国是世界上煤产量最高的国家。中国的煤炭资源在世界居于前三位，仅次于美国和俄罗斯。美国煤炭储量占全世界煤炭储量的27.1%；俄罗斯煤炭储量占17.3%；中国煤炭储量占12.6%。我国是煤炭资源丰富的国家之一，煤炭储存量远大于石油和天然气。根据有关数据统计，到2008年为止，中国完成第三次煤田预测，已查明资源储量1.3万亿吨。中国煤炭资源丰富，品种齐全、分布广泛。全国大部分省市自治区都有煤炭资源，但区域分布不均衡。总体特征是北多南少，西多东少，内蒙古、山西和西北地区最富集。从煤炭种类及分布情况看，褐煤保有资源占5.74%，主要分布在内蒙古东部、黑龙江东部、云南；低变质烟煤（长焰煤、不黏煤、弱黏煤）占51.23%，主要分布于新疆、陕西、内蒙古、宁夏；中变质烟煤（气煤、肥煤、焦煤和瘦煤）资源量占28.71%，主要分布于华北地区；高变质煤资源量占14.31%，主要分布于山西、贵州和四川南7部。2011年2月28日，国家统计局发布《2010年国民经济和社会发展统计公报》，公报数据显示，2010年全国原煤产量完成32.4亿吨，同比增长8.9%；煤炭开采及洗选业完成固定资产投资3770亿元，同比增长23.3%；煤炭出口量完成1903万吨，同比下降15%，出口金额为23亿美元，下降5.2%；煤炭进口量完成16478万吨，同比增长30.9%，进口金额169亿美元，增长60.1%。初步核算，全年能源消费总量为32.5亿吨标准煤，比上年增长5.9%。煤炭消费量增长5.3%；原油消费量增长12.9%；天然气消费量增长18.2%；电力消费量增长13.1%。全国万元国内生产总值能耗下降4.01%。我国煤炭采储量和产量均居世界前列，目前中国煤炭产量占世界的42.5%，煤炭消费总量占世界的42.6%，是世界第一大产煤国和煤炭消费国。

在我国的能源结构中，过去和现在都是以煤为主，据有关数据统计，20世纪末我国的能源构成比例为：煤炭76.2％，石油16.8％，天然气2.5％，水电4.5％。近年能源结构稍有变化：煤炭70.4％，石油19.8％，天然气3.3％，水电5.9％，核电0.6％。在电力结构中，火电约占77％，水电约占20％，其他约占3％。随着化石能源高效洁净利用和可再生能源开发，煤炭在能源结构中的比例将会进一步改善。

1.2 煤化工发展

煤化工主要是指以煤为原料经过化学加工，使煤转化为气体、液体和固体燃料及化学品的过程，包括煤的高温干馏、煤的低温干馏、煤的气化、煤的液化、煤制化学品及其他煤加工制品。

煤的加工业始于18世纪后半叶，至18世纪中叶，由于工业革命的进展，炼铁用焦炭的需要量大增，炼焦化学工业应运而生。到了18世纪末，开始由煤生产民用煤气。当时用烟煤干馏法生产的干馏煤气首先用于欧洲城市的街道照明。

1840年，由焦炭制发生炉煤气，用于炼铁。1875年使用增热水煤气作为城市煤气。同时，建成有机化学品回收的炼焦化学厂。

20世纪，许多有机化学品，大多数是以煤为原料进行生产，煤化工成为化学工业的重要组成部分。1925年，我国在石家庄建成了第一座炼焦化学厂。20世纪20～30年代间，煤的低温干馏发展较快，所得半焦可作为民用无烟燃料，而低温干馏焦油进一步加氢生产液体燃料。1934年，在上海建成立式炉和增热水煤气炉的煤气厂，生产城市煤气。

第二次世界大战前后，煤化工得到了迅速的发展，主要是以煤制液体燃料。当时研究开发技术力量比较好的国家是德国，之后煤制液体燃料应用比较成功的国家是南非。在第二次世界大战的前期和战期，德国为了战争，开展了由煤制液体燃料的研究和工业生产。1913年，柏吉斯（Bergius）成功地由煤直接液化制取液体燃料，为此柏吉斯1931年获得了诺贝尔化学奖；1939年，这种用煤高压加氢液化所制的液体燃料年产量达110万吨；1923年，德国科学家Fischer和Tropsch发明了由CO加氢合成液体燃料的费托（Fischer-Tropsch）合成法，称为煤间接液化法，1933年实现工业化生产，1938年产量达59万吨；同时，德国还建立了大型的低温干馏工厂，所得半焦用于造气，经过费托合成制取液体燃料。所得低温干馏焦油经过简单处理，用作海军船用燃料，或经过高压加氢制取汽油或柴油，第二次世界大战末期，德国用加氢液化法由煤及焦油生产的液体燃料总量达到94.5万吨。与此同时，还从煤焦油中提取各种芳烃及杂环有机化学品，作为染料、炸药等的原料。

南非由于所处的特殊地理和政治环境以及资源条件，以煤为原料合成液体燃料的工业一直连续地发展。1955年建成萨索尔一厂（Sasol-Ⅰ）；1982年又相继建成二厂和三厂，这两个厂的人造石油年产量为160万吨。

第二次世界大战后，煤化工的发展受到石油化工的很大冲击。由于廉价石油、天然气的大量开采，除了炼焦随着钢铁工业的发展而不断发展外，工业上大规模地由煤制液体燃料的生产暂时中断，煤在世界能源结构中的比例由约67％降到26％，代之兴起的是以石油和天然气为原料的石油化工。

　　1973 年，煤化工的发展又有了转机。由于中东战争以及随之而来的石油大涨价，使以煤生产液体燃料及化学品的方法又受到重视，欧美等国家加强了煤化工的研究开发工作，并取得了进展。如成功地开发了多种直接液化的方法和由合成气制甲醇，再由甲醇转化制汽油的工业生产技术。

　　20 世纪 80 年代后期，煤化工有了新的进展，成功地由煤制成醋酐，即先由煤气化制合成气，再合成醋酸甲酯，进一步进行羰化反应制得醋酐。此为在这段时间内以煤制化学品的一个最成功的范例。

　　在煤液化方面我国从 20 世纪 50 年代初即开始进行煤炭间接液化技术的研究，曾在锦州进行过煤间接液化试验，后因发现大庆油田而中止。由于 70 年代的两次石油危机，以及"富煤少油"的能源结构带来的一系列问题，我国自 80 年代又恢复对煤间接液化合成油技术的研究，由中国科学院山西煤炭化学研究所组织实施。早在"七五"期间，中国科学院山西煤炭化学研究所的煤基合成油技术就被列为国家重点科技攻关项目，2002 年建成煤间接液化 1000 吨/年合成油品开发装置，经多次运行取得成功。2004 年中国兖矿集团建成 10000 吨/年煤间接液化装置并投入了运行试验，另外，从 20 世纪 90 年代初开始研究用于合成柴油的钴基催化剂技术也正处在试验阶段。

　　近年来，煤制油项目在中国方兴未艾。在煤直接液化方面目前中国神华集团也已做了有益的尝试。神华集团煤直接液化项目总建设规模为年产油品 500 万吨，分两期建设，其中一期工程由三条生产线组成，包括煤液化、煤制氢、溶剂加氢、加氢改制、催化剂制备等 14 套主要生产装置。一期工程总投资 245 亿元，工程全部建成投产后，每年用煤量 970 万吨，可生产各种油品 320 万吨，其中汽油 50 万吨，柴油 215 万吨，液化气 31 万吨，苯、混合二甲苯等 24 万吨。由于中国对能源的需求不断增加，神华集团将用 15 年左右的时间，建立以煤为原料的煤液化和煤化工新产业，形成年产千万吨级油化产品的能力。中国神华集团从 2005 年开始筹建鄂尔多斯煤直接液化制油装置，到 2008 年 12 月 31 日，打通全流程，生产出合格油品和化工产品，标志着神华煤直接液化示范工程取得了突破性进展。

　　2006 年中国科学院山西煤炭化学研究所（简称山西煤化所）与内蒙古伊泰集团合作，在内蒙古鄂尔多斯境内采用山西煤化所自主研究开发的国产技术（包括催化剂等关键核心技术），建立 16 万吨/年煤间接制油项目，2009 年 3 月建成投产，开车累计 1248 小时，产油 10000 吨。随后，山西煤化所建设的山西潞安 16 万吨/年煤制油中试装置于 2009 年 7 月 7 日投料一次开车成功，运行 2520 小时产油 6000 吨。这两个项目的成功标志着山西煤化所间接液化示范工程取得了突破性进展，具有国际先进水平和自主知识产权的煤间接液化技术在我国已经进入工业化试运营阶段。

　　目前，全球乙烯年产量已达 13000 万吨，年增长 4%～5%，全部由石油路线裂解而来。煤制甲醇技术成熟，如果能够研究开发出一套先进的甲醇制烯烃技术，就会开辟由煤制烯烃的革命。甲醇制烯烃（Methanol to Olefins，简称 MTO）技术研究历史已经有 30 多年，国际上，20 世纪 80 年代 Mobil 公司在研究（Methanol to Gasoline，简称 MTG）时，发现改变工艺条件，可以转化为 MTO 生产路线。1992 年美国环球石油公司（UOP）和挪威海德鲁公司（Hydro）开始联合开发 MTO 工艺，对催化剂的制备、性能试验和再生以及反应条件对产品分布的影响、能量利用、工程化等问题进行了深入研究。此后，应用所研究的 MTO 技术在挪威建立了小型工业演示装置。1995 年 11 月，UOP 公司和 Hydro 公司宣布可对外转让 MTO 技术。

国内中国科学院大连化学物理研究所（简称大连化物所）是最早从事 MTO 技术研究与开发的单位之一。该所从 20 世纪 80 年代便开展了由甲醇制烯烃的工作。"六五"期间完成了实验室小试，"七五"期间完成了 300 吨/年（甲醇处理量）中试；采用中孔 ZSM-5 沸石催化剂达到了当时的国际先进水平。90 年代初又在国际上首创"合成气经二甲醚制取低碳烯烃新工艺（简称 SDTO 法）"，被列为国家"八五"重点科技攻关课题。

2006 年 8 月由大连化物所、中石化洛阳石化工程公司及陕西新兴煤化工科技发展有限公司共同研发的甲醇低碳烯烃（DMTO）技术取得了重大的突破，在日处理能力甲醇 50 吨的工业化装置上实现了接近 100% 的甲醇转化率，乙烯选择性为 40.1%，丙烯选择性为 39.0%，低碳烯烃乙烯、丙烯、丁烯选择性超过 90%，技术处国际领先水平。2010 年 9 月中国神华集团采用中科院大连化物所甲醇制低碳烯烃（DMTO）技术，在内蒙古自治区包头市建设世界首套、全球最大的 60 万吨/年煤制烯烃项目，成功投产。这标志着我国已经掌握具有自主知识产权的煤制烯烃技术中的关键技术甲醇制低碳烯烃（DMTO）技术，其产业化和商业化已取得圆满成功。2011 年 01 月神华包头煤制烯烃工厂开始商业化生产。

丙烯是仅次于乙烯的重要有机化工原料，目前世界上从事甲醇制丙烯（Methanol to propylene，简称 MTP）技术开发的公司主要是德国鲁奇（Lurgi）公司。2002 年 1 月，鲁奇公司在挪威建设了一套 MTP 中试装置。随后，鲁奇公司与中国大唐国际集团签订了技术转让协议，在内蒙古多伦县以内蒙古丰富的褐煤为原料，建设一个年产 46 万吨煤制烯烃项目。2010 年 11 月大唐多伦项目气化炉一次点火成功，目前该项目的各主要工艺流程大部分已打通，个别关键环节正在调试之中，实现全流程打通并正式投入生产指日可待。

煤制乙二醇是近年来另一个新兴的煤化工产业。以煤为原料制备乙二醇，目前主要有三条工艺路线，以煤气化制取合成气（$CO + H_2$），再由合成气一步直接合成乙二醇，称之为直接法。另外，以煤气化制取合成气，CO 催化偶联合成草酸酯，再加氢生成乙二醇，此法称为合成气间接法合成乙二醇，此法是近来被公认为较好的一种乙二醇合成路线。国际上，美国 UOP 公司、日本宇部兴产和美国联碳公司等都对此法进行了大量研究，并先后发表了一些专利，但尚未见到万吨级生产建厂的报道。我国从 20 世纪 80 年代初开始，中国科学院福建物质结构研究所、西南化工研究院、天津大学、中科院成都有机所、浙江大学、华东理工大学、南开大学等单位均开展了这方面的研究。其中，中国科学院福建物质结构研究所成绩显著，他们从 1982 年开始，进行小试研究，取得了显著成绩。2005～2006 年中国科学院福建物质结构研究所与上海金煤化工新技术有限公司合作，完成了 100 吨/年加氢生产乙二醇中试。2007 年 8 月，在内蒙古自治区通辽市启动了首期 20 万吨工业示范的乙二醇项目，2009 年 12 月试车成功，生产出合格的乙二醇产品。随后，通过对原有设计进行调整，使整套装置具备联产 10 万吨/年草酸的能力，经过联动试车，于 2010 年 5 月试产出合格的草酸产品。2011 年 11 月，该装置日产量突破 400 吨，负荷率达到 80%，这是世界上第一个以褐煤生产乙二醇的工业化装置。

煤制天然气是现代煤化工的另一个发展领域。2009 年 8 月，大唐国际发电股份有限公司内蒙古煤制天然气项目获批，是全国第一个大型煤制天然气示范工程，该项目总投资 257 亿元。建设规模为年产 40 亿立方米天然气，副产焦油 50.9 万吨、硫黄 11.4 万吨、硫铵 19.2 万吨。该工程项目落址内蒙古赤峰市克什克腾旗，利用锡林郭勒胜利煤田褐煤资源，采用先进的鲁奇碎煤加压技术等进行煤制天然气，再经输送管线送入北京，是全国第一个大型煤制天然气示范工程。该项目 2012 年建成后每年可向北京提供 40 亿立方米天然气，成为北京第二大气源，可弥补北京天然气供应不足的现状。

中国是煤炭资源大国，又是生产和消费大国，决定了中国能源消费和碳一化工发展将主要立足于煤炭。为了有效、经济和合理地利用煤炭，我国非常重视煤转化技术的发展，实现煤的高效、清洁利用，必然会带动煤化工的发展。

1.3　煤化工研究的基本内容及产业政策

1.3.1　煤化工研究的基本内容

① 以煤为原料经过化学加工实现煤的综合利用的过程称为煤化工。从煤的加工过程看，目前煤化工可分为：煤的高温干馏、煤的低温干馏、煤的气化、煤的液化、煤制化学品以及其他煤加工制品。图 1-1 为煤化工研究的基本内容。

② 煤的焦化、电石生产以及煤气化生产合成氨和甲醇属于传统的煤化工，而煤直接液化以及除甲醇生产外的其他利用煤合成气生产化工产品的过程属于现代煤化工。传统煤化工已进入成熟期，主要产品产能均已过剩；现代煤化工刚刚起步，尚处于示范阶段。

③ 炼焦是应用最早的煤化工工艺，至今仍然是煤化工的重要组成部分。炼铁用的焦炭是其主要产品，同时利用焦炭通过电石生产乙炔化学品以及聚氯乙烯，得到焦炉煤气可生产城市煤气、苯、甲苯、萘、蒽和沥青等。

④ 煤的气化在煤化工中占有重要的地位，用于生产各种燃料气，属于洁净能源。煤气化生产的合成气，可合成液体燃料即煤间接液化，也可用于合成氨、合成甲醇、醋酐、醋酸甲酯等。甲醇转化可以合成烯烃、芳烃、甲醛等，属于煤化工下游产品。煤的直接液化，即煤高压加氢液化，可以生产人造石油和化学产品。

⑤ 煤低温干馏生产的低温焦油，经过加氢生产液体燃料，低温焦油分离后可得有用的化学产品。低温干馏所得的半焦可做无烟燃料，或用作气化原料、发电燃料及碳质还原剂等，低温干馏煤气也可做燃料气。

1.3.2　煤化工产业政策

《中华人民共和国国民经济和社会发展第十二个五年规划纲要》明确指出坚持把建设资源节约型、环境友好型社会作为加快转变经济发展方式的重要着力点。深入贯彻节约资源和保护环境基本国策，节约能源，降低温室气体排放强度，发展循环经济，推广低碳技术，积极应对全球气候变化，促进经济社会发展与人口资源环境相协调，走可持续发展之路。在优化产业布局上主要是按照区域主体功能定位，综合考虑能源资源、环境容量、市场空间等因素，优化重点产业生产力布局。主要依托国内能

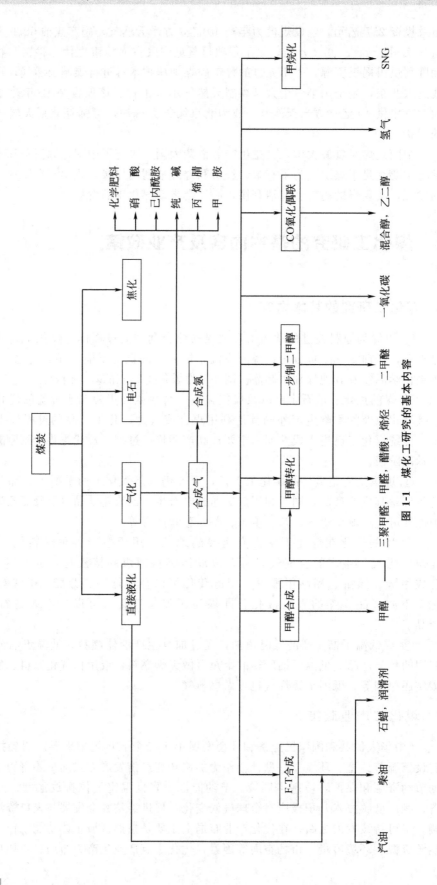

图 1-1 煤化工研究的基本内容

源和矿产资源的重大项目，优先在中西部资源地布局；在推进能源多元清洁发展方面是发展安全高效煤矿，推进煤炭资源整合和煤矿企业兼并重组，发展大型煤炭企业集团。有序开展煤制天然气、煤制液体燃料和煤基多联产研发示范，稳步推进产业化发展。加大石油、天然气资源勘探开发力度，稳定国内石油产量，促进天然气产量快速增长，推进煤层气、页岩气等非常规油气资源开发利用。2011年国家发展改革委下发《关于规范煤化工业有序发展的通知》（发改产业［2011］635号），通知要求为了全面贯彻落实国家"十二五"规划纲要的要求，进一步规范煤化工产业有序发展，一要高度重视煤化工盲目发展带来的问题，二要切实加强煤化工产业的调控和引导，三要统筹规划，做好试点示范工作。

国家发展改革委、国家能源局正在组织编制《煤炭深加工示范项目规划》和《煤化工产业政策》，经批准后将尽快组织实施。其政策取向主要有以下几点。

一是贯彻落实科学发展观和党的十七届五中全会精神，按照"十二五"规划纲要的要求，统筹国内外两种资源，在科学发展石油化工的同时，合理开发和利用好宝贵的煤炭资源，走高效率、低排放、清洁加工转化利用的现代煤化工发展之路；按照可持续发展的循环经济理念，统筹规划、合理布局，科学引导产业有序发展，使我国现代煤化工技术走在世界前沿。"十二五"重点组织实施好现代煤化工产业的升级示范项目建设。

二是加强煤化工产业规划与国民经济社会发展总体规划及相关产业规划衔接，认真落实总体规划对产业发展在节能减排等方面的要求，积极推动煤化工与煤炭、电力、石油化工等产业协调发展，努力做好煤炭供需平衡。加强水资源和水源地保护，严格控制缺水地区高耗水煤化工项目的建设。

三是煤炭净调入地区要严格控制煤化工产业，煤炭净调出地区要科学规划、有序发展，做好总量控制。新上示范项目要与淘汰传统落后的煤化工产能相结合，尽可能不增加新的煤炭消费量。推行煤炭资源分类使用和优化配置政策，炼焦煤（包括气煤、肥煤、焦煤、瘦煤）优先用于煤焦化工业。

四是提高转换效率。新上示范项目必须核算从煤炭开发到终端使用全周期的能源转换效率，并与其他转换加工方式进行科学比选和评估，全周期煤炭转换效率应明显高于行业现有水平，煤炭资源价格必须按市场价格测算，特别是对二氧化碳排放及捕捉要有明确的责任，新上示范项目应具有大幅减少二氧化碳排放的能力。

五是严格产业准入标准，确保项目科学、高效率、高效益。示范项目建设要按照石化产业的布局原则，实现园区化，建在煤炭和水资源条件具备的地区；项目业主应同时具有资本、技术和资源方面的优势，工程建设方案和市场开发方案必须做到资源利用合理、竞争能力强，并经过充分比选论证。

六是示范项目的实施主要为了探索和开发出科学高效的煤化工技术，培育具有知识产权和竞争能力的市场主体。因此，原则上，一个企业承担一个示范项目，有条件发展煤化工的地区在产品和示范项目上也有严格的数量限制。工程建成后要严格考核验收，及时总结。

因此，煤化工发展要坚持循环经济的原则，走大型化、基地化、洁净化的路子，发展开放式的循环产业链条；安全发展，认真进行安全风险评估；加强自主创新，坚持以我为主的自主创新政策，加大政策支持力度，鼓励煤化工设备国产化。煤化工产业要充分处理好与原料的衔接关系，实现原料供应的多元化，尽量利用劣质煤、高硫煤进行煤化工产业；充分处理好与水资源关系。大力实施清洁煤战略，支持多联产系统的煤炭 能源 化工一体化新兴产业。研究并开发适合我国国情的先进的现代煤化工技术。

思考题

　　1　中国的煤炭资源排世界中的第几位？中国煤炭在地域上的总体分布特征是什么？

　　2　什么是煤化工？其发展过程主要经历了哪些变化？在我国发展煤化工有何优势？

　　3　从煤的加工过程来看，目前煤化工主要包括哪些分支？

　　4　我国煤化工产业政策主要有哪些？

第2章

炼 焦

2.1 概述

煤在隔绝空气的条件下，加热到 950～1050℃，经过干燥、热解、熔融、黏结、固化、收缩等阶段，最终制得焦炭，这一过程称高温炼焦或高温干馏，简称炼焦。

2.1.1 炼焦炉的发展

从炼焦方法的进展看，炼焦炉经历了煤成堆、窑式、倒焰式、废热式和蓄热式等几个阶段。高温炼焦始于 16 世纪，当时是用木炭炼铁的。17 世纪因木炭缺乏，英国首先试验用焦炭代替木炭炼铁，中国及欧洲开始生产焦炭，当时，将煤成堆干馏，以后演变为窑式炼焦，炼出的焦炭产率低、灰分高、成熟度不均匀。为了克服上述缺点，18 世纪中叶，建立了倒焰炉，将一个个成焦的炭化室与加热的燃烧室之间用墙隔开，墙的上部设连通道，炭化室内煤干馏产生的荒煤气经流通道直接进入燃烧室，与来自炉顶通风道的空气相汇合自上而下地边流动边燃烧。这种焦炉的结焦时间长，开停不便。19 世纪，随着有机化学工业的发展，要求从荒煤气中回收化学产品，产生了废热式焦炉，将炭化室和燃烧室完全隔开，炭化室内煤干馏生成的荒煤气，先用抽气机抽出，经回收设备将煤焦油和其他化学产品分离出来，再将净焦炉煤气压送到燃烧室燃烧，以向炭化室提供热源，燃烧产生的高温废气直接从烟囱排出，这种焦炉所产煤气，几乎全部用于自身加热。

为了降低耗热量和节省焦炉煤气，1883 年发展了蓄热式焦炉，增设蓄热室。高温废气流经蓄热室后温度降为 300℃ 左右，再从烟囱排出。热量被蓄热室储存，用来预热空气。这种焦炉可使加热用的煤气量减少到煤气产量的一半，用来预热高炉煤气时，几乎将全部焦炉煤气作为产品，因而大大降低了生产成本。近百年来，炼焦炉在总体上仍然是蓄热式、间隙装煤、出焦的室式焦炉。

从筑炉材料看，自 19 世纪 90 年代起，砌筑焦炉的耐火砖由黏土砖改为硅砖，使结焦时间从 24~48h 缩短到 15h，使一代焦炉从 10 年延长到 20~25 年。近年来，随着硅砖的高密度化、高强度化和砖型的合理化，炼焦炉将进一步提高导热性和严密性，从而进一步缩短了结焦时间和延长了炉龄。

从炉体的构造看，为了炼出强度高、块度均匀的焦炭和提高化学产品的产率，炉体设计必须有利于均匀加热，同时，适当降低炉顶空间温度，以减轻二次裂解，此外，为使焦炉和高炉配套，以提高劳动生产率，焦炉正向大型化发展。

为了实现均匀加热，需要发展和完善加热设备。即尽可能降低燃烧系统的阻力和异向气体之间的窜漏。近年来，在加热煤气设备方面，逐步向自动调节和程序加热方向发展。

总之，为了实现焦炉高效低耗、提高生产率，焦炉正朝着大型化、全机械化和自动化方向发展。

2.1.2 炼焦化学工业产品

在炼焦过程中，除了产出焦炭（约占 78%，质量分数，以下同）外，还产生焦炉煤气（占 15%~18%）和煤焦油（2.5%~4.5%），这两种副产品中含有大量的化工原料，可广泛用于医药、染料、化肥、合成纤维、橡胶等生产部门。回收这些化工原料，不仅能实现煤的综合利用，而且也可减轻环境污染。

(1) 焦炭

焦炭的 90% 以上用于冶金工业的高炉炼铁，其余的用于机械工业、铸造、电石生产原料、气化及有色金属冶炼等。

(2) 焦炉煤气

煤在焦炉中加热，由于煤分子的热解，析出大量的气态物质，即为焦炉煤气。焦炉煤气的热值高，是冶金工业重要的燃料。经过净化后，可作为工业燃料和民用煤气。从焦炉煤气中提取的物质主要有：氨，产率为 0.25%~0.4%，可生产硫铵和无水氨等；粗苯（产率为 0.8%~1.1%）和酚类产品，粗苯经过精制可得苯、甲苯、二甲苯，还有古马隆-茚树脂等；硫化物（产率为 0.2%~1.5%）可生产硫黄；吡啶等。

(3) 煤焦油

荒煤气经过冷却析出的煤焦油，分两步进行处理。首先用蒸馏的方法，将沸点相近的组分集中在各种混合馏分中，然后再对各混合馏分进一步精制得纯产品，焦油蒸馏所得的馏分如下。

① 轻油馏分　可提取苯、甲苯、二甲苯、重苯等。

② 酚油馏分　可提取酚、甲酚、二甲酚等。

③ 萘油馏分　生产萘、精萘、工业喹啉等。

④ 洗油馏分　主要用作苯类吸收剂。

⑤ 蒽油馏分　提取蒽、菲、咔唑等。

⑥ 沥青　铺路、生产沥青焦和电极沥青等。

2.2 焦炭的性质及其用途

2.2.1 物理性质

焦炭是以炭为主要成分、银灰色的棱块固体，内部有纵横裂纹，沿焦炭纵横裂纹分开即为焦块，焦块含有微裂纹，沿微裂纹分开，即为焦体，焦体由气孔和气孔壁组成，气孔壁即为焦质。焦炭裂纹多少对其粒度和抗碎强度有直接的影响。焦炭微裂纹的多少、孔泡结构与焦炭的耐磨强度、高温反应性能密切相关。孔结构可用气孔率表示。

(1) 真密度、假密度和气孔率

焦炭的真密度是单位体积焦质的质量，通常为 $1.7 \sim 2.2 g/cm^3$。它与炼焦煤的煤化度、惰性组分含量和炼焦工艺有关。假密度是单位体积焦块的质量，它与焦炭的气孔率和真密度有关。气孔率是指气孔体积占总体积的分数，它们的关系为：

$$气孔率 = (1 - 假密度/真密度) \times 100\%$$

(2) 粒度

因焦炭的外形不规则，尺寸不均一，故用平均粒度表示。用多级振动筛将一定量的焦炭试样筛分，分别称各级筛上焦炭质量，得各级焦炭占试样总量的分数 γ_i 和该级焦炭上下两层筛孔的平均尺寸 d_i，则算术平均直径 d_D 为

$$d_D = \sum \gamma_i d_i$$

这样，由 d_D 将焦炭分为不同块度的级别。若焦炭的平均粒径大于 25mm，称冶金焦，一般用于高炉炼铁；若平均粒径在 $10 \sim 25mm$ 称粒焦，用于动力、燃料；小于 15mm 的称粉焦。全焦中冶金焦的产率应达到 95% 以上。

(3) 机械强度——耐磨强度和抗碎强度

焦炭耐磨强度和抗碎强度，各国均以转鼓法测定，虽然装置和转鼓特性各不相同，反映焦炭强度的灵敏性也不相同，但各种转鼓都对焦炭施加摩擦力和冲击力的作用。当焦炭外表面承受的摩擦力超过气孔壁强度时，就会产生表面薄层分离现象，形成碎末，焦炭抵抗这种破坏的能力称耐磨性或耐磨强度。当焦炭承受冲击力时，焦炭裂纹或缺陷处碎成小块，焦炭抵抗这种破坏的能力称抗碎性或抗碎强度。一般用焦炭在转鼓内破坏到一定程度后，粒度小于 10mm 的碎焦数量占试样的质量分数表示耐磨强度，即 M_{10}；粒度大于 40mm 的块焦数量占试样的质量分数表示抗碎强度即 M_{40}。

2.2.2 焦炭的反应性

焦炭的反应性是指焦炭与 CO_2 的碳溶反应性，这与原料煤的性质、组成、炼焦工艺和高炉冶炼条件等都有关系。我国对冶金焦的反应性是这样表征的：用 200g 粒度为 5mm 的焦炭，在 1100℃下通入 5L/min 的 CO_2，反应 2h 后，焦炭失重的百分比就是其反应性指标。也可用与焦炭反应的 CO_2 的容积速率 $[mL/(g \cdot s)]$ 来表征。

2.2.3 焦炭的用途及其质量指标

前已述及，焦炭广泛用于高炉炼铁、铸造和电石等方面，它们对焦炭的质量要求各有不同，其中，冶金焦的用量最大，占 90%，对焦炭的质量要求也最高。

2.2.3.1 冶金焦

(1) 冶金焦的作用

高炉焦的作用主要有三种，即供热燃料、还原剂和疏松骨架。高炉焦是炼铁过程中的主要供热燃料，不完全燃烧反应生成的 CO 作为高炉冶炼过程的主要还原剂。高

炉内还原反应有两类：一是间接还原反应，在炉子上部，温度低于 $800 \sim 1000℃$，主要发生铁氧化物和 CO 的反应，生成 CO_2 和 Fe，其总的热效应是正的；二是直接还原反应，在料柱中段，温度高于 $1100℃$，焦炭与矿石仍然保持层层相间，但矿石外缘开始软化，温度较高的内缘已经接近熔化，故这一区段称为软融带。在软融带内，主要发生 FeO 与 C 的直接还原反应，生成 CO 和 Fe。此反应分两步进行，第一步是 CO_2 和 C 的反应，叫碳溶反应，第二步是 FeO 与 CO 反应，生成 Fe 和 CO_2。第一步反应吸收大量的热且消耗碳而使焦炭的气孔壁削弱、粒度减小、粉末含量增加，会使料柱的透气性显著降低。

因此，应发展间接还原，而降低直接还原。间接还原属于气固反应，为扩散控制，故可采用以下措施：采用富氧鼓风和炉身喷吹高温 CO 和 H_2 等还原性气体，这样，既可以提高煤气流和铁矿石的表面上的 CO 和 H_2 的浓度差，又可以提高煤气流的温度，从而提高 CO 和 H_2 的扩散速度以提高间接还原速度；缩小铁矿石的粒度并改善其内部结构，试验表明，矿石粒度减小，间接还原度增加；选择气孔率和比表面大的矿石，间接还原度高，如同一粒度下，间接还原度以球团矿、烧结矿、赤铁矿和磁铁矿的次序依次增加。

还原反应是发生在上升煤气和下降炉料的相向接触中，整个料柱的透气性是高炉操作的关键，所以高炉焦的重要作用在于它是料柱的疏松骨架。尤其在料柱的下部，固态焦炭是煤气上升和铁水、熔渣下降所必不可少的高温填料。

（2）冶金焦的质量要求

对冶金焦的要求主要有以下几方面。

① 强度　焦炭在高炉中下降时，受到摩擦和冲击作用，而且高炉越大，此作用也越大。所以，越大的焦炉，要求焦炭的强度也越高。我国高炉焦的强度要求如表2-1 所示。

表 2-1　我国高炉焦的强度

指标		级		别	
		Ⅰ	Ⅱ	ⅢA	ⅢB
$M_{40}/\%$	≥	76.0	68.0	64.0	58.0
$M_{10}/\%$	≤	8.0	10.0	11.0	11.5

② 粒度　焦炭和矿石是粒度不均一的散状物料，散料层的相对阻力随着散料的平均当量直径和粒度均匀性的增加而减少。所以，炉料粒度不能太小，矿石应筛除小于 5mm 的矿粉，焦炭应筛除小于 10mm 的焦粉。焦炭粒度不应比矿石粒度大得太多。一般认为，入炉焦炭的平均粒度以 50mm 左右为合适；在软融带及以下区域，为了不使料柱结构恶化而使其透气性差，一般认为风口焦平均粒度应大于 25mm，并尽可能地减少燃烧区内小于 5mm 的粉焦。由此要求全面改善焦炭质量，尤其是降低焦炭的反应性，粉焦量少，以保证高炉料柱具有良好的透气性。

③ 反应性　高炉内焦炭降解的主要原因是碳溶反应。高炉焦作为料柱的疏松骨架，最重要的性质是反应性低。碱金属对碳溶反应有催化作用。焦炭和矿石带入高炉的碱金属，只有一部分排出炉外，大部分在炉内循环，循环碱量是炉料带入量的 6 倍，并富集于发生碳溶反应的直接还原区，碱金属吸附在焦炭表面，催化碳溶反应。

因此，为了使焦炭反应性低，除了提高炉渣带出碱量，还应力求控制焦炭和矿石的带入碱量。

④ 灰分和硫分 矿石中的脉石和焦炭中的灰分，其主要成分是 SiO_2 和 Al_2O_3，它们的熔点和还原温度都很高（大于 1700℃）。为了脱除脉石和灰分，必须加 CaO 和 MgO 等碱性氧化物或碳酸盐，使之与 SiO_2 和 Al_2O_3 反应生成低熔点化合物，从而在高炉内形成流动性较好的熔融炉渣，借密度不同和互不溶性与铁水分离。

造渣过程分固相反应、矿石软化、初渣生成、中间渣滴落和终渣形成 5 个阶段。因为焦炭中的灰分，是焦炭在高炉下部回旋区燃烧时才转入炉渣的，所以，中间渣的灰分比终渣高，为将此灰分造渣，中间渣的碱度也高。

高炉炼铁中的硫，60%～80% 来自焦炭，其余是矿石和熔剂中的硫。硫的存在形式虽有多种，但在高温下，均生成气态硫及其化合物而进入上升煤气流中，其中的一小部分随煤气排出炉外，大部分被上部炉料中的 CaO、FeO 和金属铁所吸收，并随炉料下降，形成硫循环。高炉内的硫易使生铁铸件脆裂，所以要尽量脱除之。高炉内脱硫主要靠炉渣带出，其反应为：

$$[FeS]+(CaO)\longrightarrow(CaS)+[FeO]$$
$$[FeO]+C\longrightarrow CO+[Fe]$$

式中，（　）表示渣中，［　］表示铁水中。要降低铁水含硫量，应减少炉料带入硫量和提高硫的分配系数，$L_s=$（S）/［S］，由渣铁间脱硫过程的研究表明：L_s 随温度和炉渣碱度的提高而提高。因此，当炉料含硫较高时，必须提高炉缸温度和炉渣碱度。

由此可见，焦炭的灰分、硫分高时，炉渣的碱度就高，这会导致：炉渣熔化温度升高，一旦炉温波动就可引起局部凝结而难行或悬料；炉渣黏度增大，降低料柱的透气性；CaO 过剩，使 SiO_2 与之结合，而使碱金属氧化物与 SiO_2 的结合概率降低，则炉渣带出的碱金属量减少，高炉内碱循环量增加，碳溶反应加剧；此外，焦炭与灰分的热胀性不同，当焦炭被加热至炼焦温度时，焦炭沿灰分颗粒周围产生并扩大裂纹，使焦炭碎裂或粉化。

总之，焦炭的灰分和硫分高会给高炉炼铁带来种种不利影响，其结果是：焦炭灰分每升高 1%，则高炉熔剂消耗量将增加 4%，炉渣量将增加约 1.8%，生铁产量约降低 2.6%；焦炭硫分每增加 0.1%，焦炭消耗量增加约 1.6%，生铁产量减少 2%，所以要尽可能地降低焦炭中的硫分和灰分。

2.2.3.2 铸造焦

铸造焦用于冲天炉中，以焦炭燃烧放出的热量熔化铁，要求铸造焦有如下性能。

(1) 粒度适宜

为使冲天炉熔融金属的过热温度足够高，流动性好，应使焦炭粒度不致过小，否则，会使碳的燃烧反应区降低，进而使过热区温度过低。铸造焦粒度过大，使燃烧区不集中，也会降低炉气温度，一般，制造焦粒度为 50～100mm。

(2) 硫含量较低

硫是铁中有害元素，通常控制在 0.1% 以下。冲天炉内焦炭燃烧时，焦炭中部分硫生成 SO_2 随炉气上升，在预热区和熔化区与固态金属炉料反应生成 FeS 和 FeO，铁料熔化后，流经底部焦炭层时，硫还会进一步增加，一般，在冲天炉内，铁水增硫量为焦炭含硫量的 30%。

此外，还要有一定的机械强度，灰分尽可能低，气孔率约为 44%。

2.2.3.3 电石焦

电石焦是电石生产的碳素材料，每生产一吨电石约需焦炭 0.5 吨。电石生产过程是在电炉内将生石灰熔融，并在小于 1200℃下，将其与电石焦中 C 发生如下反应

$$CaO + 3C \longrightarrow CaC_2 + CO$$

对电石焦的要求如下：

① 粒度为 3~20mm，因为生石灰导热性是焦炭的 2 倍，所以，其粒度也为焦炭的 2 倍；

② 含碳量要高（>80%），灰分要低（<9%）；

③ 水分小于 6% 以下，以免生石灰消化。

2.3 炼焦用煤及其成焦理论

最初，炼焦只用单种煤，其缺点有二：一是随着炼焦工业的发展，炼焦煤的储量不够；二是容易造成炼焦操作困难，且化学产品产率小。以后随着高炉炼铁技术的迅速发展，从而扩大了炼焦煤源。近年来，由于高炉大型化和采用高压富氧喷吹燃料（粉煤、油和天然气等）技术，对焦炭的质量要求是：除了有较高的冷态强度、适宜的块度、低灰和低硫外，还要有较高的热态强度和高温下的其他各种性能。但是，已知目前优质炼焦煤的储量明显短缺，所以为了使用劣质煤而炼出优质焦炭、扩大煤源，已采用了一些配煤新工艺，如煤的预热、干燥、选择破碎、捣固、配型煤、配黏结剂或瘦化剂等。

2.3.1 煤的组成

构成煤的元素有多种，主要元素是碳。随着煤的煤化度的升高，其含碳量增加，如泥炭的含碳量为 50%~60%，褐煤为 60%~77%，烟煤为 74%~92%，无烟煤为 90%~98%。煤中第二重要元素是氢，其含量随煤化度的升高而减少。煤中的氮主要由成煤植物中的蛋白质转化而来，以有机氮形式存在，煤含氮量约为 0.8%~1.8%，随煤化度的升高而略有减少。干馏时，煤中的大部分氮转化为氨和吡啶类。煤中的氧随煤化度的升高而迅速下降，从泥炭到无烟煤，氧含量由 30%~40% 降为 2%~5%。煤中硫和磷含量很低，能达到炼焦用煤的工业要求。煤中的硫以两种形式存在，一种是蓄积于矿物质中的无机硫，在洗选煤时可除掉一部分；另一种是存在于有机质结构中的有机硫，分布均匀，用物理洗选法不能脱除。

煤中的矿物质是有害成分，根据其来源有两种。一是内在矿物质，是植物生长期间从土壤中吸收的碱性物和成煤过程中泥炭阶段混入的黏土、砂粒（氧化铝和二氧化硅）、硫化铁等。其中的碱性物质无法除掉，黏土、砂粒等可通过粉碎洗选除去一部分。二是外在矿物质，是煤开采中混入的顶板、底板和煤夹层中煤矸石，其密度大，可用重力洗选法清除。煤在完全燃烧时，其中的矿物质以固体的形式残留下来，称为灰分。在炼焦过程中，煤中灰分几乎全部留在焦炭中，焦炭中的灰分可降低焦炭强度，并且给高炉冶炼也带来不利影响。

　　煤中的水分也有两种：内在和外在水分，合起来为总水分。内在水分取决于煤的岩相类型和变质程度，变质程度高，则内在水分少；外在水分取决于开采、加工、储运条件。煤的水分过高会影响炼焦炉的操作稳定。

2.3.2　煤的黏结成焦

　　(1) 煤的成焦过程机理

　　烟煤是组成复杂的高分子有机物混合物。它的基本结构单元是不同缩合程度的芳香核，其核周边带有侧链，结构单元之间以交联键连接。高温炼焦过程可分为以下四个阶段。

　　① 干燥预热阶段　煤由常温逐渐加热到 350℃，失去水分。

　　② 胶质体形成阶段　当煤受热到 350～480℃时，一些侧链和交联键断裂，也发生缩聚和重排等反应，但是次要的，形成分子量较小的有机物。黏结性煤转化为胶质状态，分子量较小的以气态形式析出或存于胶质体中，分子量最大的以固态形式存在于胶质体中，形成了气、液、固三相共存的胶质体。由于液相在煤粒表面形成，将许多粒子汇集在一起，所以，胶质体的形成对煤的黏结成焦十分重要，不能形成胶质体的煤，没有黏结性，黏结性好的煤，热解时形成的胶质状的液相物质多，而且热稳定性好。又因为胶质体透气性差，气体析出不易，故产生一定的膨胀压力。

　　③ 半焦形成阶段　当温度超过胶质体固化温度 480～650℃时，液相的热缩聚速度超过其热解速度，增加了气相和固相的生成，煤的胶质体逐渐固化，形成半焦。胶质体的固化是液相缩聚的结果，这种缩聚产生于液相之间或吸附了液相的固体颗粒表面。

　　④ 焦炭形成阶段　当温度升高到 650～1000℃时，半焦内的不稳定有机物继续进行热分解和热缩聚，此时热分解的产物主要是气体，前期主要是甲烷和氢，随后，气体分子量越来越小，750℃以后主要是氢。随着气体的不断析出，半焦的质量减少较多，因而，体积收缩。由于煤在干馏时是分层结焦的，在同一时刻，煤料内部各层所处的成焦阶段不同，所以收缩速度也不同；又由于煤中有惰性颗粒，故而产生较大的内应力，当此应力大于焦饼强度时，焦饼上形成裂纹，焦饼分裂成焦块。

　　(2) 煤的成焦特征

　　炭化室内的煤料由两侧的炉墙供热，加煤前炉墙的温度为 1100℃，当把湿煤加入炭化室中时，炉墙温度迅速下降。若煤料水分含量高，炉墙温度下降也多。炭化室中煤料的温度与其结焦过程的状态、位置和加热时间密切相关，见图 2-1。

　　由图 2-1 可见，当煤料的位置一定时，各层煤料的温度随着结焦时间的延长而逐渐升高。当加热时间一定时，煤料距炉墙越近，温度越高，结焦成熟得越早。在装煤后约 3～7h，在靠近炉墙部位已经形成焦炭，而由炉墙至炭化室中心方向，依次为半焦层、胶质层、干煤层和湿煤层，这就是成层结焦；在装煤后约 11h，相当于结焦时间的 2/3，此时，两侧胶质体移至中心处汇合，膨胀压力达到最大，此压力将焦饼从中心推向两侧墙，从而形成焦饼中心上下直通的裂纹，称为焦缝。此时，由于炉料大部分已经形成焦炭，传热系数较大，且煤气直接从中心裂纹通过，因此，这里的升温速度和温度梯度都较大，收缩应力就大，所以裂纹也多。当煤料的温度一定时，距炉墙越近的煤料，加热的时间越短，升温速度越大。如在 100～350℃，炉墙附近煤料的升温速度可达 8.0℃/min，而在炭化室中心，只有 1.5℃/min。所以，靠近炉墙的

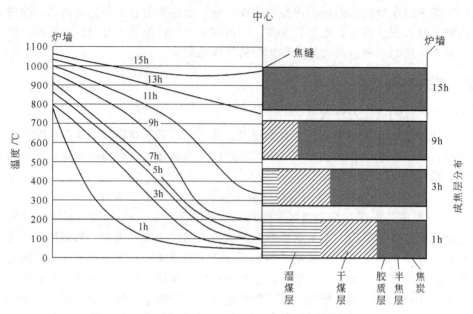

图 2-1 炭化室中煤料的温度、结焦时间和状态的关系

焦炭裂纹很多，称为焦花。

2.3.3 炼焦用煤及其结焦特性

炼焦用煤主要有气煤、肥煤、焦煤、瘦煤，它们的煤化度依次增大，挥发分依次减小，因此半焦收缩度依次减小，收缩裂纹依次减小，块度依次增加。以上各种煤的结焦特性如下。

(1) 气煤

气煤的挥发性最大，半焦收缩量最大，所以，成焦后裂纹最多、最宽、最长。此外，气煤的黏结性差，膨胀压力较小，为 $2940\sim14700Pa$。因为气煤产生的胶质体量少，热解温度区间小，约为 $90℃$（$350\sim440℃$），热稳定性差。

炼焦时加入适当的气煤，既可以炼出质量好的焦炭，合理利用资源，又能增加化学产品的产率，还便于推焦，保护炉体。

(2) 肥煤

肥煤的挥发分比气煤低，但仍较高。在半焦收缩阶段最高收缩速度和最终收缩量也很大，但肥煤在最高收缩速度时，其气孔壁已经较厚，因此，产生的裂纹比气煤少，焦块的块度和抗碎性都比气煤焦好。肥煤除了具有挥发分高、半焦收缩量大的特点外，还有它的显著特点是产生胶质体数量最多、黏结性最好和膨胀压力最大为 $4900\sim19600Pa$。因为肥煤的热解温度区间最大，约为 $140℃$（$320\sim460℃$），若加热速度为 $3℃/min$，则胶质体约存在 $50min$。

用肥煤炼焦时，可多加瘦煤等弱黏煤，既可扩大煤源，又可减轻炭化室墙的压力，以利推焦。但是，肥煤的结焦性较差，配合煤中用此煤时，气煤用量应该减少。

(3) 焦煤

焦煤的挥发分适中，比肥煤低，半焦最大收缩的温度（即开始出现裂纹的温度）较高，约为 $600\sim700℃$，收缩过程缓和及最终收缩量也较低，所以，焦块裂纹少、块大、气孔壁厚、机械强度高。值得指出的是焦煤的膨胀压力很大，因为，焦煤虽然在热解时产生的液态物质比肥煤少，但胶质体不透气性大，热稳定性高，热解温度区间较大，约为 75℃（390～465℃），胶质体黏度也较大，因此，膨胀压力很大，约为 14700～34300Pa。

炼焦时，为提高焦炭强度，调节配合煤半焦的收缩度，可适量配入焦煤，但不宜多用。因为焦煤储量少，膨胀压力大，收缩量小，在炼焦过程中对炉墙极为不利，并且容易造成推焦困难。

（4）瘦煤

瘦煤的挥发分最低，半焦收缩过程平缓，最终收缩量最低，半焦的最大收缩速度的温度较高。瘦煤炼成的焦炭块度大，裂纹少，熔融性较差。因其碳结构的层面间容易撕裂，故耐磨性差。瘦煤热解时，液体产物少，热解温度区间最窄，仅为 40℃（450～490℃），所以，黏结性差。膨胀压力约为 19600～78400Pa。

炼焦时，在黏结性较好、收缩量大的煤中适当配入，既可增大焦炭的块度，又能充分利用煤炭资源。

2.3.4　配煤

2.3.4.1　配煤的目的和意义

从以上几种炼焦煤的结焦特性看，若用它们单独炼焦，不是焦炭的质量不符合要求，就是使操作困难。比如，早期只用焦煤炼焦，其缺点是：焦煤储量不足；焦饼收缩小，造成推焦困难；膨胀压力大，容易胀坏炉墙；化学产品产率低。从国情出发，我国的煤源丰富，煤种齐全，但焦煤储量较少。从长远看，配煤炼焦势在必行。因此炼焦工艺中，普遍采用多种煤的配煤技术。合理的配煤不仅同样能够炼出好的焦炭，还可以扩大炼焦煤源，同时有利于操作和增加化学产品。我国生产厂的配煤种数一般为 4～6 种。

2.3.4.2　配煤的质量指标

由于配煤的多样性和复杂性，迄今尚未形成普遍适用又精确的配煤理论和实验方法。20 世纪 50 年代以来，在预测焦炭的实验方法上有所发展，由此得出了一些配煤概念和统计规律，虽然在一定条件下，有一定的指导作用，但还不完善。所以，实际配煤方案的确定，还需要通过实验来完成。现在，大型焦化厂都有配煤试验炉，以其试验结果来指导配煤。配煤质量是决定焦炭质量的重要因素。配合煤应满足如下要求。

（1）配煤工业分析

配煤工业分析项目主要有水分、灰分、挥发分和硫分。

① 水分　工业分析中所测水分是煤的内在和外在水分之和，即全水分。湿煤失去外在水分后为风干煤，失去内在水分为干煤。

配煤中水分大时，会对炼焦过程带来种种不利影响：水的蒸发要吸收大量热，使焦炉升温速度减慢；装煤时使炭化室砌体骤冷，内应力负荷增大，影响炉体寿命；降低煤料堆密度；水分大时，会使焦炭强度降低。配煤水分太低时，在破碎和装煤时造成煤尘飞扬，恶化操作条件，还会使焦油中游离碳含量增加。一般，焦化厂把水分控制在 8%～10%。

② 灰分　配煤的灰分是以干煤为基准，可按各单种煤的灰分由加权平均计算得到。炼焦时配煤中的灰分全部转入焦炭，按 76% 的成焦率，焦炭灰分是配煤的 1.32 倍。而焦炭的灰分高，会使炼铁时的焦炭和石灰石消耗量都增高，高炉的生产能力降低；同时，灰分中的大颗粒在焦炭中形成裂纹中心，使焦炭的抗碎强度降低，也使焦炭的耐磨性变差，所以，必须严格控制配煤的灰分。对中小炉，因炉容小，焦炭灰分影响相对较小，焦炭灰分为 14%～15%，配煤灰分为 10.5%～11.2%；对大型高炉则规定得低些。为了降低配煤中的灰分，应适当少配中等煤化度的焦煤、肥煤，因为它们灰分高且难洗，多配高挥发分弱黏煤，它们储量大且灰分低易洗。

③ 挥发分　配煤挥发分是煤中有机质热分解的产物，可按配煤中各单种煤的挥发分加权平均计算得到。评价煤质时，须排除水分和灰分产生的影响，所以是可燃基的挥发分。根据我国煤炭资源的特点，并且为了提高化学产品的产率，应在可能条件下多配气煤。但挥发分高的煤料，其结焦性低于中等挥发分煤，又因收缩系数大，故当配用量过多及温度梯度已经确定时，会使焦炭的平均粒小，抗碎强度低。所以配煤的挥发分不宜过高。大量生产试验表明，当挥发分在 25%～28% 时，焦炭的气孔率和比表面积最小，当挥发分在 18%～30% 时，焦炭的各向异性程度高，耐磨强度和反应后的强度为最佳。

④ 硫分　我国不同地区所产的煤含硫量不同，东北、华北地区的煤含硫较低，中南、西南地区的煤含硫较高。硫是高炉炼铁的有害成分，配煤中的硫分有 80% 左右转入焦炭，焦炭硫分一般要求小于 1.0%～1.2%，因此配煤的硫分应控制在 1% 以下。降低配煤硫含量的途径，一是通过洗选除掉部分无机硫，二是配合煤料时，适当将高、低硫煤调配使用。

（2）黏结性和膨胀压力

黏结性是配煤炼焦中首先考虑的指标。煤的黏结性是指烟煤粉碎后，在隔绝空气的条件下加热至一定温度，发生热分解，产生具有一定流动性的胶质体，可与一定量的惰性颗粒混熔结合，形成气、液、固相的均匀体，其体积有所膨胀，这种在干馏时黏结本身和惰性物的能力，就是煤的黏结性。煤的黏结性大小可用多种指标表示，我国最常用的是胶质层最大厚度 Y 和黏结指数 G，其值可在胶质层测定仪中测得，也可按加权平均作近似计算。它们的数值越大，煤的黏结性越好。为了获得熔融性良好、耐磨性强的焦炭，配煤必须具有适当的 Y 和 G 值。黏结性好的煤，$Y = 16\sim18\text{mm}$，$G = 65\%\sim78\%$。

膨胀压力是配煤中另一个必须考虑的指标。膨胀压力的大小和煤的黏结性和煤在热解时形成的胶质体性质有关。一般挥发分高的弱黏结性煤，膨胀压力小；胶质体不透气性强，膨胀压力大。膨胀压力可促进胶质体均匀化，有助于加强煤的黏结。对黏结性弱的煤，可通过提高堆密度的办法来增大膨胀压力。但膨胀压力过大，能损坏炉墙。试验表明，安全膨胀压力应小于 $10\sim15\text{kPa}$。膨胀压力和胶质层最大厚度分别是胶质体的质和量的指标，黏结性好的煤，膨胀压力为 $8\sim15\text{kPa}$。

（3）粒度

配煤粒度也是保证配煤质量的重要因素。由于配煤中个单种煤的性质不同，即使同一种煤的不同岩相组分，其性质也不同，所以配煤炼焦应将煤粉碎混匀，才能炼出熔融性好、质量均一的焦炭。我国大多数焦化厂配煤粒度控制在小于 3mm 的约占 90%。若配煤中大颗粒含量增大，就会造成弱黏结性煤和惰性物质的熔融性不好，出现较多的裂纹中心，影响焦炭质量。若细煤粒的含量增多，则会增加煤粒的表面积，减少煤的堆密度，这不但影响焦炭的质量，而且对装煤操作也不利。

另外，配煤中各种煤的黏结性不同，其粒度要求也不同。对黏结性好的、含活性成分（加热时软化熔融）多的煤易碎，应粗粉碎；反之则难碎，应细粉碎。采用选择破碎可满足此要求，其工艺流程见图 2-2。黏结性差的和不黏结的煤组分，由于其硬度大，所以在粉碎时仍留在大粒级中，将其筛分出来，再进行粉碎。这样，在炼焦过程中，惰性成分被活性成分恰当地润湿、分散和黏结，从而形成组织均一、裂纹少的焦块。同时，惰性成分能使焦炭的气孔壁增厚，提高焦炭强度。

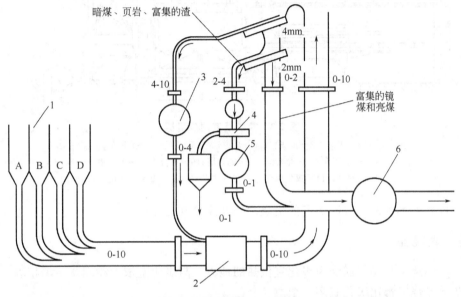

图 2-2　选择破碎工艺流程
1—煤塔；2—加油转鼓混合器；3,5—反击式粉碎机；4—风选盘；6—混煤机

2.4 炼焦炉

现代焦炉主要由炭化室、燃烧室、蓄热室和斜道区等组成，图 2-3 是焦炉及其附属机械示意图。焦炉各部位的构造及其工作状况简介如下。

2.4.1 炭化室

炭化室是煤隔绝空气干馏的地方。煤由炉顶加煤车加入炭化室。炭化室两端有炉门，炼好的焦炭用推焦车推出，沿导焦车落入熄焦车中，赤热焦炭用水熄灭，置于焦台上。当用干法熄焦时，赤热焦炭用惰性气体冷却，并回收热能。炭化室的有效容积是炼焦的有效空间部分，等于炭化室的有效长度、平均宽度和有效高度的乘积。有效长度是全长减去两侧炉门衬砖伸入炭化室的长度；平均宽度指机焦侧的平均宽；有效高度指全高减去平煤后顶部空间的高度。

顶装煤的常规焦炉，为顺利推焦，炭化室水平截面呈梯形，焦侧大于机侧，两侧

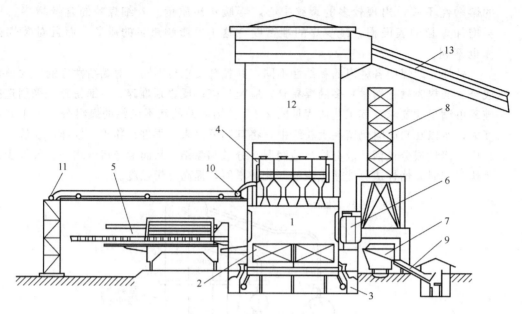

图 2-3　焦炉及其附属机械

1—焦炉；2—蓄热室；3—烟道；4—装煤车；5—推焦车；
6—导焦车；7—熄焦车；8—熄焦塔；9—焦台；10—煤气集
气管；11—煤气吸气管；12—储煤室；13—煤料带运机

宽度之差称为锥度（燃烧室的机焦两侧宽度恰好与此相反）。

2.4.2　燃烧室

燃烧室是煤气燃烧为炭化室供热的地方，与炭化室依次相间，一墙相隔。每座焦炉的燃烧室都比炭化室多一个。

（1）与炭化室的隔墙

其要求是防止干馏煤气泄露，尽快传递干馏所需的热量，高温抗腐蚀性强，整体结构强度高。因为焦炉生产时，燃烧室墙面的温度约为 1300℃，炭化室平均温度为 1100℃。在此温度下，炉墙承受炉顶机械和上部砌体的重力，墙面要经受干馏煤气和灰渣的侵蚀，以及炉料的膨胀压力等。为此，炉墙都用带舌槽的异型砖砌筑。

（2）火道及其联结方式

由于炭化室有一定的锥度，焦侧装煤量多。为使焦饼同时成熟，应保持燃烧室温度从机侧到焦侧逐渐升高。为此，将燃烧室用隔墙分成若干个立火道（22～32），以便按温度不同分别供给不同数量的煤气和空气。炭化室越长，燃烧室立火道数越多。

立火道底部是煤气和空气的出口。如 JN43（450）焦炉，每个立火道底部有两个斜道出口和一个烧嘴。当用焦炉煤气加热时，烧嘴走上升焦炉煤气，两个斜道都走上升空气；当用高炉煤气加热时，一个斜道走上升高炉煤气，另一个斜道走上升空气。贫煤气和空气的量，通过改变斜道口处调节砖厚度来调节。而焦炉煤气量则通过改变下喷管内孔板直径进行调节。火道联结方式有以下几种。

① 双联式　每两个火道为一组，一个火道中上升煤气，并在其中燃烧，生成的高温废气从火道中间隔墙跨越孔流入相邻的另一个火道而下降，每隔 20～30min 换

向一次。为使高向加热均匀，立火道隔墙下设有废气循环孔，让部分下降气流进入上升气流火道，以冲淡上升气流火道中的可燃物浓度，并增加气流速度，使可燃物上升到火道上部燃烧，拉长火焰，改善高向加热均匀性。双联式火道的特点是，调节灵敏，加热系统阻力小，气流在各个火道分布均匀，加热均匀。但每一个隔墙均为异向气流接触面，压差较大，火道之间窜漏的可能性比两分式的大。

② 两分式　炭化室下部设有大蓄热室，由中心隔墙分机焦两侧。当用贫煤气加热时，一侧蓄热室单数进空气，双数进煤气（或相反），燃烧生成的废气汇合于水平集合焰道，由另一侧下降；两分式火道的优点是，结构简单，全炉异向气流隔墙少，有利于防止窜漏。但水平结合焰道内气流阻力较大，导致各压力不同，从而使各立火道内的气体分配量和蓄热室长向气流分布不均。

③ 跨顶式　每个燃烧室下设两个蓄热室。当用贫煤气加热时，一个预热贫煤气，另一个预热空气，两者在立火道下部混合燃烧后，经跨顶烟道进入炭化室另一侧的立火道，然后下降至蓄热室。这种焦炉的炉顶温度高，已不再使用。

(3) 实现高向加热均匀的方法

立火道内煤气燃烧的火焰高度是有限的，当炭化室有效高度超过 3m 时，会出现焦饼上下加热不均匀，为此，可采取下列措施：

① 高低灯头　火道中灯头高低不等；

② 废气循环　火道中混入废气，以拉长火焰；

③ 分段燃烧　火道分段供入空气，以增长燃烧区。

2.4.3　蓄热室

蓄热室位于焦炉炉体下部，其上部经过斜道与燃烧室相连，其下部经过废气盘分别与分烟道、贫煤气管和大气相通。主要由格子砖、蓄热室隔墙、封墙等构成。下喷式焦炉，主墙内还有直立砖煤气道。

(1) 格子砖

在蓄热室内，当下降高温废气时，由内装格子砖将大部分热吸收并积蓄，使废气温度由约 1200℃降到 400℃以下；当上升煤气或空气时，格子砖将蓄热量传给煤气或空气，使气体预热温度达 1000℃以上。每座焦炉的蓄热室总是半数处于下降气流，半数处于上升气流，每隔 20~30min 换向一次。为使格子砖传热面积大，阻力小，可采用薄壁异型格子砖，以增大传热面积。为降低阻力，且结构合理，格子砖安装时，上下砖孔要对准，操作时要定期用压缩空气吹扫。又因为蓄热室温度变化大，格子砖应采用黏土砖。

(2) 蓄热室隔墙

蓄热室隔墙有中心隔墙、单墙和主墙。中心隔墙将蓄热室分为机焦两侧。通常两个部分的气流方向相同。单墙两侧为同向气流（煤气和空气），压力接近，窜漏可能性小，用标准砖砌筑。主墙两侧为异向气流，一组上升煤气和空气，另一组下降废气，两侧净压差较大。所以，主墙要求严密。否则，上升煤气漏入下降气流中，不但损失煤气，而且会发生"下火"现象，严重时可烧熔格子砖和蓄热室隔墙，使废气盘变形。所以主墙多用带沟舌的异型砖砌筑。

(3) 封墙

封墙的作用是密封和隔热。炼焦时，蓄热室内始终是负压，所以封墙一定要严密。否则，若空气漏入下降废气而降温，使烟囱的吸力减少；漏入上升空气，使气体温度降低而出现生焦；漏入上升贫煤气，使煤气在蓄热室上部燃烧，既降低炉头火道温度，又会将格子砖局部烧熔。封墙隔热可提高热工效率，故封墙内层为黏土砖，外层为隔热砖，表面刷白或覆以银白色的保护板。蓄热室墙多用硅砖砌筑。

2.4.4 斜道区

斜道区从位置看，既是蓄热室的封顶，又是燃烧室、炭化室的底部；从作用看，是燃烧室和蓄热室的连通道，不同类型的焦炉，斜道区的结构不同。

每个立火道底部都有两条斜道，一条通空气蓄热室，一条通贫煤气蓄热室，复热式焦炉还有一条砖煤气道，通焦炉煤气。斜道内各走不同压力的气体，不许窜漏。斜道内设有膨胀缝和滑动缝，以吸收砖体的线膨胀。

斜道区的倾斜角应该大于30°，以免积灰堵塞，斜道的断面收缩角应小于7°，砌筑时，力求光滑，以免增大阻力。同一个火道内两条斜道出口中心线定角，决定了火焰的高度，应与高向加热均匀相适应，一般约为20°。

斜道出口收缩，使上升气流的出口阻力增大，约占整个斜道的75％。当改变调节砖厚度而改变出口截面积时，能有效地调节高炉煤气和空气量。

2.4.5 炉顶区

炭化室盖顶砖以上部位即炉顶区。炉顶区设有装煤孔、上升管孔、拉条沟及烘炉孔（投产后堵塞不用）。炉顶区的高度关系到炉体结构强度和炉顶操作环境，大型焦炉为1000～1200mm，并在不受压力的实体部位用隔热砖砌筑。炉顶区的实体部位也需设置平行于抵抗墙（位于焦炉两端，防止焦炉膨胀变形）的膨胀缝。炉顶区用黏土砖和隔热砖砌筑。炉顶表面用耐磨性好的砖砌筑。

2.4.6 焦炉基础平台、烟道和烟囱

焦炉基础平台位于焦炉地基之上。焦炉两端设有钢筋混凝土的抵抗墙，抵抗墙上有纵拉条孔。焦炉砌在基础平台上，依靠抵抗墙和纵拉条紧固炉体。焦炉机焦侧下部设有分烟道通过废气盘与各小烟道连接，炉内燃烧产生的废气通过分烟道汇合到总烟道，然后由烟囱排出。

烟囱的作用是向高空排放燃烧废气，并产生足够的吸力，以便使燃烧所需的空气进入加热系统。

2.5 炼焦新工艺简介

随着高炉大型化和高压喷吹技术的发展，对焦炭质量的要求日益提高。但是，国内外优质炼焦煤明显短缺，而低质煤炭资源丰富。为了扩大炼焦煤源，国内外已做了大量的工作，开发了各种用常规焦炉炼焦的新技术。这些新技术多数处于小型试验或半工业试验阶段，有的虽已达到工业生产，但还不够完善。本章主要介绍这些新技术的方法及其效果，从而为研究开发利用它们奠定知识基础。

炼焦新技术可分为两部分：一是为扩大炼焦煤源，对配煤的预处理技术，如增加

堆密度的有掺油、捣固、装炉煤的干燥、预热、与型煤混装等，增加煤料胶质体的有添加黏结剂或人造黏结煤。减少收缩裂纹的如添加瘦化剂等；二是型焦。

2.5.1 配煤的预处理技术

2.5.1.1 配煤掺油

配煤掺油后，由于煤粒吸附碳氢化合物分子，在表面形成单分子层薄膜，产生油润作用，减少了由煤粒表面水分造成的颗粒间的附着力，使煤料流动性提高，堆密度增大；而且掺油量增加时，煤料的堆密度也增加（但掺油量一定时，煤料的堆密度随着其水分的增加而降低）。如鞍钢曾在配煤中掺入 0.5% 的轻柴油，由于煤料堆密度的提高，使全焦率增加 5.8%，冶金焦产量提高 6%，焦炭耐磨强度也有所改善。

2.5.1.2 捣固炼焦

(1) 方法原理

将配煤在捣固机内捣实，使其略小于炭化室的煤饼，推入炭化室内炼焦，即捣固炼焦。煤料捣固后，一般堆密度由散装煤的 $0.72t/m^3$ 提高到 $0.95 \sim 1.15t/m^3$，这样使煤粒间接触紧密，结焦过程中胶质体充满程度大，并减小气体的析出速度，从而提高膨胀压力和黏结性，结果焦炭结构致密。但是，随着黏结性的提高，煤料结焦过程中收缩应力加大，故对黏结性较好的煤，所得焦炭裂纹增加，块度和强度都要下降。所以，对于气煤用量较多的配煤，在细粉碎、配入适量的瘦化组分（焦粉或瘦煤等）和少量的焦煤、肥煤的条件下，可得抗碎和耐磨强度都较好的焦炭。

在捣固炼焦中，只有细粉碎，才能使煤粒容易结合成坚固的煤饼。装炉时煤饼不塌落。配入适量的瘦化组分，既能减少收缩应力增加焦炭块度，又能使煤料中的黏结组分和瘦化组分达到恰当的比例，增加焦炭气孔壁的强度。实验表明，在一定条件下增加瘦化组分，M_{40} 增加，M_{10} 则变化不大。配入少量焦煤和肥煤的目的是调整黏结成分的比例，弥补黏结性能的不足。

(2) 效果

采用捣固炼焦，可扩大气煤用量、改善焦炭质量。这已经被国内外大量生产实践所证明。但是，国外的捣固焦比国内的好。原因是：国外的高挥发分的煤用量较少；煤料的细度（小于 3mm）为 96% 以上，较国内的 86% 大；煤料的堆密度较大。

为了保证捣固焦的质量，应注意以下几点。

① 控制煤料水分为 10% 为好。水分少，煤饼不容易捣实，装炉时容易塌料；水分过大，对炭化、捣固都不利；

② 为了提高堆密度，改革捣固作业，应该增加锤子个数、提高锤击频率，达到连续加煤薄层捣固。实验表明，捣固焦的强度几乎随配煤密度线性增加；

③ 煤料细度应大于 95%；

④ 配煤的挥发分在 34% 以下。这样，焦炭强度可满足要求，否则，随着配煤挥发分的提高，焦炭的强度将变差。

为进一步改善焦炭质量，还可采用预热捣固炼焦。将预热与捣固结合，并添加黏结剂，经过预热的煤料捣固后炼焦。煤预热可以扩大弱黏煤的用量，改善焦炭质量；加黏结剂，则有利于结焦过程中中间相结构的成长，从而改善焦炭的热态性质。预热煤捣固炼焦与湿煤捣固炼焦相比，煤料堆密度提高约 7.5%，生产能力提高 35%，焦炭质量进一步改善。

搗固炼焦与散装煤炼焦相比，虽然有些缺陷，如设备庞大、投资高、炭化室有效利用率低、结焦时间长等，但是，从扩大气煤用量考虑，它与预热、配型块等炼焦新技术比，有设备简单、投资少、容易操作等优点。若进一步改进搗固机械，增加搗固速度和锤头重量，从而增加煤饼的高宽比，提高焦炉生产能力，降低成本，则搗固炼焦将成为扩大弱黏性气煤用量，并获得较好焦炭的有效途径之一。

2.5.1.3 干燥、预热煤炼焦

(1) 干燥煤炼焦

干燥煤炼焦是将煤料加热至约 60℃，把水分降至 4%～5%。用干燥煤炼焦可以达到如下效果。

① 提高焦炭质量 由于水分降低，不仅降低了煤料间水分的表面张力，增加煤料的润滑，提高装炉煤的堆密度，而且使焦炉加热速度提高，从而缩短结焦时间，使生产能力提高约 15%。

② 改善焦炭质量、并增加高挥发分弱黏煤用量 由于装炉煤密度的提高，从而可改善煤的黏结性。首钢的试验表明，当配煤的水分为 3% 时，若保持焦炭强度不变，则大同弱黏煤可比生产配煤多配 25%；若在其他条件不变时，多配 15%～20%的弱黏煤，焦炭的强度还有改善。

③ 降低耗热量 研究数据表明，每减少煤料 1% 的水分，就可节约热耗约 20kJ/kg。此外，干燥煤炼焦还可稳定装炉煤的水分和炉温。有利于炉温管理和炉体保护。

(2) 预热煤炼焦

煤预热炼焦时，预热温度对煤的堆密度、煤质氧化和焦炭质量都有影响。国内外大量试验表明，一般以 200～250℃ 为好。联邦德国的普雷卡邦法预热煤炼焦工艺流程见图 2-4。热烟气和惰性气体相混，以调节温度，并首先进入预热管来预热煤。由预热管出来的热气体再去干燥管。

此法完全利用逆流操作原理，其优点如下。

① 改善焦炭质量并增加气煤用量 预热煤炼焦所得的焦炭，与同一煤料的湿煤炼焦所得的焦炭相比，有真密度大、气孔率低、耐磨强度高、反应性低、反应后强度大和平均粒度大等特点。而且，当装炉煤中结焦性较差的高挥发分煤含量大时，改善的幅度较大。对于规定的焦炭质量指标，预热煤炼焦可增加高挥发分弱黏煤的用量。

② 显著提高焦炉的生产能力 结焦时间比湿煤炼焦大为缩短，从 18.5h 降为 12.5h；预热煤用装煤车把煤装入焦炉，因为是用重力加入的，故煤的堆密度大于湿煤装炉的；热煤流动性好，加煤比较均匀，不需要平煤。结果使焦炉生产能力提高约 35%～40%。

③ 降低热耗 由于干燥和预热所用的设备的传热效率比焦炉的大，故预热煤炼焦的总热耗低于湿煤炼焦；又因为热处理比较精细，故热气体温度低。有数据表明，每千克湿煤在预热和干燥过程中可节约 290kJ 的热。一般认为可降低热耗为 10% 左右。此外，煤在预热过程中，还可脱除一部分硫。

总之，预热煤炼焦是炼焦新工艺中令人注目的方向之一，在美国等一些国家已经实现工业化生产，以后的应用会更加广泛，但需要解决热煤的储存、防氧化、防爆等

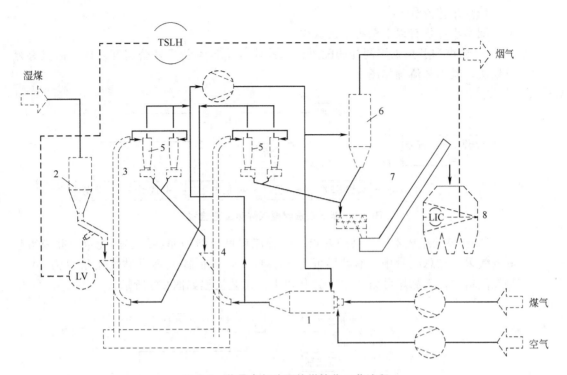

图 2-4 普雷卡邦法预热煤炼焦工艺流程

1—燃烧室；2—加煤槽；3—干燥管；4—预热器；5—旋风器；

6—湿室除尘器；7—运煤机；8—装煤车

技术问题。

2.5.1.4 配型煤炼焦

(1) 方法原理

配型煤炼焦是将装炉煤的 30%～40%，加湿到 11%～14%，加 6%～7%的软沥青为黏结剂，然后用蒸汽加热到 100℃，混合均匀，在成型机中压块成型，再与其余的粉煤混合装炉炼焦。这种方法是 1960 年由新日铁八幡钢铁厂首先研制成功的。国内宝钢也引进了成型煤工艺。成型煤炼焦可以获得如下效果。

① 降低原料成本 在保持一定的焦炭强度的条件下，配型煤炼焦可节约优质炼焦煤，扩大弱黏煤和不黏煤的用量，降低原料成本和焦炭灰分，因为我国的弱黏煤多，而且灰分低。

② 提高焦炭质量 提高焦炭强度和反应后强度，在配煤中多用非黏结性煤，焦炭强度不降低。配型煤炼焦提高焦炭质量的原因：一是型煤的密度 1.18t/m³ 比粉煤的密度 0.7t/m³ 大得多。在煤料炭化时的塑性阶段，因型煤内部粒子的间隙小，使黏结组分和惰性组分充分作用，又因型煤料中有一定量的黏结剂，这些都有助于提高煤的黏结性；二是型煤致密，导热性好。型煤比周围粉煤升温快，较早达到开始软化温度，处于软化熔融的时间长，从而有助于型煤中添加的沥青及新生成的熔融成分与型煤中的未软化部分和周围粉煤的相互作用。

但是，随着型煤配比的增加，焦炉的生产能力和结焦时间都几乎线性增加。所以在相同的火道温度下，不能用增加型煤的配比来增加产量。

（2）工艺流程

配型煤炼焦有以下两种工艺流程：

① 粉煤和型焦采用同样的配煤比　此流程是日本新日铁公司开发的，故又称新日铁法，其工艺流程如图2-5。

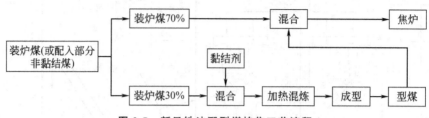

图2-5　新日铁法配型煤炼焦工艺流程

② 型煤的组成不同于装炉粉煤　这种流程可以增加非黏结煤的配量，并获得较好的效果，在总配量中，不黏煤可为20％以上，而低挥发强黏结煤用量仅为10％。型煤配料中，不黏煤可为65％～70％以上。工艺流程如图2-6所示：

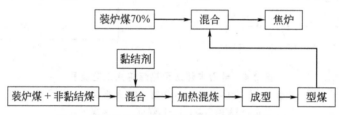

图2-6　型煤与粉煤组成不同的炼焦工艺流程

2.5.2　型焦

2.5.2.1　概要

（1）目的和意义

从上述各种煤的预处理技术可知，在常规焦炉内炼焦，它们都可适当地增加弱黏结性煤或非黏结性煤的用量，但是，配合煤的主体仍为炼焦煤，而非黏结性煤或弱黏结性煤只能作为辅助煤。根据我国的国情，即炼焦煤储存量少，而弱黏结性煤储存量多，急需扩大炼焦煤源。而型煤和型焦（统称为成型燃料），由于是以非炼焦煤为主体的煤料生产焦炭，所以，被认为是广泛使用劣质煤炼焦的最有效措施；又因为型煤和型焦采用连续生产，设备是密闭的，故能有效地控制环境污染；所用机械比一般焦炉生产的简单，有利于实现生产的自动控制。因此，型煤和型焦被世界上各技术先进的国家所重视，我国也进行了大量的工作，这是我国发展科学技术，探索各类煤的利用新途径的一个重要方面。

（2）型焦及其类型

以非炼焦煤为主体的煤料，通过压、挤成型，制成具有一定形状、大小和强度的成型煤料，或进一步炭化制成型焦，用以代替焦炭。

型焦的类型：按原料种类分为两种，一是单种煤型焦，如褐煤、长焰煤和无烟煤等；二是以不黏结性煤、黏结性煤和其他添加物的混合料制得的型焦。按型焦的用途可分为冶金用、非冶金用或民用的无烟燃料。习惯上是按成型时煤料的状态分为冷压和热压型焦。前者是在远低于煤料塑性状态温度下加压成型，有加与不加黏结剂两种。不加黏结剂的多数用于低变质程度的泥煤和软质褐煤。变质程度较高的粉煤，则需加黏结剂，否则成型困难。对于后者，是煤料被加热至热塑性状态下压型的，加热方式有用气体和固体热载体两种。一般热压成型煤料必须具有一定的黏结性，不需要外加黏结剂。

2.5.2.2　冷压型焦

(1) 无黏结剂冷压型焦

主要用于将泥煤、褐煤等低变质程度的煤制得成型燃料。例如，联邦德国每年约有 7 千万吨土状褐煤（最年轻的软质褐煤）用此法制成煤球，作为民用或工业燃料。前民主德国芬赫曼褐煤焦化厂，利用软质褐煤（含水约 50%，分析基的发热量为 1700～2500kcal/kg），经过粉碎（粒度小于 1mm）、干燥（含水约 10%）、压型和炭化，制得抗碎强度为 17.6～19.6MPa（180～200kgf/cm^2）的褐煤型焦。这种焦炭的强度低于冶金焦，与冶金焦混配可用于矮高炉炼铁，也可单独用于有色冶炼、化工和气化等部门。

近年来，我国对年老的硬褐煤无黏结剂加压成型的试验获得成功。将褐煤适当干燥，然后在 100～200℃下加压成型，制得强度和抗水性能都较好的型煤。

褐煤无黏结剂成型，要求压力为 100～200MPa。对年轻的褐煤结构疏松、可塑性强、弹性差，所用成型压力可低些。

无黏结剂成型，由于不需要添加任何黏结剂，这不仅节约原材料、简化工艺，而且可提高型焦的含碳量。不过，因成型压力较高，使得成型机构造复杂、动力消耗大、对材质要求高和成型部件磨损快。为此，改善成型方式，降低成型压力，研制有效的成型设备，使无黏结剂冷压成型也能用于其他煤种，并逐步代替目前用得较广的有黏结剂冷压成型工艺。这都是发展冷压型焦的趋势。

(2) 加黏结剂冷压型焦

有黏结剂的冷压成型法，是将粉煤或半焦与黏结剂的混合料，在常温或黏结剂热熔温度下，以较低的外压（14.7～49MPa），借助于黏结剂黏结的作用，使颗粒成型的方法。所得的型煤经过进一步氧化或炭化处理，黏结剂和煤粒进一步热解、叠合，使颗粒间的黏结逐步从物理黏结过渡到化学黏结，得到强度高于型煤的氧化型煤或型焦。

冷压型焦的制备，在国内一般以当地单种煤为原料，黏结剂有焦油沥青、焦油等。国外与我国不同的地方是，多配加一定数量的黏结性烟煤，所得型焦的强度大为提高，可用于容积大于 500m^3 的高炉。

有黏结剂的冷压成型，虽然可降低成型压力，工业上容易实现，但是，由于黏结剂本身需要处理，还要与煤料进行混捏、固结，所以，其工艺比无黏结剂冷压成型复杂，而且黏结剂用量较多，需要解决黏结剂的来源问题。

2.5.2.3　热压型焦

(1) 方法原理

制备热压型焦主要有以下几个阶段。

① 快速加热　将烟煤快速加热至胶质状态，使其中部分液态产物来不及热分解和热缩聚。这就增加了胶质体停留温度范围，改善了胶质体流动性和热稳定性，使单

位时间内气体析出量增加，膨胀压力加大，由此改善了变形粒子接触、提高煤的黏结性。由于在几秒钟内，煤被快速到塑性温度（430～500℃，随烟煤变质程度的加深而提高），煤粉还没有充分分解和软化，所以仍然呈散粒状。

② 维温分解　煤粒被加热至塑性温度，还进一步热分解和热缩聚，使其软化。并因气体产物的生成，使其膨胀。为了使热解的挥发产物进一步析出，以防热压后型煤膨胀，或炭化时型焦胀裂，应在塑性温度下隔热维温 3min 左右。

③ 挤压成型　煤料经过维温分解，处于胶质状态下，其中含有不熔物质或惰性粒子。为了使这些不熔物质均匀分布在熔融物质中，形成结构均一和强度较高的型煤，煤料用螺旋挤压机进行粉碎、挤压和搅拌。挤压成的煤带进一步压制成型煤。这使煤粒间空隙减小，胶质体不透气性增加，活性化学键的相互作用加强，煤料的密度及黏结进一步提高。

试验表明，型煤的密度随着压力的增加而显著增加，但增加到一定程度后，压力再增加，则型煤的密度变化不大，而且会引起型煤变形。当成型压力解除后，由于型煤的透气性较差，分解气体不能迅速析出，而使型煤膨胀，导致致密性下降。所以，成型压力要选择适当。对黏结性好、胶质体透气性差的煤，采用的成型压力要相对小些；对黏结性非常好的煤，为了提高胶质体的透气性，以减轻压型时和压型后的膨胀，还应该在加热时轻度氧化，或配入适量的无烟煤粉、焦粉或矿粉等。

④ 后处理　热压后所得型煤，应该在热压温度下，隔热和隔空气下，热闷一定的时间。其目的是为给活性化学键的接触和反应、胶质体转化为固态提供足够的时间。除此之外，还可避免型焦急冷，而产生不同的收缩应力，导致型煤强度降低。

经过热闷的热压型煤仍然属于半焦结构，还需要经过炭化制得型焦。在炭化过程中，半焦有机质进一步热分解、热缩聚，焦质进一步收缩、紧密，并有可能产生裂纹，这与常规配煤炼焦是一样的。型焦裂纹的形成除了与气体析出有关外，主要决定于炭化速度和型煤的尺寸。为了得到裂纹少的型焦，炭化速度应随热压型煤的挥发分、尺寸的增大而降低。不过，在一般情况下，热压型煤炭化时，气体是比较容易析出的。因为固化半焦的透气性比已经成型的胶质制品大得多，如果在热压后，气体能从型煤中很好地析出，而不使其膨胀，则相对较少的气体从透气性较好的半焦中析出，就更容易些。所以，热压型煤可在具有较高炭化速度的内热式焙烧炉内进行炭化。

（2）工艺

① 气体热载体工艺　以热废气作为快速加热的载体，使粉煤快速加热，并热压成型煤，其工艺流程如图 2-7 所示。

以单种弱黏结性煤或无烟煤粉为主体配有黏结性煤的配煤，经过干燥、预热，用燃烧炉内煤气燃烧生成的热废气，快速加热至塑性温度区间。为控制塑性温度，热废气用 150℃ 的循环废气调节至 550～600℃。经过快速加热的煤料，用旋风分离器分出，通过维温分解使其充分软化熔融，最后挤压、成型得热压型煤。由旋风分离器分出的废气，作为煤料干燥、预热的热载体。干燥、预热和快速加热都在流化状态下进行，多采用载流管，也可用旋风加热筒。

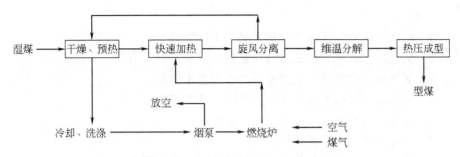

图 2-7　气体热载体热压型煤工艺流程

此工艺可用单一弱黏结性煤，在快速加热的条件下，充分发挥其黏结性，制成型煤，并炭化得型焦。但是，要求气体热载体的量大，加热 1kg 煤所需标准状态下的废气约 1.7～2.0m³，从而增加气体的冷却及洗涤系统的负荷；当废气温度或煤料加热终温过高时，烟煤过早软化分解，粘于壁上，产生的热解产物混入废气，容易堵塞系统。

前苏联的萨保什尼可夫热压焦法的原理和流程与上述类似，只是快速加热采用的是旋风加热筒，气体热载体的运动速度大，气体的曲线运动和气体与煤粒流的离心分离结合在一起，设备简单，没有运转部件，而且可保证气体热载体呈分散和切线状进入物料。最初采用一个旋风筒，将煤料快速加热至 400～450℃。以后为降低风料比，提高煤料加热的均匀程度和热效率，防止部分细颗粒难免因局部过热而形成半焦而堵塞设备，改为两个旋风筒分两段加热，第一段加热至 200℃左右，第二段加热至塑性温度。热压型煤在竖炉炭化或竖炉氧化热解制成型焦。

② 固体热载体工艺　以高温无烟煤粉、矿粉或焦粉作为热载体和配料，在与预热至 200～250℃的烟煤混合的同时，实现快速加热。国内马鞍山钢铁公司等对这种工艺进行了长期的试验，制得 $M_{20}=66\%～74\%$，$M_{10}=22\%～25\%$ 的热压型焦，基本上满足该厂 36m³ 的小高炉的炼铁要求。国外如德国、美国和日本也都采用此工艺。下面仅对湖北蕲州钢铁厂工艺做简要介绍。

用 70% 左右无烟煤或贫煤和 30%～35%、胶质层厚度大于 10mm 的烟煤，分别粉碎后，前者在沸腾炉内靠部分（约为入料量的 6%）燃烧，加热至 650～700℃；后者经过直立管干燥、预热至约 200℃，然后混合，靠高温无烟煤粉快速加热烟煤，使混合料达到 440～470℃，再热压成型、焙烧而得型焦。

上述流程由四部分组成，即在沸腾炉进行固体热载体加热；在直立管进行烟煤预热；混合、维温和热压成型；在炭化炉进行型煤炭化焙烧。四个部分相对独立，易于操作和控制。沸腾炉靠烧掉 6% 的煤来加热固体，热载体也是配料的组成部分，所以，风料比较低，为 0.6m³/kg，动力消耗较少。在直立管内烟煤由炭化煤气预热，预热过程兼有气流的输送和粉碎，有利于黏结成型。炭化炉是内热式的，采用连续生产，故生产能力大；型焦在炭化炉底部用冷煤气干熄，故耗热量低。不过，此工艺还存在维温时间不够、废热利用不好和所用煤种较窄等问题。

蕲州型焦曾经在 36m³ 的高炉进行了多次试验，各项指标接近冶金焦，但风压增大时，则崩料和挂料的现象也增多。

思考题

1 什么叫炼焦？炼焦炉经历了哪些发展阶段？

2 简述炼焦的主要产品及其用途？

3 简述焦炭的性质、用途及冶金焦的质量要求；

4 煤的成焦过程主要分哪几个阶段？各有何特点？

5 简述常用于炼焦的煤种及其结焦特点；

6 配煤的意义及其要求是什么？

7 焦炉炉体由哪几部分组成？各部分的主要作用是什么？

8 炼焦新技术主要有哪些？各有何效果？

9 简述型焦的目的及其类型。

10 简述冷压型焦和热压型焦的原理及工艺。

第3章

炼焦化学产品的回收与精制

3.1 概述

3.1.1 炼焦化学产品的产生、组成及产率

3.1.1.1 炼焦化学产品的产生

煤在焦炉炭化室内进行高温干馏时，发生了一系列物理化学变化。析出的挥发性产物即为粗煤气，粗煤气经过冷却及用各种吸收剂处理，可从中提取各种有用的化学产品，并获得净煤气。

在炼焦过程中，粗煤气主要产生于两个阶段。一是在胶质体形成阶段，此时产生的气体因胶质体透气性较差，不能穿过之，只能从胶质层内侧上行进入顶空间，故叫里行气。它是煤初次分解的产物，主要含有 CH_4、CO、CO_2、化合水和初次焦油气等，氢的含量很低。二是在半焦形成和收缩阶段，因胶质体固化和半焦热解产生的大量气态产物，这些气体沿着焦饼裂纹及炉墙和焦饼之间的空隙进入顶空间，故称外行气。外行气是经过高温区进入顶空间的，会发生二次分解，形成新的产物。显然，里、外行气的组成和性质是不同的，而且里行气量少，约 10%，外行气量大，约 90%。

3.1.1.2 炼焦化学产品的组成及产率

在每个炭化室内，装入煤后的不同时间，炼焦产品的组成和产率是不同的，但是一座焦炉中有很多炭化室，它们在同一时间处于不同的结焦时期，所以产品的组成和产率是接近均衡的，但随着炼焦煤的质量和炼焦温度的不同而波动。在工业生产的条件下，炼焦化学产品的产率见表 3-1，表中的化合水是指煤中有机质分解生成的产物。

表 3-1 炼焦化学产品的产率（以干配煤为基准）

产品	焦炭	净煤气	焦油	化合水	粗苯	氨	其他
产率/%	75～78	15～19	2.5～4.5	2～4	0.8～1.4	0.25～0.35	0.9～1.1

粗煤气是刚从炭化室逸出的出炉煤气，其组成见表 3-2，表中的水蒸气大部分来自煤的表面水分。

表 3-2 粗煤气的组成   （g/m³）

水蒸气	焦油气	粗苯	氨	硫化氢	氰化物	轻吡啶碱	萘	氮
250～450	80～120	30～45	8～16	6～30	1.0～2.5	0.4～0.6	10	2～2.5

净煤气即回收化学产品和净化后的煤气，也称回炉煤气，其组成见表 3-3，表中的重烃主要是乙烯。净焦炉煤气的密度是 $0.48～0.52kg/m^3$（标准），低热值为 $1.76～1.84kJ/m^3$。

表 3-3 净煤气的组成

组成	H_2	CH_4	重烃	CO	CO_2	O_2	N_2
体积分数/%	54～59	23～28	2.0～3.0	5.5～7.0	0.50～2.5	0.3～0.7	3.0～5.0

3.1.1.3 影响化学产品产率的因素

影响化学产品产率、质量和组成的因素主要有原料煤的性质和炼焦过程的操作条件。

(1) 配合煤的影响

配合煤中挥发分、氧、氮、硫等元素的含量对炼焦化学产品的产率影响很大。

焦油：其产率取决于原料煤的挥发分和煤的变质程度。煤的挥发分越高，软化温度越低，形成胶质体的温度区间越大，则焦油的产率越大，焦油元素组成中氢比例越大。

粗苯：煤料中的 C/H 比及挥发分增加，则粗苯的产率增加。

氨：氨来源于煤中的氮。一般配煤含氮约 2%，其中约 60%的氮转入焦炭中，约 15%～20%的氮与氢化合生成氨，其余生成氰化物、吡啶碱等化合物。

硫化物：大部分为煤气中的硫化氢，主要来源于配煤中的硫。通常干煤含全硫 0.5%～1.2%，其中的 20%～45%转入煤气中，配煤的挥发分高，则煤气中的硫化氢就多。

煤气的成分：与煤的变质程度有关。变质年轻的煤，在干馏时产生的煤气含 CO、甲烷和重烃就多，而氢含量低；随着变质年代的增加，情况恰恰相反。

化合水：取决于煤中的氧含量。配合煤中含氧约 55%～60%，在高温下与氢化合成水，其产率随配合煤中挥发分的减少而增加，因配煤中的氢与氧化合成水，将使贵重的化学产品的产率下降。

(2) 炼焦操作条件的影响

① 炉墙温度 炉墙的温度增高，可导致焦油的密度增加，焦油中高温产物（蒽、萘、沥青和游离碳）的含量增加；酚类及中性油类含量降低；烷烃含量减少，芳香烃和烯烃的含量显著增加；芳烃最适宜的生成温度是 700～800℃。

②　炉顶空间温度　取决于炼焦温度、顶空间大小、煤气在其中的停留时间和流动方向等。当炉顶空间温度高时，可导致热分解反应加剧，焦油和粗苯的产率下降，化合水的产率增加，而氨因分解并与赤热的焦炭作用转化为氰化氢，故产率下降；煤气热解使其中的甲烷及不饱和烃减少，氢的含量提高，结果使煤气发热量降低、体积产量增加。

为了避免宝贵的化学产品甲苯的热分解，炉顶空间温度应该控制在约750℃，不大于800℃，以免甲苯含量下降。

③　炼焦炉的压力　当炭化室内压力高时，煤气的一部分将渗出炉外损失掉，另一部分漏入加热系统被烧掉，从而降低化学产品的回收率；当炭化室压力小于外界大气压或加热系统时，空气便吸入炭化室，引起部分化学产品在炭化室燃烧，这不但使炭化室温度升高，而且煤气与燃烧废气混合而被冲淡，结果使煤气中的二氧化碳和氮气的含量增加，煤气的发热值降低，所以，规定集气管内必须保持适宜的压力。

3.1.2　炼焦化学产品的用途

炼焦化学工业是煤炭的综合利用工业。煤在炼焦时，约75％转化为焦炭，其余的是粗煤气，粗煤气经过冷却和用各种吸收剂处理，可以从中提取焦油、氨、萘、硫化氢、氰化氢和粗苯等，并获得净煤气。

净焦炉煤气是钢铁等工业的重要燃料，经过深度脱硫后，还可用作民用燃料或送至化工厂作合成原料。

从煤气中提取的各种化学产品是重要的化工原料。如氨可制硫酸铵、无水氨或浓氨水；硫化氢是生产单斜硫和硫的原料；氰化氢可以制黄血盐（钠），同时回收硫化氢和氰化氢对减轻大气和水质污染、设备腐蚀具有重要意义；粗苯和粗焦油都是组成复杂的半成品，粗苯精制可得苯、甲苯、二甲苯和溶剂油等；焦油加工处理后，可得酚类、吡啶碱类、萘、蒽、沥青和各种馏分油。蒽和萘可用于生产塑料、染料和表面活性剂；甲酚和二甲酚可用于生产合成树脂、农药、稳定剂和香料；吡啶和喹啉用于生产生物活性物质；沥青约占焦油量的一半，主要用于生产沥青焦和电极碳等。

3.1.3　炼焦化学产品回收的方法

从荒煤气中回收化学产品，多数焦化厂采用冷却冷凝的方法。煤气首先经过冷却析出焦油和水，用鼓风机抽吸和加压以输送煤气，然后进一步回收化学产品。回收化学产品的方法多用吸收法，因为吸收法单元设备能力大，适合于大生产要求。也可采用吸附法或冷冻法，但后两种方法的设备多，能量消耗高。一般流程概况见图3-1。

自焦炉出来的煤气温度约为700℃，首先必须进行冷却，因为：①从煤气中回收各种化学产品，多用吸收法，在约30℃的低温下吸收是有利的；②含有大量水蒸气的高温煤气体积大，使输送煤气时，所需的煤气管径、鼓风机型号和功率消耗都增大，这是不经济的；③在煤气被冷却的同时，不但水汽被冷凝，而且大部分焦油、萘也被冷凝下来，部分硫化氢和氰化氢等腐蚀介质则溶于冷凝液中，从而可减少对回收设备和管路的堵塞和腐蚀，并可改进以后工序中硫铵和循环洗油的质量。

此外，煤气中的一些有害物质，在回收有用物质及输送利用之前必须清除，否则将产生种种不利影响；如煤气中的萘能以固态析出，容易堵塞输送煤气的管路；煤气中焦油蒸气有害于回收氨和粗苯的操作；煤气中的硫化物能腐蚀设备，并不利于煤气

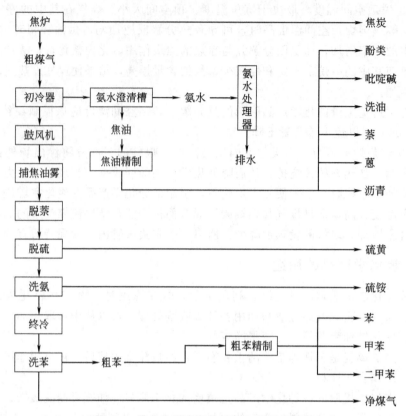

图 3-1　炼焦化学产品的回收与精制总流程

的加工和利用；氨能腐蚀设备，燃烧时生成氧化氮，污染大气；不饱和烃类能形成聚合物，容易引起管路和设备发生障碍等。

从粗煤气中回收一些物质前后，粗煤气的组成变化如表 3-4 所示。

表 3-4　回收一些物质前后的粗煤气组成　　　　　　　　　　　　　　　　　　（g/m³）

项目	氨	吡啶碱	粗苯	硫化氢	氰化氢
回收前	8～12	0.45～0.55	30～40	4～20	1～1.25
回收后	0.03～0.3	0.05	2～5	0.2～2	0.05～0.5

为简化工艺和降低能耗，可采用全负压回收净化流程，鼓风机设在整个系统的最后，将焦炉煤气升压后，送往用户。这种处理系统的优点是：在鼓风机前，煤气一直在低温下操作，无需设最终冷却工序，故流程较短；在鼓风机内产生的压缩热，可弥补煤气输送时的热损失。

3.2　粗煤气的初步冷却和分离

3.2.1　粗煤气的初步冷却流程

自焦炉来的粗煤气经过初步冷却，其中的焦油和水的蒸气冷凝下来，从而与煤气分离。粗煤气初步冷却工艺流程见图 3-2。

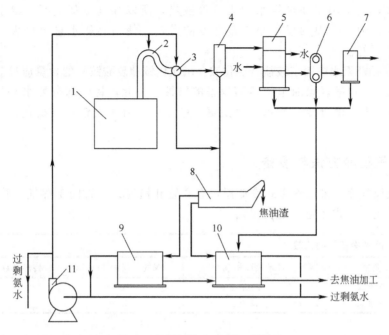

图 3-2　粗煤气初步冷却工艺流程

1—焦炉；2—桥管；3—集气管；4—气液分离器；5—初冷器；6—鼓风机；

7—电捕焦油器；8—油水澄清槽；9，10—储槽；11—泵

来自焦炉的粗煤气（650~800℃）经过上升管→桥管（2）→集气管（3）（在此用 70~75℃的循环氨水喷洒，煤气被冷却至 80~85℃，约有 60%的焦油蒸气冷凝下来，即重质焦油）→气液分离器（4）（这时粗煤气中水汽体积约占 50%）→初冷器（5）（使残余焦油和约 93%的水蒸气冷凝下来，煤气被冷却至 25~35℃，质量减少了 2/3，容积减少了 2/5，并被水蒸气所饱和）→鼓风机（6）（绝热压缩升温 10~15℃，焦油和水的雾滴在离心力的作用下大部分以液态形式析出）→电捕焦油器（7）（剩余焦油雾滴在电场作用下沉降）→进入下一工序。

煤气冷却过程中，冷凝下来的焦油和氨的混合物→澄清槽（8）（使焦油和氨水分离，氨水在上，焦油在下，底部沉降物是含煤尘和焦粉的焦油渣，用刮板从槽底取出，送到配煤工序）分离出的氨水用泵打到桥管和集气管进行喷洒冷却，循环使用；焦油用泵送到焦油精制车间。

3.2.2　对喷洒氨水的要求

为了保证煤气在集气管内被冷却至 80~85℃，对喷洒氨水的要求如下。

① 压力约为 0.17MPa。

② 氨水的循环量要足够，以炼焦装煤量计，用 70~80℃的氨水喷洒量为 5m³/t。因为粗煤气与喷洒氨水之间换热，是在小水滴表面进行的，桥管和集气管的喷头空间小，煤气与小水滴接触的时间短；又因为喷洒氨水中含有煤和焦炭的尘粒、焦油及腐蚀性盐类，容易堵塞喷嘴小孔，故喷嘴的孔径不能太小，约为 2.5mm，故而形成的小水滴较大，使煤气和小水滴之间的换热面积小，为了达到预期的冷却效果，就需要大量的喷洒氨水。

③ 氨水的温度应为 $70 \sim 75℃$，因为煤气冷却过程放出的热，约 70% 用于蒸发氨水，其余用于加热氨水和集气管散热，所以煤气冷却主要靠氨水的蒸发。若用冷水，因水升温的显热小于其蒸发的潜热，使喷洒氨水量会更大，而且煤气冷却效果不好。

④ 循环氨水中固定铵盐（氯化铵、硫氰化铵和硫酸铵）的含量应控制在 $2 \sim 5g/L$，不能太高，以减轻焦油车间蒸馏设备的腐蚀，为此，将一部分氨水外排入剩余氨水中，并补充一部分冷凝氨水，冷凝氨水中主要含有挥发铵盐（硫化铵、氰化铵和碳酸铵）。

3.2.3　煤气初冷方法与设备

粗煤气冷却采用管壳式冷却器，有立管和横管式，管间走煤气，管内走冷却水。横管式比立管式优越，见表3-5。

表 3-5　两种冷却器的比较

类型	冷却表面积/m^2	煤气处理量/(m^3/h)	传热系数/$[W/(m^2 \cdot K)]$
立管式	2100	10000	185
横管式	2950	20000	215

由表 3-5 可见，传热系数比较大，这是因为水汽冷凝传热的结果，而且横管式比立管式的大，这是因为横管内水流速度大，冷凝液膜流动条件适宜，管子可被焦油洗涤，上部管子冷凝的焦油可以洗涤所有的管子，从而减少了萘的沉积，有利于传热。

管式冷却器的缺点是金属耗用量大，还必须清除管内的水垢和管外壁上沉积的焦油、萘等沉积物。管外沉积物的熔点约 $50℃$，可采用热煤气清扫，即将初冷器内的冷却水全部放空，注入约 $65℃$ 的热煤气。管内含有的水垢和积砂，可用机械法或酸洗法清除，酸洗使用 3% 的稀盐酸和 4% 的甲醛（是稀酸量的 0.2%，作为缓蚀剂），温度约为 $50℃$。为了克服上述缺点，可采用直接冷却器，即煤气与冷却水直接接触，不仅金属用量少，同时还可洗涤煤气。或者采用先间接冷却至 $55℃$，再直接冷至 $30℃$。这样，所需传热面积减少，节省一部分投资。

另外，煤气初冷用冷却水量较大，每 $1000m^3$ 煤气用水量约为 $20m^3$，若采用空气和水冷却两段方法，可减少用水量。

3.2.4　焦油与氨水的分离

粗煤气初步冷却后，冷凝下来的氨水、焦油和焦油渣必须要进行分离，理由如下。

① 氨水要循环到集气管进行喷洒冷却，若含有焦油和固体颗粒物，就会堵塞喷嘴；

② 焦油需要进一步精制加工，在精制前要求含水分小于 $3\% \sim 4\%$，灰分小于 0.1%。首先，因为氨水的存在使耗热量和冷却水用量增加，水洗使设备容积和阻力增大。氨水中的盐当加热到大于 $250℃$ 时，将分解出 HCl 和 SO_3，会腐蚀焦油精制车间的设备；其次，焦油中的焦油渣固体颗粒是焦油灰分的主要来源，而焦油的高沸点馏分沥青的质量主要取决于灰分。另外，焦油渣会在导管和设备中逐渐积累，影响正常操作，而且固体还有助于形成稳定的油水乳化液。

氨水、焦油和焦油渣的分离是比较困难的，因为：焦油黏度大，难以沉淀分离；焦油中含有极性化合物，如酚类，使多环芳香化合物容易与水形成稳定的乳化液；焦油中的固体颗粒不大，约小于 0.1mm，焦油密度为 1180～1220kg/m³，焦油渣密度为 1250kg/m³，它们的差值很小，所以，把焦油渣从焦油中沉淀出来是困难的。

氨水、焦油和焦油渣的分离方法有多种。若采用分离温度为 80～85℃，虽然可降低焦油的黏度，沉降分离的性能也有改善，但达不到焦油精制前的质量要求。为此，可采用加压沉降分离或离心分离再用氨水洗的方法。沉降分离的温度可提高到 120～140℃，水分被蒸发掉，焦油黏度也降低，所以沉降分离效果提高；离心分离促进了焦油和焦油渣的分离，用氨水多次洗涤焦油，可改善焦油和焦油渣的分离；若用低沸点油（如粗苯）稀释焦油后，再进行分离，效果好。分离后焦油含水可降至 0.05%～0.1%，焦油渣沉出，而且高凝结组分也被分出。

3.3　煤气的输送与净化

3.3.1　煤气的输送

煤气由炭化室出来，经过集气管和吸气管、冷却及回收设备，直到煤气储罐或送回焦炉，整个途中要经过很长的管道及各种设备，为了克服煤气输送的阻力及保持送出的煤气有足够的压力（约 5kPa），需要设置煤气鼓风机。

鼓风机有大厂用的离心式鼓风机和中、小厂用的罗茨式鼓风机。离心式鼓风机按进口煤气流量的大小有 150m³/min、300m³/min、750m³/min 及 1200m³/min 等规格，产生的总压头约为 3.3kPa，一般四座焦炉用三台鼓风机，两台操作，一台备用。可用蒸汽透平，也可用电机传动，三台鼓风机中，两台电动，一台用蒸汽透平，以备断电时操作，蒸汽透平背压操作，出口蒸汽压力为 0.5～0.8MPa，此蒸汽还可用于工艺或采暖。

鼓风机是焦化厂极其重要的设备，所以要精心操作和维护。由于鼓风机的转速和负载很大，为保证运转正常，减少轴承磨损，要使轴承得到很好的润滑，并在较低的温度下进行工作，为此，轴承入口油温为 25～45℃，出口油温小于 60℃。此外，对鼓风机的冷凝液排出管应按时用水蒸气吹扫，否则，焦油黏附到叶轮上，使鼓风机超负荷运转，影响煤气的正常输送。

3.3.2　煤气的净化

从初冷器出来的煤气，在回收有用物质之前，需要进行脱焦油雾、脱萘和脱硫的净化过程，下面简要分述之。

3.3.2.1　煤气脱焦油雾

(1) 脱除焦油雾的必要性

煤气在初步冷却的过程中，绝大部分焦油蒸气结成较大的液滴被冷凝下来，并从煤气中分离。但还有一小部分则形成焦油雾，存在于煤气中。初冷器后的煤气含焦油 2～5g/m³，煤气受到的骤冷程度越高，则形成的焦油雾越多，初冷器后煤气中的焦油含量也越高。当煤气经过鼓风机后，焦油含量下降为 $0.4g/m^3$。

煤气中的焦油雾必须清除，否则，对化学产品的回收有严重影响。焦油雾若在饱和器中冷凝下来，将使酸焦油量增加，并使母液起泡，密度减少，容易使煤气从饱和器满流槽中冲出；焦油雾进入洗苯塔内，会使洗油质量变坏，影响粗苯的回收；在脱除煤气中的硫化氢时，焦油雾会使脱硫率变小。

（2）焦油雾的脱除

清除煤气中焦油雾的方法和设备很多，小型焦化厂采用的捕焦油器有旋风式、钟罩式和转筒式等，但效率都不高。多数焦化厂采用的是电捕焦油器。电捕焦油器的外形为圆筒状，内部设有管子，管子中心导线为负极，管壁为正极。当煤气流经管子时，其中的焦油雾滴经过管子的电场使其带上负电，故沉积在管壁而被捕集，由器底的焦油排出口及时排出。由于焦油的黏度大，特别在冬季更不容易排出，所以在锥形底设有蒸汽夹套加热。电捕焦油器中煤气流速为 $1.0\sim1.8m/s$，电压为 $30\sim80kV$，每 $1000m^3$（标准）煤气耗电 $1kW \cdot h$，处理后煤气含焦油量小于 $50mg/m^3$。电捕焦油器适合处理未经过除尘和干燥的煤气，因为水和盐能提高焦油的带电性能。

电捕焦油器可置于鼓风机前或后。我国焦化厂多数置于机后正压段，这样，可避免绝缘子着火，而且机后煤气含焦油量较机前少，焦油雾滴也大于机前。为保证电捕焦油器的正常、安全和有效地工作，必须很好维护绝缘箱，防止煤气进入绝缘箱，控制好温度，定期擦拭绝缘子；改进电晕极端结构和在沉淀极端磨光棱角和毛刺；还要保持煤气的含氧量在 1% 以下，否则，有引起爆炸的危险。

3.3.2.2 煤气除萘

焦炉煤气中含萘 $8\sim12g/m^3$。在初冷器中，大部分萘析出并溶解在焦油中。但由于萘的挥发性很大，故初冷后，煤气中含萘仍较高，为 $1.1\sim1.25g/m^3$。经过鼓风机增压升温后，萘含量变为 $1.3\sim2.8g/m^3$。如前所述，萘容易沉积于管道和设备，故应除萘。

煤气除萘主要采用冷却冲洗法和油吸收法，前者将在煤气终冷部分介绍。油吸收法所用吸收剂有洗油、焦油、蒽油和轻柴油等。我国焦化厂多用焦油洗油。萘在焦油中的溶解度高于在轻柴油中的。在吸收塔内喷淋吸收油，同时，煤气自塔下向上流出，其中的萘被喷成雾状的油吸收，属于物理过程。

油吸收法在 $30\sim40℃$ 的条件下，可将煤气中的萘除至 $0.5g/m^3$。为了保证吸收效率，循环洗油允许含萘量为 $7\%\sim10\%$。

3.3.2.3 煤气脱硫

（1）煤气脱硫概述

焦炉煤气中的硫化物主要来自配煤。高温炼焦时，配煤中的硫约有 35% 转入煤气中。煤气中的硫化物有两类，一类是无机硫化物，主要指 H_2S；另一类是有机硫化物，如 CS_2、COS、C_2H_5SH 和噻吩等。有机硫化物在较高温度下，几乎都转化为 H_2S。所以，煤气中 H_2S 的硫几乎占煤气中总硫量的 90%。煤气中 H_2S 应予以清除，否则，会带来以下影响：①能腐蚀化学产品回收设备和煤气储存和输送设备；②用含硫化氢的煤气炼钢，会减低钢的质量；③用作城市煤气，硫化氢及燃烧生成的二氧化硫都是有毒的，会严重污染环境。

根据煤气的用途不同，硫化氢脱除的程度也不同。供化学合成时，H_2S 允许含

量为 $1\sim2mg/m^3$（标准）；用作城市煤气时，为 $20mg/m^3$（标准）；冶炼优质钢时，为 $1\sim2mg/m^3$（标准）；在制造高级陶瓷和特殊玻璃、轧制高级钢材及远距离输送时，焦炉煤气需要深度脱硫。

焦炉煤气脱硫，不仅可以提高煤气质量，同时还可以生产硫黄或硫酸，即变废为宝，综合利用。

煤气脱硫的方法有干法和湿法两大类，见表 3-6。干法脱硫既能脱除无机硫，又能脱除有机硫，而且能脱至极精细的程度，脱硫工艺和设备也比较简单，操作维修方便，小厂多用。但干法脱硫剂再生困难，需要周期性生产，设备庞大，不宜用于含硫较高的煤气，一般与湿法脱硫相互配合，作为第二级脱硫。

表 3-6　煤气脱硫方法

干　　法	湿　　法			
	化学吸收法		物理吸收法	物理化学吸收法
	中和法	氧化法		
氧化铁法 分子筛法 活性炭法 氧化锌法	热碳酸盐法 醇胺法 有机碱法 低浓度氨水法	萘醌法 苦味酸法 蒽醌法、栲胶法 砷碱法 氨水液相催化氧化法	低温甲醇法 聚乙二醇二甲醚法	环丁砜法

湿法脱硫可以处理含硫量很高的煤气。脱硫剂是便于输送的液体物料，不仅可以再生，而且可以回收有价值的硫元素，是一个连续脱硫的循环系统，只需在运转过程中补充少量物料，以抵偿损失。

焦炉煤气脱硫的方法在不断地改进。最初用的是砷碱法和氧化铁干箱，后来逐步改为改良 A. D. A. 法等。由于城市煤气工业的发展，对煤气脱硫技术的开发起了很大的推动作用，目前，许多脱硫方法已经在工业中得到应用，它们各有特点，现就焦化厂应用较多的几种方法简述如下。

（2）煤气干法脱硫

① 脱硫原理及脱硫剂　煤气干法脱硫是用消石灰、氢氧化铁等碱性脱硫剂，通过化学吸附脱除煤气中的 H_2S。我国许多焦化厂采用的是氢氧化铁，反应如下：

$$2Fe(OH)_3+3H_2S\longrightarrow Fe_2S_3+6H_2O$$

$$Fe_2S_3\longrightarrow 2FeS+S\downarrow$$

$$Fe(OH)_2+H_2S\longrightarrow FeS+2H_2O$$

当硫在脱硫剂中富集到一定程度后，使脱硫剂和空气接触，在有足够氧气和水存在的条件下，发生氢氧化铁的再生反应：

$$2Fe_2S_3+3O_2+6H_2O\longrightarrow 4Fe(OH)_3+6S\downarrow$$

$$4FeS+3O_2+6H_2O\longrightarrow 4Fe(OH)_3+4S\downarrow$$

上述反应中，主要反应是 Fe_2S_3 的生成和再生的两个反应。这两个反应都是放热的，每摩尔硫放出的热分别为 21.0kJ 和 201.9kJ。反应中需要的氧是来自空气或焦炉煤气。我国焦炉煤气中含氧气 $0.5\%\sim0.6\%$，此氧气可满足含 H_2S 约 $15g/m^3$（标准）的煤气脱硫再生时的要求。但是，经过反复地吸附和再生，使脱硫剂中的硫黄聚集，并逐步包住氢氧化铁颗粒，导致脱硫能力下降。所以，当硫黄在脱硫剂中的含量约为 35% 时，即需要更换新的脱硫剂。

脱硫剂的制备：制备以氢氧化铁为活性组分的脱硫剂，可用磨碎的沼铁矿或铁屑与锯木屑，按体积比为 1:1 混合，再加约 0.5% 的熟石灰，以使脱硫剂呈碱性（pH=8~9），并用水均匀调湿，使其含水分 30%~40%。然后置于大气中约三个月，并定期翻晒，使其充分氧化。

干法脱硫的效率很高，一般可达 1~2mg/m³（标准）煤气。脱硫剂的脱硫效率取决于其活性，为保证其足够的活性，脱硫剂应满足以下要求：

a. 氧化铁占风干物料的 50%，其中氢氧化铁含量应占 70% 以上。

b. 脱硫剂的水分大于 30%。但由于在过程进行时，所放出的热量使煤气被加热而相对湿度降低，会使脱离剂中的部分水分被蒸发带走，而使再生反应受到破坏。所以在脱硫之前，需要往煤气中加入一些水蒸气。

c. 脱硫剂为碱性。不应该含有腐殖酸或腐殖酸盐，如腐殖酸类的含量大于 1%，将会引起脱硫剂的氧化，从而降低其硫容量和反应速度，由于硫黄菌的作用，进而可能发生硫从已经形成的硫化物中又以 H_2S 的形式分解出来。

d. 在自然状态下，脱硫剂应该是疏松的，湿料堆密度小于 0.8kg/dm³。否则，在脱硫剂的使用过程中，会因硫的聚集而使脱硫剂的体积过于增大或密实。

脱硫剂吸收 H_2S 的最好条件为：

a. 温度约为 29℃；

b. 脱硫剂与煤气的接触时间为 2~3min，为此，煤气以大约 9mm/s 的速度依次通过箱内的脱硫剂层，这时，每米脱硫剂的阻力为 1.25~2.5kPa。

② 煤气干法脱硫装置 煤气干法脱硫装置常用的为箱式，也有塔式的。箱式脱硫装置是一个长方形的槽，其水平截面一般为 25~50m²，总高度为 1.5~2m。箱体用钢板焊接或钢筋混凝土制成，内壁涂一层沥青或沥青漆。箱内水平的木格子上装有四层厚为 400~500mm 的脱硫剂。顶盖与箱体用压紧螺栓装置密封连接。整个干法脱硫装置分为四组，一般用三组并联操作，另一组备用。

箱式干法脱硫装置的设备较笨重，占地面积大，更换脱硫剂时，劳动强度大。

(3) 改良 A. D. A. 法脱硫

改良蒽醌二磺酸钠（A. D. A.）法脱硫是湿法脱硫中较为成熟的一种，在我国应用较多。该法具有脱硫效率高（可达 99% 以上），对 H_2S 含量不同的煤气适应性较大，溶液无毒性，操作压力和温度适应范围较广，设备腐蚀较轻及所得的硫黄质量较好等优点。

① 脱硫原理 脱硫液的组成为等比例的 2,6-恩醌二磺酸钠和 2,7-蒽醌二磺酸钠，它们是无毒，能溶于水，稳定性高的组分；0.12%~0.28% 的偏钒酸钠（$NaVO_3$），可大大提高吸收硫的反应速度和液体的硫含量，使溶液循环量和反应槽容积大大减少；少量的酒石酸钾钠，可防止钒沉淀析出；碳酸钠使脱硫液形成 pH8.5~9.1 的稀碱液，脱硫过程（在脱硫塔中进行）的主要反应为：

$$H_2S + Na_2CO_3 \longrightarrow NaHS + NaHCO_3$$

$$2NaHS + 4NaVO_3 + H_2O \longrightarrow Na_2V_4O_9 + 2S\downarrow + 4NaOH$$

$$Na_2V_4O_9 + 2A.\,D.\,A.（氧化态）+ 2NaOH + H_2O \longrightarrow$$

$$4NaVO_3 + 2A.\,D.\,A.（还原态）$$

在再生塔中通入空气，使 A. D. A. 由还原态转化为氧化态，同时，Na_2CO_3 也得到再生，反应为：

$$A. D. A. (还原态) + O_2 \longrightarrow A. D. A. (氧化态) + NaOH$$
$$NaHCO_3 + NaOH \longrightarrow Na_2CO_3 + H_2O$$

理论上，整个反应过程中，全部药品试剂都得到再生，再生后的 $NaVO_3$、A. D. A. 和 Na_2CO_3 可以循环使用。但实际上存在以下消耗纯碱等副反应：

$$Na_2CO_3 + CO_2 + H_2O \longrightarrow 2NaHCO_3$$
$$Na_2CO_3 + 2HCN \longrightarrow 2NaCN + H_2O + CO_2 \uparrow$$
$$NaCN + S \longrightarrow NaCNS$$
$$2NaHS + 2O_2 \longrightarrow Na_2S_2O_3 + H_2O$$

所以，要经常添加纯碱以补充其在副反应中的消耗。同时溶液中的 NaCNS 的增长速度较快，当它的浓度增加到约 $150g/L$，即开始从脱硫液中提取 NaCNS。

② 工艺流程　见图 3-3。

焦炉煤气→脱硫塔（1），与脱硫液逆流接触，脱去硫化氢→液沫分离器（2），分出液沫→脱硫后煤气。

吸收了硫化氢的溶液，从脱硫塔底流出→液封槽（3）→循环槽（4）（反应槽）→循环泵（5）→加热器（6），加热到 $40℃$→再生塔（7）底部，由鼓入的空气再生→液位调节器（8）→脱硫塔（1）循环使用。

脱硫塔内析出的少量硫泡沫，由设在循环槽底和槽顶的溶液喷头，喷射自泵出口引出的高压溶液，以打碎泡沫并搅拌溶液，使硫泡沫随同溶液进入循环泵。在循环槽中积累的硫泡沫，也可放入泡沫收集槽（23），由此用压缩空气压入硫泡沫槽中。

大量的硫泡沫在再生塔中生成，并富于塔顶扩大部分。由此利用位差自流→硫泡沫槽（9），温度为 $65 \sim 70℃$，机械搅拌，澄清分层；下层清液→放液器（10）→循环槽（4）；硫泡沫→真空过滤机（11），得硫膏；滤液→真空除沫器（12）→循环槽（4）。

硫膏→熔硫釜（13），由夹套蒸汽加热至 $130℃$ 以上，使硫熔融，并与硫渣分离。熔融硫→分配器（14），用蒸汽夹套保温，以细流形式→皮带输送机（15），用冷水喷洒冷却→皮带输送机（16），脱水干燥→储槽（17）。脱硫过程中所消耗的碱，需要进行补充。在碱液槽（18）和偏钒酸钠溶液槽（19），配好碱液→碱液泵（20）→碱液高位槽（21）→循环槽（4）或事故槽（22）（发生事故时，再生塔的溶液放入槽内）。

在溶液循环过程中，当 NaSCN 和 $Na_2S_2O_3$ 积累到一定程度时，会导致脱硫效率下降，故需要抽取部分溶液去提取这些盐类。

③ 主要设备

脱硫塔　是脱硫的主要设备。我国应用较多的是木格填料和塑料花环填料塔。塔内气液两相逆流接触，主要进行脱硫反应，同时，在塔的下半段，也开始溶液中析出硫的反应。

再生塔　内装三块筛板，使空气流分散，并与溶液充分接触。塔顶有扩大圈，塔壁与扩大圈形成环形空隙，空气在再生塔鼓泡逸出，氧化了 A. D. A.，并使硫以浮沫形式浮在液面上，硫泡沫从再生塔边缘流至环隙中，由此自流入泡沫槽。

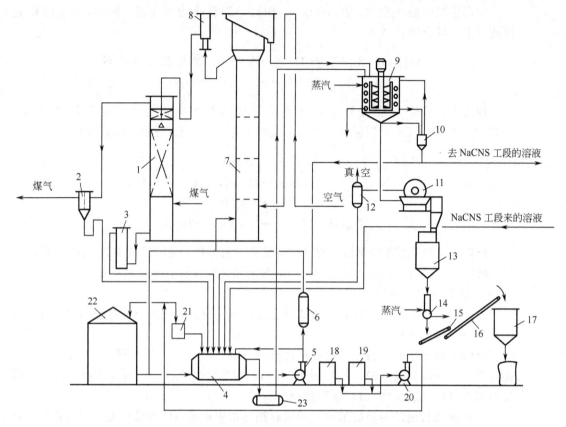

图 3-3 改良 A. D. A. 法脱硫工艺流程

1—脱硫塔；2—液沫分离器；3—液封槽；4—循环槽（反应槽）；5—循环泵；6—加热器；7—再
生塔；8—液位调节器；9—硫泡沫槽；10—放液器；11—真空过滤机；12—真空除沫器；
13—熔硫釜；14—分配器；15，16—皮带输送机；17—储槽；18—碱液槽；19—偏钒酸
钠溶液槽；20—碱液泵；21—碱液高位槽；22—事故槽；23—泡沫收集槽

此种再生塔具有效率高、操作稳定等优点。但是，设备高达 40m，使一次性投资较大，还由于空气压缩机压力较高，从而增加了电力消耗。

改良 A. D. A. 法脱硫液的再生，已有采用喷射再生槽代替再生塔的再生流程。主要是利用喷射器对脱硫溶液再生阶段进行强化反应，从而缩短了再生时间和设备的尺寸。

改良 A. D. A. 法脱硫的缺点是：在操作中容易堵塞；A. D. A. 价格十分昂贵。为此，可改用栲胶法。因我国的栲胶资源丰富，价格低廉，所以应大力发展之。

栲胶是从含单宁的树皮、根、茎、叶和果壳中提取出来的，其主要成分是单宁，约 66%，单宁分子含有多元酚基团。酚羟基的活性很强，容易氧化成醌基，即由还原态的羟基单宁氧化成氧化态的醌基单宁，具有与 A. D. A. 类似的氧化还原性质。所以，栲胶法与改良 A. D. A. 法的原理相似，可以将 A. D. A. 法的工艺改成栲胶法。

(4) 萘醌法脱硫

萘醌法脱硫由脱硫和脱硫废液处理两部分组成，经过处理后的脱硫液送至硫铵母液系统制硫铵。

① 脱硫原理　本法脱硫液中有催化剂 NQ(1,4-萘醌-2-磺酸铵) 和氨（来自焦炉

煤气)。焦炉煤气经过电捕焦油器除焦油雾后，进入吸收塔，煤气与吸收液接触。首先是氨溶解而生成氨水，然后由氨水吸收煤气中的 H_2S 和 HCN，最后在 NQ 的存在下，用空气中的氧将生成的 NH_4HS 氧化成 S 而析出，反应如下：

$$NH_3 + H_2O \longrightarrow NH_4OH$$

$$NH_4OH + H_2S \longrightarrow NH_4HS + H_2O$$

$$NH_4OH + HCN \longrightarrow NH_4CN + H_2O$$

$$NH_4HS + NQ(氧化态) + H_2O \longrightarrow NH_4OH + S\downarrow + NQ(还原态)$$

吸收富液被送入再生塔，同时吹入空气，在催化剂 NQ 的作用下进行氧化再生，反应为：

$$NH_4HS + \frac{1}{2}O_2 \longrightarrow NH_4OH + S\downarrow$$

$$NH_4CN + S \longrightarrow NH_4SCN$$

NQ 也进行再生反应：

$$NQ(还原态) + \frac{1}{2}O_2 \Longrightarrow NQ(氧化态) + H_2O$$

再生时，还发生如下副反应：

$$NH_4HS + O_2 \longrightarrow (NH_4)_2S_2O_3$$

$$NH_4HS + 2O_2 + NH_4OH \longrightarrow (NH_4)_2SO_4 + H_2O$$

再生后的吸收液返回吸收塔循环使用。

此法脱硫效率除了与设备构造、吸收液的循环量和性质、吸收塔内煤气的停留时间等有关外，主要与煤气中的氨含量有关。生产资料表明，为使脱硫效率达到 99% 以上，应保持煤气中的 NH_3/H_2S（质量比）大于 0.7。

再生反应速率或 HS^- 的减少速率，与再生气中 O_2 的浓度、NQ 浓度的平方根、空气与再生液的接触程度成正比，与温度成反比。

② 工艺流程　见图 3-4。

来自捕焦油器后的焦炉煤气（还有氨水蒸馏装置排出的含有 NH_3 和 H_2S 的氨蒸气和从化产精制车间的苯加氢装置、沥青生产排出的含有大量 H_2S 的废气也都混入焦炉煤气一并处理）→中间煤气冷却器（3），为三段空喷塔，在塔下部预冷段，煤气被冷至 38℃，萘不析出；在塔的中部洗萘段，用含萘约 5% 的洗油喷洒，使煤气中的含萘量降至 $0.36g/m^3$，以保证在终冷段无萘析出，洗萘富油的一部分去粗苯工序处理；在塔上部的终冷段，煤气被冷至 36℃→脱硫塔（5），煤气中的 H_2S、HCN 和 NH_3 被吸收液吸收→硫铵工序。

因中间煤气冷却器所用的循环喷洒氨水中有萘、焦油雾及渣子等，故将其中的一部分送至氨水澄清槽，再从氨水储槽送来补充氨水。

从脱硫塔底部出来的吸收 H_2S 等气体后的吸收液［一部分经过吸收液冷却器（6）］→再生塔（7）底部，与空气并行流动进行再生反应。经过再生后的溶液，一部分从再生塔顶自流返回到脱硫塔顶部，循环使用；另一部分→希罗哈克斯装置，将硫黄及其他含硫铵盐湿式氧化为硫铵，以保持各种铵盐和硫黄在吸收液中的浓度稳定。

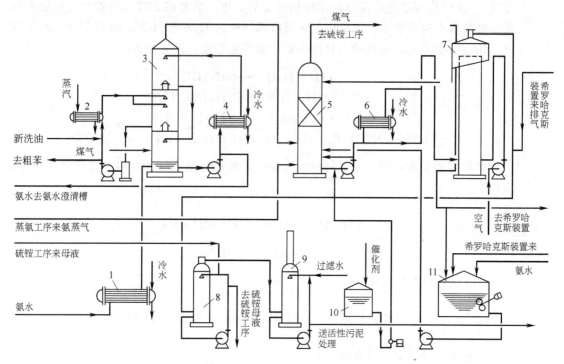

图 3-4　萘醌法脱硫工艺流程

1—第一冷却器；2—吸收油加热器；3—中间煤气冷却器；4—第二冷却器；

5—脱硫塔；6—吸收液冷却器；7—再生塔；8—第一洗净塔；

9—第二洗净塔；10—催化剂槽；11—吸收液槽

从再生塔顶部排出的空气→第一洗净塔（8），用硫铵工序来的硫铵母液洗涤及吸收废气中的氨（吸收氨后的母液再去硫铵工序）→第二洗净塔（9），用过滤水喷洒除去母液酸雾（洗涤水从塔底排出，送往活性污泥装置处理）→大气。

本装置的主要设备为脱硫塔、再生塔。再生塔为鼓泡塔，脱硫塔和洗净塔都是特拉雷特填料塔。特拉雷特填料有大、中、小三种规格。可用聚丙烯、聚乙烯或聚氯乙烯等材料制作。脱硫塔所用的是聚丙烯 L 型。其特性如下：比表面积 $94 m^2/m^3$，空隙率 90%，容重 $88 kg/m^3$，使用温度可达 $120℃$，机械性能较差，脱硫塔内煤气空塔速度为 $0.49 m/s$，吸收液喷淋密度为 $59 m^3/m^2$ 时，液气比为 $33 dm^3/m^3$，每标准立方米的煤气需要填料表面积 $1m^2$，煤气阻力约为 $90 Pa/m$ 填料。

本法不仅利用焦炉煤气中的氨作为碱源，降低了成本，而且在脱硫操作中，可把再生塔内硫黄的生成量限制在硫氰酸铵生成反应所需要的量，过剩的硫，则氧化为硫代硫酸盐和硫酸盐。这样，由于再生液中不含固体硫，故可防止吸收液起泡和脱硫塔内压力损失及气阻现象。

③ 希罗哈克斯湿式氧化法处理废液

原理　在塔卡哈克斯装置中，经过再生后的吸收液返回吸收塔循环使用。但是在循环过程中吸收液中硫黄、硫氰酸铵、硫代硫酸铵等的浓度会逐渐升高，为使这些物质的浓度限制在一定范围，需将一部分吸收液（约 $1.5 m^3/10^4 m^3$ 煤气）作为废液，自再生塔顶部自流到希罗哈克斯装置进行湿式氧化处理，将硫黄及含硫铵盐转化为硫铵，化学反应如下：

$$S+\frac{3}{2}O_2+H_2O \longrightarrow H_2SO_4$$

$$(NH_4)_2S_2O_3+2O_2+H_2O \longrightarrow (NH_4)_2SO_4+H_2SO_4$$

$$NH_4SCN+O_2+H_2O \longrightarrow (NH_4)_2SO_4+CO_2$$

$$H_2SO_4+2NH_3 \longrightarrow (NH_4)_2SO_4$$

经过湿式氧化处理后的脱硫废液，硫代硫酸铵全部分解，硫氰酸铵的分解率达99%，使脱硫废液的组成发生了很大的变化，如表 3-7 所示。

表 3-7　湿式氧化处理前后废液的组成　　　　　　　　　　　　　　　　　　　　　　(g/L)

项　目	pH 值	游离铵	SCN^-	$S_2O_3^{2-}$	SO_4^{2-}
处理前	9.2	12.9	35.2	51.3	12.6
处理后	1.7	0	0.21	0	324

工艺流程　见图 3-5。来自塔卡哈克斯装置的吸收废液，加入氨水（来自氨水蒸馏装置，当氨水蒸馏停工时，加入氨气），以中和希罗哈克斯装置所产生的硫酸，再加缓蚀剂→废液接受槽（1）→加压至 8.8MPa，并混入高压空气→换热器（7），与来自反应塔顶的蒸汽换热→蒸汽加热器（8），加热至 200℃ 以上→反应塔（9），塔内压力 7MPa 左右，温度约 275℃，吸收液中的硫化物被空气氧化为硫酸或硫铵。因为氧化反应均为放热反应，故可用塔顶废气与脱硫液换热，蒸汽加热器停止使用。氧化后的脱硫液叫氧化液（硫铵母液），从反应塔断塔板处抽出→氧化液冷却器（10）→氧化液槽（11），通过泵进入硫铵液循环槽。

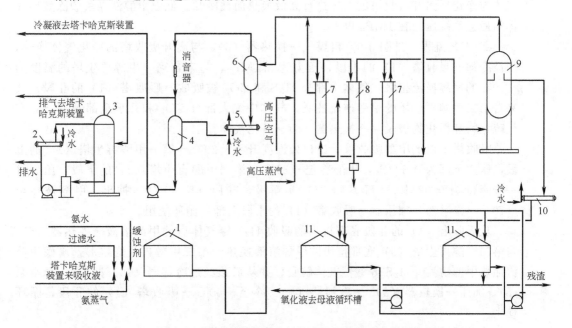

图 3-5　希罗哈克斯湿式氧化法处理废液工艺流程

1—废液接受槽；2—洗涤液冷却器；3—洗涤器；4—第二气液分离器；5—冷凝液冷却器；6—第一气液分离器；7—换热器；8—蒸汽加热器；9—反应塔；10—氧化液冷却器；11—氧化液槽

从反应塔顶引出的气体→换热器（7），与脱硫液换热后，有部分气体冷凝→第一气液分离器（6）→冷凝液冷却器（5）→第二气液分离器（4）（其中的冷凝液→塔卡哈克斯装置，作为补充给水）；分出的废气→洗涤器（3）→洗涤液冷却器（2）→塔卡哈克斯装置的第一、第二洗净塔，与再生塔废气混合处理。

综上所述，本法在脱硫和废液处理的整个过程中，有以下优点。

a. 煤气净化效率高。利用焦炉煤气中的 H_2S、HCN 和 NH_3 互为吸收剂而共同除去。

b. 利用此法能自给吸氨所需的大部分硫酸。若脱硫前，煤气含 H_2S 为 $4.9g/m^3$（标准）时，用此法所生成的硫酸量，能提供生产硫铵所需硫酸量的 60% 以上。又由于焦炉中的 HCN 中的氮转化为铵离子，故硫铵的总产量增加约 0.3%。

c. 不外排燃烧废气和有害废液，无二次污染。

d. 消耗蒸汽少。本法的缺点是耗电多，而且在中压、高温下处理脱硫废液，对设备、管道均有严重腐蚀，所以需使用衬钛材的复合材料。

(5) 低温甲醇洗涤法脱硫

① 基本原理　利用低温甲醇洗涤脱除粗煤气中的 H_2S、CO_2 等酸性气体，属于物理吸收过程。在1MPa 以上的高压、低温条件下，粗煤气中的 H_2S、CO_2 等酸性气体，非常容易溶解于极性溶剂甲醇中，在减压时，它们又很容易解吸出来，而分别脱除上述各物质。当煤气含 1% 的 H_2S 和硫氧化碳及 35% CO_2 时，净化后煤气含 H_2S 和硫氧化碳小于 0.1mg/kg，CO_2 小于 1mg/kg，并获得高浓度的 H_2S，CO_2 可放空。

该法冷量消耗不大。因溶液在再生工序中，由于降压而被冷却，又进入吸收塔的气体与净化后离开吸收塔的气体进行高效换热而被冷却。低温甲醇洗涤法脱除酸性气体的最佳系统压力在 1MPa 以上。

② 工艺流程　见图 3-6。粗煤气→换热器（6），与离开吸收塔的净化气体换热，而被冷却→吸收塔（1）的Ⅰ段，压力为 2.1MPa，与来自第一甲醇再生塔的温度为 −70℃ 的甲醇逆流接触，气体中部分 H_2S 和 CO_2 被吸收→吸收塔（1）的Ⅱ段，被来自第二甲醇再生塔的甲醇逆流洗涤，气体中绝大部分 CO_2 和几乎全部的 H_2S、有机硫化物和氰化物被脱除→换热器（6）→净化气体。

吸收塔Ⅰ段的甲醇吸收液，出口处温度升至 −20℃→第一甲醇再生塔（2）的上段，压力下降为 0.1MPa，甲醇冷至 −35℃→第一甲醇再生塔（2）的下段，压力进一步降低为 0.02MPa，H_2S 和 CO_2 被解吸，并用真空泵（9）抽出，甲醇被冷至 −70℃→泵（7），加压后→吸收塔（1）的Ⅰ段上部，循环使用。

从吸收塔（1）的Ⅱ段底部排出的吸收 H_2S 等气体后的甲醇溶液→换热器（5），与第二甲醇再生塔（3）底部排出的甲醇溶液换热→第二甲醇再生塔（3），塔底用蒸汽加热甲醇溶液［H_2S 等酸性气体解吸，并从塔顶经过冷却器（10）逸出］→真空泵（8），加压→换热器（5）→冷却器（4），冷至 −60℃→吸收塔（1）的Ⅱ段，循环使用。

低温甲醇洗涤法，适合于加压气化制取合成原料气和城市煤气的净化。该法的优点是：在低温下，甲醇能选择性地吸收煤气中的杂质组分，而且根据各酸性气体的溶解度不同，可分别回收这些解吸气体，同时还可脱去煤气中的水分；粗煤气中的各组分与甲醇不发生副反应，故对甲醇的循环使用无影响；过程的能耗低，冷量利用率

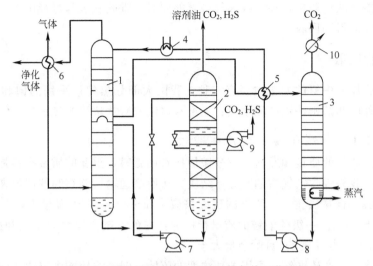

图 3-6　低温甲醇洗涤法脱除酸性气体工艺流程
1—吸收塔；2—第一甲醇再生塔；3—第二甲醇再生塔；4—冷却器；
5,6—换热器；7,8—溶液循环泵；9—真空泵；10—冷却器

高；当操作压力和煤气中的酸性气体浓度增大时，则其技术经济指标的先进性也增加。该法的缺点是：设备多，流程长，工艺复杂；对设备的材质要求高，在高压、低温下具有抗冷脆的性能；甲醇蒸发量大，其蒸气对人有毒；甲醇吸收煤气中的不饱和烃，降低了煤气的热值。

3.4　煤气中氨和吡啶的回收

炼焦配煤的含氮量约为 2%，在高温炼焦过程中，其中的氮有 $20\%\sim25\%$ 转化为氨，故氨对炼焦煤的产率约为 0.3%，粗煤气中含氨 $8\sim11g/m^3$。当粗煤气在初冷器内冷却时，冷凝下来的水蒸气吸收了部分气态的氨，约 $8\%\sim16\%$ 的氨凝结而转入冷凝氨水中，而其余的氨随煤气从初冷器中逸出，其浓度为 $9g/m^3$。焦炉煤气中含有吡啶碱量为 $0.35\sim0.6g/m^3$。

煤气中的氨含量应小于 $0.03g/m^3$，所以应加以回收。否则，会造成如下不良的影响：

① 虽然煤气中的氨大部分被终冷水吸收，但在凉水塔喷洒冷却时，又都解吸进入大气，造成环境污染；

② 煤气燃烧时，其中的氨生成有毒的、腐蚀性的氧化氮；

③ 煤气中的氨和氰化物作用，生成溶解度高的复合物，加剧了腐蚀作用；

④ 氨在粗苯回收时，能使油水形成稳定的乳化液，使油水分离困难。

煤在高温炼焦时，其中的氮约有 $1.2\%\sim1.5\%$ 转化为吡啶盐。当焦炉煤气在初冷器中冷却时，一些高沸点的吡啶盐溶解于焦油氨水中，而低沸点的轻吡啶几乎全部留在煤气中，其浓度约为 $0.5g/m^3$ 煤气。

吡啶碱不仅是重要的医药原料，可生产维生素、口服避孕药等，而且是合成纤维的高级溶剂，应予以回收。吡啶碱有弱碱性，比氨的碱性还弱，遇到酸则中和成盐，

在饱和器或酸洗塔中，在回收煤气中氨的同时，吡啶碱也与母液中的硫酸作用，生成硫酸吡啶而得到回收。

3.4.1 氨的回收

回收煤气中氨的方法主要有三种：我国大部分焦化厂采用的饱和器法生产硫酸铵；国外的弗萨姆法生产无水氨；无饱和器法或酸洗法生产硫酸铵。

3.4.1.1 饱和器法生产硫酸铵

(1) 产品的质量和原料 硫酸铵用作农用肥料，重要的质量指标是粒度大小。因为小粒子容易吸收空气中的水分而结块，从而给运输、储存和使用带来困难，而且潮湿的硫酸铵有腐蚀性。好质量的硫酸铵应为 1～4mm 粒子含量多，2～3mm 粒子的含量大于 50％。一级硫酸铵的质量指标为：白色、氮含量大于 21％和游离酸（硫酸）小于 0.5％，粒子的 60 目筛余量大于 75％。

焦化厂生产硫酸铵，可用各种浓度的硫酸，但是浓硫酸含有的杂质少，加入饱和器时，有较高的稀释热，而且带入饱和器内的水分也少，所以，可减少煤气预热器的负荷。但是浓硫酸价格高，而且冬天容易冻，还会使煤气中的不饱和组分聚合而污染产品。

(2) 生产原理 将含氨的焦炉煤气通入饱和器，与硫酸铵母液中的硫酸反应，当母液中游离酸的浓度（质量分数）或酸度为 1％～2％时，主要生成硫酸铵。酸度增加时，生成硫酸氢铵的比例增加。但是硫酸氢铵比硫酸铵更容易溶解于水或稀酸，因此，在酸度不大时，从饱和器中析出的主要是硫酸铵结晶。

(3) 工艺流程 见图 3-7。煤气经过初步冷却后，自电捕焦油器来（对剩余氨水经过蒸氨后得到的氨蒸气：当不生产粗轻吡啶时，便直接与煤气混合进入饱和器）→煤气预热器（1），预热至 60～70℃，其目的是蒸出饱和器中的水分，防止母液稀释→饱和器（2）的中央气管，经过泡沸伞穿过母液层鼓泡溢出，其中的氨被硫酸吸收，形成硫酸氢铵和硫酸铵，含量分别为 40％～45％和 6％～8％，在吸收氨的同时，吡啶碱也被吸收→除酸器（3），分离出夹带的酸雾→粗苯回收阶段。

饱和器中的母液经过水封管→满流槽（12），对剩余氨水经过蒸氨后得到的氨蒸气：当不生产粗轻吡啶时，便直接与煤气混合进入饱和器→循环泵（14）→饱和器底部，形成上升的母液流而搅拌母液，从而构成了母液循环系统。

饱和器底锥部的硫酸铵结晶浆液→结晶泵（13）→结晶槽（4），使大部分硫酸铵结晶析出（满流母液又回到饱和器，部分母液去吡啶回收装置）→离心机（5），分出结晶，含水 1％～2％，用热水洗去游离酸及杂质→螺旋输送机（6）→沸腾干燥器（7）→硫酸铵槽（16）→硫酸铵包装机（19）→带运机（20）。

离心分离出母液与结晶槽满流液自流入饱和器中。为了保证饱和器内煤气与母液的良好接触，需要使煤气分配伞在母液中有一定的液封高度，并需母液液面稳定。为此，在饱和器上设有满流口，从满流口溢出的母液经过液封管→满流槽（12），以防止煤气逸出→循环泵（14），将母液抽至饱和器底的喷射器，因有一定的压力，故饱和器母液不断地循环搅动，以改善结晶过程。

液储槽的作用：饱和器是周期性地连续操作的，当定期大加酸，补水并用水冲洗饱和器和除酸器时，所形成的大量母液由满流槽流至母液储槽；在两次大加酸之间的

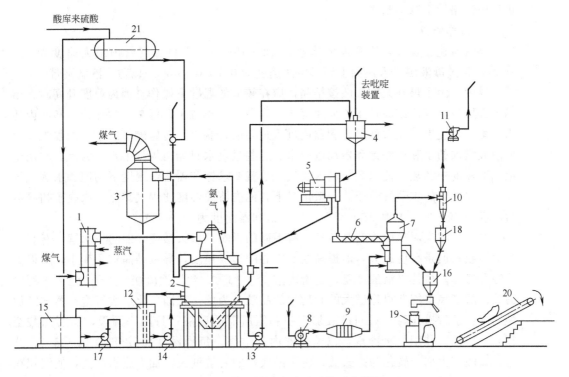

图 3-7　饱和器法生产硫酸铵工艺流程

1—煤气预热器；2—饱和器；3—除酸器；4—结晶槽；5—离心机；6—螺旋输送机；
7—沸腾干燥器；8—送风机；9—热风机；10—旋风器；11—排风机；12—满流槽；
13—结晶泵；14—循环泵；15—母液槽；16—硫酸铵槽；17—母液泵；
18—细粒硫酸铵槽；19—硫酸铵包装机；20—带运机；21—硫酸高位槽

正常生产过程中，又将所储存的母液用母液泵（17），打回饱和器以作补充；此外，在饱和器检修、停工时，母液储槽供承受饱和器母液之用。所以，母液储槽的总容积应大于一组饱和器系统母液的总容量。

（4）饱和器及其操作条件

① 饱和器　是上述流程中的关键设备。在饱和器中，既吸收氨和吡啶，又结晶硫酸铵。由于饱和器壁上会沉积细的晶盐，增加煤气阻力，故需定期用热水和借助于大加酸进行洗涤。

饱和器的外壳用钢板焊成，顶盖和锥底可拆卸，内衬防酸层。防酸层由内到外，依次为石油沥青涂层、两层油毡纸和 2～3 层耐酸砖。进入饱和器内的导管由镍铬钼耐酸钢制成。顶盖内表面和中央煤气管外表面，经常与酸液和酸雾接触均需焊铅板衬层。近年来采用环氧玻璃钢作为饱和器顶盖内表面及中央煤气管外表面的衬里，效果良好。

在中央煤气管下端有煤气分配伞，沿分配伞的整个圆周，有 28 个弯成一定弧度的导向叶片，构成 28 个弧形通道，使煤气均匀分布而泡沸穿过母液。同时还使器内的上层母液剧烈地旋转，使母液中结晶呈悬浮态，延长在器内的停留时间，有利于晶体的成长。

分配伞在母液的深度为 0.2～0.3m，为减少煤气在此处的阻力，取煤气通过分配伞鼓泡处的速度为 7～8m/s。分配伞可用硬铝（85% 的铝和 15% 的锑合金）浇铸，也可用镍铬钛不锈钢制成。

② 操作条件

煤气流速　煤气入饱和器的流速为 $12\sim15m/s$，中央煤气管内最大速度为 $7\sim8m/s$，穿过母液层进入液面上环形空间速度为 $0.7\sim0.9m/s$，以防止液滴夹带。

温度　为了得到大的硫酸铵结晶，应在较低的温度下操作。因为温度升高时，结晶中心形成速度比结晶粒子长大速度快，容易形成小粒子。但是，为保持饱和器内的水平衡，温度也不能太低。饱和器内进入过多的过剩水，有硫酸带入水、回收吡啶返回溶液增加的水和洗涤饱和器加进的水。这些过剩水只能由煤气带走。为此，利用生成硫酸铵的中和热，使水蒸发进入煤气，这就要求饱和器溶液温度下的饱和水蒸气压应大于煤气中的水蒸气分压。一般情况下，池内溶液温度比煤气露点（取决于初冷器后温度为 $25\sim35℃$）高 $15\sim25℃$，所以饱和器温度为 $50\sim55℃$。

酸度　酸度对氨回收和晶粒长大有不同的影响。增大酸度，能防止水解，有利于氨的回收；但是酸度过大，能提高结晶中心的形成速度，导致结晶粒子变小，所以需要综合考虑。最佳母液酸度是，含游离酸 $4\%\sim6\%$，含酸性硫酸根离子为 $6\%\sim8\%$。另外，酸度稳定能获得足够大的和均匀的晶粒。为此，我国焦化厂实行饱和器连续加酸制度：正常操作时，只向母液加入中和氨所需的硫酸；每隔一两天，需要加酸至 $12\%\sim14\%$，并用热水冲洗，以消除器内的结晶；每周深度加酸至 $20\%\sim25\%$，此时，硫酸铵大部分转化为酸式盐，由于酸式盐的溶解度大，加上热水冲洗，使沉积在器内的结晶得到比较彻底的溶解。

搅拌　搅拌有利于获得大的硫酸铵结晶。因搅拌促进了分子扩散，消除了局部过饱和区，可使小粒子溶解，大粒子长大。在饱和器内，搅拌是采用泵打循环母液的方法。母液循环量为每吨硫酸铵 $20\sim30m^3$。由于循环量不够，搅拌作用不充分，所以饱和器法生产硫酸铵结晶的粒子小于 $1mm$。

杂质　饱和器母液中可溶解的杂质，主要有铁、铝、铜、铅、锑、砷的各种盐类，它们多由硫酸及未经过处理的脱吡啶母液带来，或设备腐蚀产生。母液中的不溶性杂质，主要有煤气带入饱和器的焦油雾，以及在吡啶装置中生成并随吡啶母液带回饱和器的铁氰络合物的泥渣等。这些杂质对饱和器操作会产生各种不利影响。如，砷和铁氰杂质能使母液发泡，密度降低，有煤气由水封穿出的危险；焦油与母液形成稳定的乳浊液而附着在硫酸铵结晶上，不利于结晶长大，并使其污染；铁氰络合物的泥渣，在酸性介质中能生成各种稳定化合物，附在结晶表面上使其带色。

为了降低饱和器的杂质，可采用以下措施：适当提高饱和器母液的酸度，可使铁盐溶于母液，而阻止其生成三价铁；通过满流槽或母液储槽，定期地除去成胶体状的杂质和酸焦油；吡啶设备来的碱性母液，经过过滤除去杂质后，再引入饱和器；结晶槽底部控制一定的结晶槽高度，以控制母液中硫酸铵的浓度，使焦油浮在母液面上。

3.4.1.2　无水氨的生产

(1) 用磷铵溶液吸收氨的原理

弗萨母法制取无水氨包括三个主要过程：用磷铵溶液吸收焦炉煤气中的氨；吸氨后的富液解吸；解吸所得的氨气冷凝液蒸馏，得到无水氨。

　　磷铵溶液吸收氨，实质上是磷酸吸收氨。因磷酸为三元酸，所以，可得到三种盐，即磷酸一铵、磷酸二铵和磷酸三铵。但是因为磷酸三铵很不稳定，非常容易分解出氨和磷酸二铵，所以，磷铵溶液中主要有磷酸一铵、磷酸二铵。在温度低于120℃时，磷酸二铵的量决定了氨的分压，而磷酸一铵是吸收氨的吸收剂，并生成磷酸二铵，吸收氨以后的富液受热解吸出氨，磷酸二铵又还原为磷酸一铵，作为贫液返回吸收塔循环使用，吸收和解吸反应如下：

$$NH_3 + NH_4H_2PO_4 \longrightarrow (NH_4)_2HPO_4$$

　　因为吸收反应为放热的，故降低温度可以提高氨的回收率；减少磷铵溶液中磷酸二铵的含量，也同样能提高氨的回收率。

(2) 工艺流程

　　见图 3-8。来自电捕焦油器后的煤气→吸收塔（2），为两段空喷吸收塔，煤气与喷洒吸收液逆流接触，煤气中 99% 以上的氨被吸收，剩余氨浓度为 $0.08 \sim 0.1 \mathrm{g/m^3}$ 煤气。

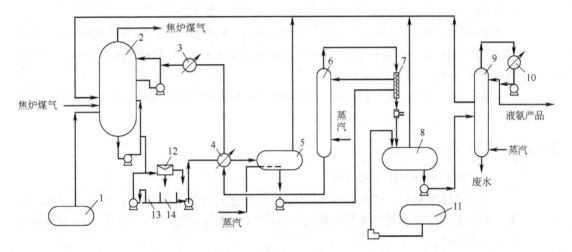

图 3-8　无水氨生产工艺流程

1—磷酸槽；2—吸收塔；3—贫液冷却器；4—贫富液换热器；5—蒸脱器；
6—解吸塔；7,10—冷凝器；8—给料槽；9—精馏塔；11—氢氧化钠槽；
12—除酸焦油器；13—焦油槽；14—溶液槽

　　吸收塔底富液含磷铵约 44%，NH_3/H_3PO_4（摩尔比）＝1.90。此富液分为两部分。大部分富液用循环泵打回吸收塔，循环喷洒量约为送去解吸液体量的 30 倍；少部分富液→除酸焦油器（12），在空气鼓泡下脱出焦油→贫富液换热器（4），温度上升为 118℃→蒸脱器（5），脱出酸性气体，经过泵加压至 1.4MPa→冷凝器（7），被塔顶解析出来的蒸汽加热至 $180 \sim 187$℃→解吸塔（6）上部，与塔底通入的压力为 $1.5 \sim 1.6$MPa 的过热蒸汽直接逆流接触，部分氨解吸，塔底排出贫液温度约为 198℃，NH_3/H_3PO_4（摩尔比）＝1.25→贫富液换热器（4）→贫液冷却器（3），冷却至 75℃，与吸收塔上段循环液合并→吸收塔（2）。

　　自解吸塔顶出来的含氨蒸气→冷凝器（7），与富液换热，全部冷凝冷却至约 130℃→给料槽（8），用泵加压至 1.7MPa→精馏塔（9），被塔底通入的压力为 1.8MPa 的过热蒸汽加热，塔顶得到 99.8% 纯氨气，含水小于 0.01%→冷凝器

（10），部分回流，回流比为2。液氨产物经过活性炭脱去微量的油后去产品槽。塔底废液含氨0.1%，送至蒸氨塔处理。

（3）操作条件

① 吸收塔　喷洒液温度为50℃，喷洒液气比约为7dm³/m³煤气，空塔气速为2.8m/s，塔的煤气总阻力为1.0～1.5kPa。

② 解吸塔　为20层板式塔，操作压力为1.4MPa，入塔过热蒸汽压力1.6MPa，出塔蒸汽压力为1.4MPa，温度187℃，含氨18%。塔底排出贫液温度为198℃。

③ 精馏塔　有20～40层塔板，操作压力1.6MPa，塔底通入过热蒸汽压力1.8MPa，塔顶温度为37～40℃，塔底排出液温度为201℃，含氨0.1%。在精馏塔进料板附近送入30%的NaOH溶液，将进料中残存的二氧化碳、硫化氢等酸性气体与氨结合生成的铵盐分解，生成钠盐溶于水中排出，以免所形成的铵盐在塔内积聚堵塞。

由于水与氨的沸点差大，在进料板与塔底之间有一个温度突变区，界面塔板为2～3块，上方约为40℃的氨液，下方约为130℃的氨水。

弗萨母法制取无水氨，每千克产品需消耗：纯磷酸7.5g，纯氢氧化钠10g，蒸汽（1.8MPa）10kg，冷却水150～200kg，电0.22kW·h。比硫酸铵法少耗：电60%，循环水量54%。

弗萨母法生产无水氨的设备结构简单，但是因氨气腐蚀性强，故主要设备全用不锈钢材料制作。

3.4.2　粗轻吡啶的回收

（1）粗轻吡啶的组成和性质

粗轻吡啶是有特殊气味的油状液体，沸点范围为115～116℃，容易溶于水。我国生产的粗轻吡啶及其同系物含量大于60%（干基），水分小于15%，20℃时密度小于1.012t/m³。

（2）粗轻吡啶回收原理

粗吡啶中吡啶含量最多，沸点最小，故以吡啶回收说明其原理。吡啶有弱碱性，在饱和器内或酸洗塔中，与母液中的硫酸反应生成盐（主要是酸式盐），此盐温度升高时，极易离解，并与硫酸铵反应生成游离吡啶，这就导致吡啶蒸气压增大，并随煤气带走而损失。吡啶的蒸气压随母液温度和母液中吡啶浓度的增加而增加；随母液酸度增加而降低。但是母液的温度和酸度主要是考虑硫酸铵生产的需要。所以，为使吡啶回收率达90%以上，饱和器母液和酸洗塔上段母液，吡啶碱浓度应分别小于20g/L和100～150g/L。

从母液中提取吡啶碱，是用蒸馏剩余氨水所得的氨气，在中和器内进行如下反应，使吡啶分离出来。

$$NH_3 + C_5H_5NH \longrightarrow NH_4^+ + C_5H_5N^-$$

上述反应的平衡常数等于10000，所以反应很完全。

（3）工艺流程

见图3-9。吸收吡啶碱后的母液→中和器（1），同时，来自蒸氨塔来的约11%的氨蒸气也进入中和器底部，经过泡沸伞穿越母液层时，与母液作用而分解出吡啶。过程中放出的大量中和热和氨蒸气的冷凝热，使中和器内的母液温度为 $100 \sim 105 ℃$。从中和器底部出来硫酸铵母液，返回到饱和器或无饱和器法酸洗塔下段。

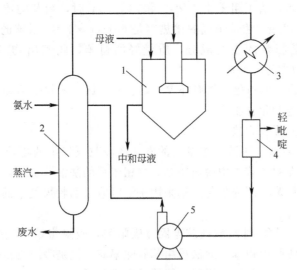

图 3-9　吡啶碱分离工艺流程
1—中和器；2—蒸氨塔；3—冷凝器；
4—分离器；5—回流泵

来至中和器顶部的吡啶碱和蒸汽→冷凝器（3）→分离器（4），在上部分出粗轻吡啶碱馏分，含吡啶碱 $75\% \sim 80\%$，含水 15%，含酚类约 7%→粗吡啶碱精制工段。在分离器中分出的含盐水溶液，含碱约 $90g/L$，用泵打回到蒸氨塔。

中和器内的氨过量，溶液呈碱性，氨含量要小于 $0.5g/L$，否则，pH 高，会增大铁氰化合物的生成速度。

中和用的氨来自氨水，浓度为 $4.7g$ 氨$/m^3$ 氨水，其中 83% 是挥发铵（碳酸铵、硫酸氢铵、氰化铵），因为它们加热到沸点时，即分解，所以可利用蒸氨塔加热而蒸出氨来；其余的是固定铵（氯化铵和硫氰化铵），只能在强碱作用下加热，才能解析出来，所以回收固定铵需要在蒸氨塔外增设分解器，使固定铵与碱反应，从而分出游离氨，然后在蒸氨塔中蒸出。

3.5　粗苯的回收

3.5.1　概要

（1）粗苯的组成

脱氨后的焦炉煤气中含有的苯系化合物，称为粗苯。粗苯产率是炼焦煤的 $0.9\% \sim 1.1\%$，在焦炉煤气中含粗苯 $30 \sim 40g/m^3$。粗苯的组成如表 3-8 所示。

表 3-8　粗苯的组成　　　　　　　　　　　　　　　　　　　　　　　　　　 %

苯	甲苯	二甲苯(含乙基苯)	三甲苯和乙基甲苯	不饱和化合物	硫化物
$55 \sim 75$	$11 \sim 22$	$2.5 \sim 6$	$1 \sim 2$	$7 \sim 12$	$0.3 \sim 1.8$

（2）粗苯的性质

粗苯是淡黄色的透明液体，比水轻，不溶于水。储存时，不饱和化合物的氧化和聚合形成的树脂，溶于粗苯中，使色泽变暗。0℃时，粗苯的比热容是 60J/(g·K)，蒸发潜热 447.7J/g。粗苯蒸气的比热容是 60J/(g·K)，粗苯的沸点低于 200℃。在 180℃ 之前，是粗苯的主要成分，质量好的粗苯，此馏出物多，约为 94%，高于 180℃ 的馏出物称为溶剂油。

表 3-8 中的不饱和化合物有环戊二烯、苯乙烯、苯并呋喃和茚类。硫化物有二硫化碳、噻吩、饱和化合物。

（3）粗苯的回收方法

① 洗油吸收法　用洗油在专门的洗苯塔吸收煤气中的粗苯，然后将吸收了粗苯的洗油富油，在脱苯装置中脱出粗苯，脱粗苯后的洗油（贫油）经过冷却后重新回到洗苯塔以吸收粗苯。国内焦化厂都采用洗油吸收法回收煤气中的粗苯，这是本章将要介绍的主要内容。

② 吸附法　用活性炭或硅胶等固体吸附剂，吸附焦炉煤气中的粗苯，然后用水蒸气蒸馏的方法脱出粗苯。此法虽粗苯脱除率高，但是吸附剂价格贵，所以，在工业上应用受到限制，而多用于煤气中粗苯的定量分析。

③ 加压冷冻法　把焦炉煤气加压到 0.8MPa(8atm) 并冷冻到 -45℃，使粗苯冷凝下来。此法所得的粗苯质量很好，颜色透明，180℃ 前馏出物可达 96%。脱苯后的煤气含苯 1g/m³，适合于焦炉煤气远距离输送或送往合成氨厂用。

3.5.2　煤气的最终冷却和除萘

煤气经过饱和器回收氨后，温度为 55～60℃，但是用洗油吸收煤气中的粗苯的适宜温度应为 20～25℃，所以，从煤气中回收粗苯之前，需要先进行冷却。又因为煤气中含萘约 1.3g/m³，故在冷却煤气的同时，煤气中的萘会部分析出，所以还要除萘。

（1）工艺流程

煤气最终冷却和除萘流程主要有三种：最终冷却和机械除萘、最终冷却和焦油洗萘、最终冷却和油洗萘。第一种流程除萘不净，而且洗萘槽庞大。图 3-10 是热焦油洗萘终冷流程。

煤气→煤气终冷塔（1），与经过隔板喷淋下来的冷却水逆流接触而被冷却，结果有部分蒸汽冷凝，相当数量的萘从煤气中析出并悬浮于水中→下一工序的苯吸收塔。

含萘冷却水，经过液封管→煤气终冷塔（1）的焦油洗萘器底部，并向上流动，与筛板上流下来的热焦油逆流接触，萘溶解于焦油而被萃取→洗萘器的上部→水澄清槽（5），与焦油分离后去凉水架。

热焦油从焦油槽（4）→焦油循环泵（3）→焦油洗萘器（1），萃取冷水中的萘，含萘焦油从洗萘器下部排出→液位调节器（6）→焦油槽（4），槽底设有蛇管加热器，每个焦油储槽循环使用 24h 后，加热并静置 24h 脱水后，再送往焦油车间。送完焦油后的储槽，再接受新焦油。

（2）终冷塔及其操作条件

带洗萘器的终冷塔的上部为多层带孔的弓形筛板隔板，筛孔直径为 10～12mm，孔中心距为 50～75mm，隔板的弦端焊有角钢，用以维持液位。水经过孔喷淋而下，

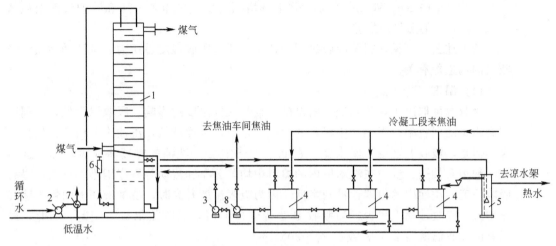

图 3-10 热焦油洗萘终冷流程

1—煤气终冷塔（下部为焦油洗萘器）；2—循环水泵；3—焦油循环泵；
4—焦油槽；5—水澄清槽；6—液位调节器；7—循环水冷却器；8—焦油泵

形成的小水柱与上升的煤气接触，冲洗冷却。塔的隔板数一般为 19 层，自由截面积（即圆缺的部分）占塔截面积的 25％。

塔下部为洗萘器，一般为 8 层筛板，筛孔直径约 10～14mm，孔间距 60～70mm，筛板间距 600～750mm，水和焦油接触时间约 9min。

焦油进出洗萘器的温度分别为 90℃、70℃，洗萘器下部温度保持在 80℃ 左右（用洗萘器底部的间接加热器控制）。如温度过低，则洗萘效果差；过高，焦油将从液面调节器溢出。

洗萘焦油应该用混合焦油。因集气管焦油含有大量焦油渣，并且容易与水乳化，使澄清分离不好；而初冷器焦油因比较少，其轻质部分被水带走。焦油用量约为终冷水量的 5％。

由于热焦油洗萘和终冷流程用水量大，而且终冷水中有污染物，在凉水架中容易进入大气而污染环境。为了克服这些缺点，可采用油洗萘和终冷流程。油洗萘和终冷塔分立。煤气先在油洗塔除萘，然后再入终冷塔冷却。油为洗苯富油，其量为洗苯富油的 30％～35％，入塔含萘小于 8％。油洗塔可用木格填料塔，填料面积为 0.2～0.3m²/m³ 煤气，煤气空喷速度为 0.8～1.0m/s。由于除萘后煤气的冷却方法可由洒水式改为间接横管式，故可避免终冷水中的污染物带来的环境污染。

3.5.3 粗苯吸收

3.5.3.1 粗苯吸收原理

终冷后的煤气含粗苯 25～40g/m³，在粗苯吸收塔内用洗油吸收，出吸收塔后的煤气含苯小于 2g/m³，吸收过程为物理过程，吸收速率为：

$$G = kF\Delta p$$

式中　G——吸收速率，kg/h；

　　　k——吸收系数，kg/(m²·h·Pa)；

　　　F——吸收面积，m²；

　　　Δp——对数平均压力差或吸收推动力，$\Delta p = (\Delta p_1 - \Delta p_2)/\ln(\Delta p_1/\Delta p_2)$，其

中 Δp_1 和 Δp_2 分别为塔底和塔顶的煤气中粗苯分压和洗油液面上粗苯的蒸气压之差。

从上述公式可见，粗苯吸收过程的速率主要与吸收温度、压力、洗油的性质、吸收塔的构造等有关。

（1）温度

吸收温度取决于煤气和洗油的温度，也受大气温度的影响。吸收温度低，有利于提高粗苯的回收率。当煤气中粗苯的含量一定时，温度越低，洗油中的粗苯含量就越高。但是，吸收温度也不能太低，在低于 $10\sim15℃$，洗油的黏度将显著增加，这会使洗油用泵抽送、洗油在洗苯塔内的填料中均匀分布和流动等操作困难。反之，提高吸收温度，洗油中的粗苯含量则降低。因为吸收温度升高时，洗油液面上的粗苯蒸气压增大，吸收推动力减少，当吸收温度高于 $30℃$ 时，吸收效果显著变差。因此，最适宜的吸收温度为 $25℃$，或在 $20\sim30℃$。

另外，洗油的温度应该比煤气的温度高一些，以防止煤气中的水分被冷凝下来而进入洗油。一般在夏季比煤气的温度高 $1\sim2℃$；冬季高出 $5\sim10℃$。

（2）洗油的分子量、循环量和质量要求

从溶液（视为理想溶液）的吸收平衡与煤气（看作理想气体）中的粗苯的分压的关系可知，洗油的分子量越小，苯在洗油中的浓度也越小，吸收推动力将变大。因此，在回收同样数量粗苯的条件下，若使用分子量小的洗油，则其用量可减少。比如，石油和焦油洗油的相对分子质量分别为 $230\sim240$ 和 $170\sim180$，在粗苯回收率相同时，石油洗油的用量是焦油洗油用量的 1.3 倍。

在其他情况不变的条件下，增加循环洗油量，可降低洗油中粗苯的浓度，使气液间吸收推动力增加，从而提高苯的回收率。但是，若循环洗油量过大，则增加能耗。根据操作经验，洗油用量为最小理论量的 1.5 倍。当用焦油洗油时，用量为 $1.5\sim1.8dm^3/m^3$ 煤气。焦油洗油的质量要求，如表 3-9 所示。

洗油含萘过多，萘容易析出，并沉积在洗苯塔的填料上，减少吸收面积增加煤气流动的阻力。但少量仍有利于吸收粗苯过程的进行。含苊过高，将会降低热交换器、预热器等传热效率，甚至引起设备堵塞。

表 3-9 焦油洗油的质量要求

230℃前馏出量	300℃前馏出量	20℃的相对密度	黏度(E_{25})	含萘	含苊	含水	含酚
$<3\%$	$>90\%$	$1.04\sim1.08$	$<1.5\sim2$	$<3\%$	$<5\%$	$<1\%$	$<0.5\%$

（3）贫油中粗苯的含量

当其他条件一定时，入塔贫油中粗苯含量越高，则塔后损失越大。贫油中残存粗苯 $0.1g/dm^3$，则引起粗苯的损失约为 5.4%。但是，贫油中含苯量低，将增加脱苯蒸馏时的能耗，并使粗苯 $180℃$ 前馏出量减少，洗油消耗量增大。一般，贫油含苯量为 $0.4\%\sim0.6\%$ 时，即可达到塔后煤气粗苯含量低于 $2g/m^3$ 的要求。

（4）吸收表面积

由吸收速率方程可知，增大吸收塔内的气液接触面积，有利于吸收粗苯。对填料洗苯塔，吸收表面积即塔内填料表面积。所以，填料不同，吸收表面积也不同。但是，吸收表面积过大，会使塔后损失降低变得很慢，而设备和操作费用却都增加很多，故而不够经济。根据生产实践经验，在正常操作条件下，每小时每立方米的煤气，适宜的吸收表面积为 $1.1\sim1.3m^2$。

（5）压力

提高吸收压力，对回收粗苯是有效的。因为压力提高，煤气中粗苯的分压增大，故而吸收推动力增大，从而使吸收速率大大增加。压力对粗苯吸收的影响见表 3-10。

表 3-10　压力对粗苯吸收的影响 %

指　标	吸收压力/MPa			
	0.11	0.4	0.8	1.2
吸收塔容积	100	10	6.9	5.7
金属用量	100	46.5	40.8	37.2
换热表面积	100	32	21.2	12.8
单位消耗				
蒸汽	100	46.8	35.0	27.6
冷却水	100	49.4	38.2	29.7
电	100	32.4	21.6	17.6
富油饱和含苯量	2.0～2.5	8.0	16.0	20.0

由表 3-10 可见，增加吸收压力，可以减少塔的容积，从而减少金属、水、电、汽等的用量，而且富油的饱和含苯量却增加了，即降低了成本，提高了粗苯的回收率。所以，加压吸收粗苯，是强化吸苯过程的有效措施之一。不过，选择压力时，还需要根据煤气实际用途情况，考虑压缩动力消耗的问题。

3.5.3.2　工艺流程及设备

（1）工艺流程

我国焦化厂普遍采用洗油来吸收煤气中的粗苯。其工艺流程基本一样，将三台洗苯塔串联起来。焦炉煤气经过最终冷却到约 25℃，含粗苯 $32\sim40g/m^3$，依次进入 1→2→3 三台洗苯塔的底部，煤气与洗油逆流接触，其中的粗苯被洗油吸收。出塔煤气中粗苯含量降为小于 $2g/m^3$，然后送往焦炉或冶金工厂作燃料。

含粗苯约 0.4% 的贫油，由洗油槽用泵依次送往 3→2→1 三个洗苯塔的顶部，从而吸收煤气中的粗苯，最后在 1 号洗苯塔底部排出，即富油，含粗苯量依操作条件而异，一般约为 2.5%。

富油和脱苯蒸馏所得的分缩油混合后，一起送往脱苯蒸馏系统，脱出粗苯后的洗油，即贫油，经过冷却后又返回到洗油槽循环使用。

各洗苯塔底部为洗油接受槽，用钢板将煤气隔开。由塔顶喷淋下来的洗油，经 U 形管流入塔底接受槽，U 形管起着油封的作用，以防止煤气随洗油窜出。

在 3 号洗苯塔的上部，设有不用洗油喷洒的填料段，称为干燥层，用以捕集被煤气带走的洗油雾滴，从而减少洗油耗量。

（2）洗苯塔

我国焦化厂所用的洗苯塔有填料塔、板式塔和空喷塔。板式塔虽然操作可靠，但阻力较大，约为 7.5kPa，为此，选择阻力较小的填料塔。填料塔应用较早，使用比较多。常用的塔内填料有木格、钢板网和塑料花环等。

木格填料制造简单、操作稳定可靠，但由于比表面积小，故生产能力小，设备庞大而笨重，所以，逐渐被高效填料（钢板网和塑料花环等）所取代。苯吸收塔常用的几种填料的特性见表 3-11。

表 3-11　几种填料的特性

项　　目	木格	塑料花环	钢板网	项　　目	木格	塑料花环	钢板网
比表面积/（m²/m³）	45	185	250	塔径/m	7.0	5.5	4.0
允许气体流速/（m/s）	1.0	1.4	3.0	塔高/m	40～45	27	30
允许设备截面积/m²	36.0	26.0	12.0	填料比阻力/（Pa/m）	20～35	26	15～20
填料自由截面积/%	71	88～95	95～97	填充密度/（kg/m³）	215	110	150

由表 3-11 可见，采用高效填料比木格填料效率高。工业生产表明，煤气通过木格自由截面积的流速由 1.6m/s 提高到 2.6m/s，则其比表面积由 1.0m²/m³ 降到 0.6m²/m³。

3.5.4　富油脱苯

3.5.4.1　工艺流程

洗油吸收粗苯后，需要用蒸馏的方法与粗苯分离，为此，需将富油加热到 250～300℃，但是在此温度下，会引起洗油中某些成分的分解或聚合，使洗油质量迅速恶化。所以，富油脱苯需要用水蒸气蒸馏。

（1）生产一种苯的工艺流程

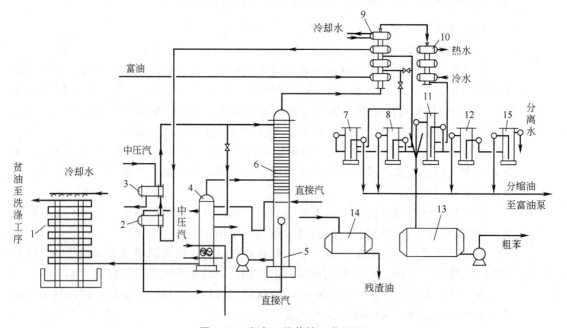

图 3-11　生产一种苯的工艺流程

1—喷淋式贫油冷却器；2—贫富油换热器；3—预热器；4—再生器；5—热贫油槽；
6—脱苯塔；7,8—重和轻分凝油分离器；9—分凝器；10—冷凝冷却器；
11—粗苯分离器；12,15—控制分离器；13—粗苯储槽；14—残渣槽

如图 3-11 所示，来自洗涤工段的冷富油→分凝器（9），与脱苯塔来的油汽换热，被加热至 70～80℃→贫富油换热器（2），被 130～140℃的热贫油加热至 90～

100℃→预热器（3），用压力为 7～8MPa 的间接蒸汽加热至 140～150℃→脱苯塔（6），从第三层板进入，逐级向下溢流，在塔底直接蒸汽的蒸吹下，富油中的绝大部分粗苯及洗油中的部分轻质馏分和萘被蒸出来，与一定量的水汽一起从塔顶溢出。脱苯后的热贫油，从脱苯塔底出来自流到→贫富油换热器（2），与富油换热并冷却到约 115℃→热贫油槽（5），经热贫油泵→喷淋式贫油冷却器（1），冷却至 25～30℃→洗苯塔喷洒。

脱苯塔顶蒸出的粗苯、水、油等的蒸气→分凝器（9），与富油换热，并在分凝器顶上一格，用冷却水冷却（蒸汽出口温度由冷却水控制，约为 86～92℃），使大部分洗油汽和水汽冷凝下来。在分凝器底部两格所形成的冷凝液，即重分凝油→重分凝油分离器（7），油水分离后，由底部引出；在分凝器顶部两格的冷凝液，即轻分凝油→轻分凝油分离器（8），油水分离后，由上部引出。轻重分凝油混合后，自流至富油泵入口，随同富油到脱苯塔。

在分凝器顶部逸出的是粗苯蒸气→冷凝冷却器（10），冷至 25～30℃→粗苯分离器（11），分出水→粗苯储槽（13），定期用泵送往精制车间；由上述三个油水分离器分出的水→控制分离器（12，15），进一步油水分离，以减少洗油的损失。

洗油在循环使用过程中，质量会变坏。为了保证洗油的质量，将循环洗油的 1%～1.5%，在富油入脱苯塔前的管路（或脱苯塔加料板以下的一块板）中抽出→再生器（4），洗油被压力约为 1.1MPa 的间接蒸汽加热至 160～170℃，并用直接蒸汽蒸吹。顶部蒸出的温度约为 165℃的油气和水汽的混合蒸气→脱苯塔（6）底部；残留在再生器底部的残渣→残渣槽（14）。

为了降低蒸汽消耗量和减轻设备腐蚀，可采用管式炉加热再生法，图 3-12 是管式炉加热洗油再生流程。脱苯部分的设备腐蚀，其原因是：由于煤气和洗油中含有氨、氰盐、硫氰盐、氯化铵和水，腐蚀严重处在脱苯塔下部，此处的温度高于 150℃。由再生器来的蒸汽含有氯化铵、硫化氢和氨，在焦油洗油中溶有这些盐类。用管式炉加热时，洗油在管式炉被加热到 300～310℃，在蒸发器内，水汽与油气与重的残渣油分开。蒸气在冷凝器内凝结，并在分离器进行油水分离。这就与蒸汽法再生不同，洗油不仅分出重的残渣，而且也分出产生腐蚀作用的盐类。所以，管式炉加热法与蒸汽加热再生法相比，残渣脱除得干净，而且减轻了设备的腐蚀。

水蒸气蒸馏的缺点是耗用水汽量大，设备大，冷却水用量大，并形成大量的含苯、氰化物和硫氰化铵的废水。若用管式炉加热至 180℃后，再入脱苯塔，可节约直接蒸汽约 23%。若采用减压蒸馏脱苯，可避免脱苯生成的废水，但因为粗苯蒸气冷凝温度低于约 13℃，需要冷冻剂，故用得较少。

（2）生产两种苯的工艺流程

生产两种苯的工艺流程和操作条件，与前一种流程在分凝器以前是一样的，区别主要是：从分凝器顶部出来的粗苯蒸气是进入两苯塔，进一步分成轻苯和重苯。

两苯塔精馏段，由 8 层泡罩塔板组成，塔顶用轻苯回流。粗苯蒸气由精馏段底部进入，与提馏段上升的蒸气进入 8 层塔板，经过气液间的物质和热交换，塔顶逸出 73～78℃的轻苯蒸气，经冷凝冷却至 25～35℃后分出轻苯，部分回流，部分为产品。

两苯塔的提馏段，由三层泡罩塔板组成，设有间接蒸汽加热，并送入少量的直接蒸汽，加热底部的液体混合物，约 150℃，提取其中的低沸点组分。塔底引出的

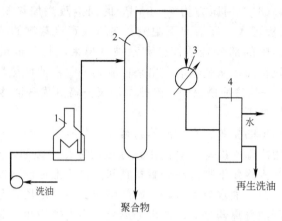

图 3-12　管式炉加热洗油再生流程
1—管式炉；2—蒸发器；3—冷凝器；4—分离器

是重苯，经冷却到 45～50℃后，进入重苯储槽。为使全塔操作正常，需将精馏段内的部分液体引入分离器，分出冷凝水后，再送入塔内。

3.5.4.2　主要设备

(1) 脱苯塔

我国焦化厂用的脱苯塔有圆形、条形泡罩塔及浮阀塔等，材质有钢板焊制或铸钢。其中以条形泡罩塔应用较广。外壳钢板厚 8mm，塔径 2.2～2.3m，塔高约 13.5m，塔内装 4 层带有条形泡罩的塔板，塔间距为 600～750mm，加料在自上数第三层。

(2) 两苯塔

两苯塔为 11 层泡罩塔或 8 层浮阀塔，浮阀塔的板间距为 300～600mm。精馏段为 8～12 层，提馏段为 3～6 层，回流比约为 3。在浮阀塔板上，气液接触的特点是：气体在塔板上以水平方向喷出，气液接触时间长，当气体负荷大时产生雾沫，夹带量比较小，操作弹性大。

3.6　焦油加工

3.6.1　概要

焦油是煤在炼焦过程中所得的黑褐色、黏稠性的油状液体。焦油又分低温和高温焦油，低温焦油在高温下二次分解，即为高温焦油。本章主要讨论高温焦油，以下简称焦油。

(1) 焦油的产率、质量　焦油的产率受煤的性质和炼焦条件的影响。若原料煤的挥发分大，则焦油的产率就大。若采用高气煤配比，可使焦油产率达约 4.1%。当炼焦温度升高时，焦油产率下降，酚类产品减少，而焦油的密度和游离碳增加。

对回收车间送来的焦油，其质量规格如下：20℃ 的密度为 $(1.165～1.185) \times 10^3 kg/m^3$；水分小于 4%；灰分小于 0.15%；甲苯不溶物小于 6%，黏度 E_{80} 小于 50；固定铵盐每升氨水小于 0.5g，并要求对酚、萘、蒽、吡啶碱类的含量及各种馏分和沥青的产率进行分析。

（2）焦油的组成　焦油是由芳香烃化合物组成的复杂混合物。目前查明的有 500 多种，绝大多数化合物的含量甚微，在工业中还没有得到应用，但是，新的品种正在不断出现于化学工业中。焦油中 90% 以上的是中性化合物，较重要的有：苯、萘、蒽、菲、茚、苊等；其余的是含氧化合物，如酚类；含氮化合物，如吡啶等；含硫化合物，如 CS_2、噻吩等，此外，还有少量的不饱和化合物。

（3）从焦油获得的主要产品及其用途　焦油中性质相近的组分较多，用蒸馏的方法可使它们集中到相应馏分中，然后进一步用物理化学方法制备多种产品，目前，从焦油中提取的主要产品见表 3-12。

表 3-12　焦油中提取的主要产品及其用途

产　品	性　　质	用　　途
萘	无色晶体,容易升华,不溶解于水,易溶解于醇、醚、三氯甲烷和 CS_2 中	制备邻苯二甲酸酐,进一步生产树脂、工程塑料、染料、油漆及医药等;农药、炸药、植物生长激素、橡胶及塑料的防老剂等
酚及其同系物	无色结晶,可溶解于水和乙醇	生产合成纤维、工程塑料、农药、医药、染料中间体及炸药等。甲酚用于生产合成树脂、增塑剂、防腐剂、炸药、医药和香料等
蒽	无色片状结晶,有蓝色荧光,不溶解于水,能溶于醇、醚等有机溶剂	主要用于制蒽醌染料,也用于制合成鞣剂及油漆
菲	蒽的同分异构体,在焦油中含量仅次于萘	有待于进一步开发利用
咔唑	无色小鳞片状晶体,不溶于水,微溶于乙醇等有机溶剂中	染料、塑料和农药的重要原料
沥青	焦油蒸馏残液,多种多环高分子化合物的混合物。因生产条件不同,软化点 $70 \sim 150\,^\circ\!C$	制造屋顶涂料、防潮层和筑路,生产沥青焦和电炉电极等
各种油类	各馏分在提取出有关的单组分产品之后,得到的产品。其中洗油馏分脱二甲酚和喹啉碱类后,得洗油	洗油主要用作粗苯的吸收溶剂;脱除粗蒽结晶的一蒽油是防腐油的主要成分;部分油类还可做柴油机的燃料

表 3-12 所述的仅为焦油产品的部分用途，可见综合利用焦油具有重要意义。目前世界焦油年产量约为 1600 万吨，其中的 70% 以上进行加工精制，其余大部分用作高热值低硫的喷吹燃料。世界焦油精制先进的厂家，已经从焦油中提取出 230 多种产品，并向集中加工大型化方向发展。而我国仅提取出上百种产品，所以，我国煤焦油的加工和利用任重而道远。

3.6.2　焦油脱水、脱盐

3.6.2.1　焦油脱水

（1）焦油脱水的必要性　焦油中有较多水分，对焦油的蒸馏操作不利：焦油含水多，会因延长脱水时间而降低生产能力，增加耗热量；水在焦油中形成稳定的乳浊液，在受热时，乳浊液中的小水滴不能立即蒸发，而容易过热，当继续升高温度时，这些小水滴会急剧蒸发，会造成突沸冲油现象；水分多，会使系统的压力增加，打乱操作制度，此时，必须降低焦油处理量，否则会造成高压，有引起管道、设备破裂，而导致火灾的危险；水分带入的腐蚀性铵盐，会腐蚀管道和设备。所以，焦油在蒸馏前，其中的水分必须脱除。

（2）焦油脱水方法 焦油的脱水可分两步进行。首先，在焦油槽内加热至$80\sim90℃$，静置36h以上，因焦油和水的密度不同而分离，使焦油的水分初步降至$2\%\sim3\%$；然后，在连续式管式炉焦油蒸馏系统中的管式炉对流段及一段蒸发器内，进行蒸发脱水。当管式炉焦油出口温度达到$120\sim130℃$时，则焦油的水分最终降至0.5%以下。

3.6.2.2 焦油脱盐

（1）焦油脱盐的必要性 焦油经过回收车间加热静置脱水后，仍含有约4%的水，这些水实际是氨水，小部分以氢氧化铵存在，大部分为铵盐。其中的挥发铵在最终脱水阶段被去除，而固定铵仍留在脱水焦油中，会引起如下不良影响：当蒸馏焦油温度达到$220\sim250℃$时，固定铵会分解为游离酸和氨，这些酸存在于焦油中，对管道和设备产生严重腐蚀；铵盐对焦油和水分起乳化作用；对萘油馏分的脱酚也非常不利。因此，必须去除焦油中的固定铵盐。

（2）焦油脱盐的方法

① 降低循环氨水中固定铵盐的含量，为此，把回收车间的冷凝氨水全部混入循环氨水中，蒸氨塔由原来处理冷凝氨水改为处理混合氨水。这样可使循环氨水中大量固定铵盐，借蒸氨塔排出，含量降至$1\sim2.5g/L$。

② 焦油加热静置脱水时，要尽量降低焦油中的游离碳和煤粉，以降低乳化的稳定性和沥青的灰分。为此，要定期清扫原料焦油储槽。

③ 用纯碱溶液分解固定铵。向焦油中加入$8\%\sim12\%$的Na_2CO_3溶液，考虑到Na_2CO_3和焦油的混合程度不够，纯碱过量25%，使残留在乳化水中的少量固定铵盐，完全转化为高温下不容易分解的钠盐，在焦油蒸馏中留在沥青中成为灰分。焦油脱盐后，应使每千克焦油中的固定铵含量小于0.1g。

3.6.3 焦油蒸馏

3.6.3.1 焦油蒸馏馏分

焦油蒸馏的作用是将沸点相近的组分集中到相应的馏分中，便于后处理加工，通过连续蒸馏，切取的馏分如表3-13所示。

表 3-13 焦油蒸馏馏分

馏　　分	温度范围/℃	产率/%	密度/(g/cm³)	主　要　组　分
轻油馏分	<170	0.4~0.8	0.88~0.9	苯族烃,酚含量小于5%
酚油馏分	170~210	2.0~2.5	0.98~1.01	酚和甲酚20%~30%,萘5%~20%,吡啶碱4%~6%,其余为酚油
萘油馏分	210~230	10~13	1.01~1.04	萘70%~80%,酚类4%~6%,重吡啶碱3%~4%,其余为萘油
洗油馏分	230~300	4.5~7.0	1.04~1.06	酚类3%~5%,重吡啶碱4%~5%,萘小于15%,甲基萘等,其余为洗油
一蒽油馏分	280~360	16~22	1.05~1.13	蒽16%~20%,萘2%~4%,高沸点酚类1%~3%,重吡啶碱2%~4%,其余为一蒽油
二蒽油馏分	310~400（馏出50%）	4~8	1.08~1.18	含萘小于3%
沥青	焦油蒸馏残液	50~56		

3.6.3.2 焦油蒸馏工艺流程

用蒸馏方法分离焦油，可用分段蒸发流程和一次蒸发流程。

(1) 一次蒸发流程

一次蒸发流程是将焦油在管式加热炉加热到指定温度，并达到汽液平衡，液相为沥青，其余进入气相，一起进入蒸发器。在蒸发器底沥青分出，其余的气体混合物，按沸点由高到低依次进入各塔，并在各个塔底依次分出各馏分。蒸发器温度由管式炉辐射段出口温度决定，此温度决定馏分油和沥青产率及质量，一般控制在390℃左右，焦油馏分的产率和沥青的软化点都与焦油加热温度呈近似线性增加关系。

一次蒸发流程又分一塔和两塔流程。在此仅对一塔流程做简要说明。如图3-13。

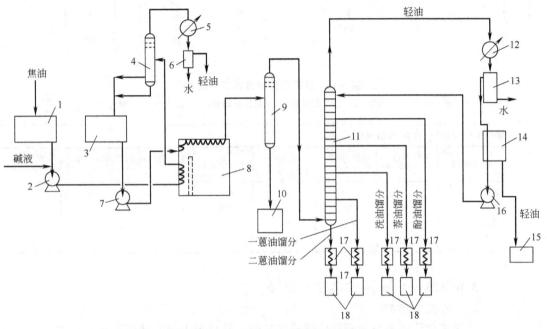

图 3-13 一塔焦油蒸馏工艺流程
1—焦油槽；2,7,16—泵；3—无水焦油槽；4——段蒸发器；5,12—冷凝器；
6,13—油水分离器；8—管式加热炉；9—二段蒸发器；10—沥青槽；
11—馏分塔；14—中间槽；15,18—产品中间槽；17—冷却器

(2) 分段蒸发流程

分段蒸发流程是将蒸馏所产生的各馏分蒸气，按沸点由低到高依次在各个塔顶分出各馏分，图3-14是以分段蒸发流程为主的原西德兰特格公司的沙巴厂流程。

焦油先后被酚油塔顶蒸气、减压塔顶蒸气和减压塔底的沥青加热后→脱水塔(1)：塔顶出轻油和水蒸气→油水分离槽(6)，分出水，得轻油(部分回流)；塔底的脱水焦油→管式炉(5)，加热→酚油塔(2)(酚油塔底和脱水塔底由管式炉循环供热)；塔顶出酚油，部分回流；酚油塔中部侧线馏分→萘油提馏塔(3)，塔底出萘油，塔顶蒸汽→酚油塔(2)；酚油塔底液→减压蒸馏塔(4)，塔顶出甲基萘油(部分回流)，上部侧线出洗油，下部两个侧线分别出一蒽油和二蒽油，塔底产物为沥青。

沙巴厂焦油蒸馏操作数据如表3-14。

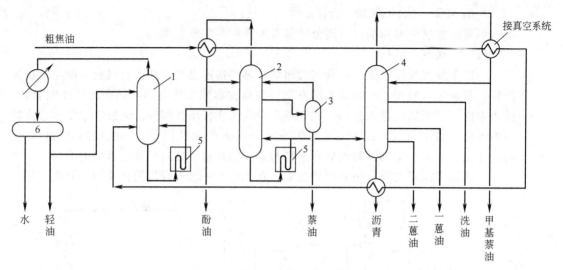

图 3-14　沙巴厂焦油蒸馏工艺流程
1—脱水塔；2—酚油塔；3—萘油提馏塔；4—减压蒸馏塔；5—管式炉；6—油水分离槽

表 3-14　沙巴厂焦油蒸馏操作数据

分馏产品	初馏点 /℃	馏出温度 /℃	馏出量 /%	分馏产品	初馏点 /℃	馏出温度 /℃	馏出量 /%
轻油	90	180	90	洗油	255	290	95
酚油	140	206	95	一蒽油	300	390	95
萘油	214	218	95	二蒽油	350		
甲基萘油	288	250	95	沥青	65～75		

3.6.3.3　焦油蒸馏的主要设备

(1) 管式加热炉

我国焦化厂用于焦油蒸馏的管式加热炉，从外形上看有圆筒形和方箱式两种。箱形立式管式加热炉主要由燃烧室、对流室和烟囱构成，其中心纵截面形如酒瓶。炉管分辐射段和对流段，前者在下，后者在上，水平安设，为使焦油在管内加热均匀，避免炉管内结焦，辐射管从入口至出口管径顺次有四种规格。

焦油在管内流向：先自对流段的上部接口进入，流经全部对流管后，出对流段，经过联络管进入斜顶处的辐射管入口，由上至下流经辐射段一侧的辐射管，再由底部进入另一侧的辐射管，由下向上流动，最后由斜顶出最后一根辐射管出炉。

炉内设多个自然通风和垂直向上的燃烧器，煤气通入中心烧嘴进行燃烧，有一次、二次通风口，并有手柄调节风量。

炉子的内衬是以陶瓷纤维作为耐火材料，以玻璃棉毡为绝热材料，辐射段和对流段采用相同形式的衬里。这样的内衬其耐火和绝热性能好，质量小，容易施工，使用寿命长。

炉子的操作参数：入口、出口的压力分别为 491kPa、20kPa；入口、出口温度分别为 245℃、340℃；炉子的热效率为 76%；辐射管和对流管热强度分别约为 79.5MJ/(m² · h)、33.5MJ/(m² · h)；焦油在管内的流速一般取 0.55m/s。

（2）蒸发器

宝钢所用的蒸发器，是一个具有弓形隔板和浮阀塔板的蒸馏塔。设计压力为186kPa，设计温度为220℃。

（3）馏分塔

馏分塔为条形泡罩塔或浮阀塔。塔板数约41～63层，板间距约为0.35～0.45m。空塔蒸汽流速为0.4m/s。馏分塔底有直接蒸汽分布器（当用减压蒸馏时不用），供通入直接过热蒸汽之用。

3.6.4　焦油馏分加工

3.6.4.1　酚和吡啶碱的制取

（1）酚的制取

① 酚类的组成、性质和用途　焦化厂中生产的酚，约占干煤的0.05%，其中约60%～70%由碱洗从酚油、萘油和洗油中提取，30%～40%在回收车间，从氨水中回收。

焦油中所含的酚类组成很复杂。根据沸点不同，有低级酚，如酚、甲酚和二甲酚；高级酚，主要为三甲酚、乙基酚等。酚类的组成和产量与配煤和炼焦条件等有关。炼焦温度高，则酚类产量低，而且低级酚减少，高级酚增加。

酚类显弱酸性，有臭味，极毒，对皮肤有强烈的腐蚀作用。

从煤焦油和氨水中回收的粗酚，进一步精馏，可制取苯酚、（邻、间、对）甲苯酚的混合物及二甲酚。它们都是有用的有机化工原料，目前，广泛用于制取酚醛树脂、环氧树脂、油漆和医药。

② 粗酚的制取（包括粗吡啶的提取）　酚类呈弱酸性，吡啶为弱碱性，可分别用NaOH和H_2SO_4洗涤，从馏分中提取粗酚和粗吡啶。此过程包括以下几步。

a. 酚类（吡啶碱）从焦油馏分中脱出　大型焦化厂连续洗涤酚油、萘油、洗油混合馏分的操作是按碱洗→酸洗→碱洗的顺序交替进行的。

一次碱洗，将含酚约7%，含吡啶碱3%～4%的混合分与约7%的碱性酚钠混合，搅拌，得到脱酚至约3%的油分，与生成的中性酚盐分离。

一次酸洗，一次脱酚后的混合油馏分，与含游离酸5%～6%的酸性硫酸吡啶混合，搅拌，将吡啶碱含量脱至2%的油分，与生成的中性硫酸吡啶分离。

二次酸洗，一次酸洗后的混合油，与约16%的稀硫酸混合，搅拌，将吡啶碱脱至小于1%的混合油，与生成的酸性硫酸吡啶（作一次酸洗用）分离。

二次碱洗，经过二次酸洗后的混合分，最后用新碱液洗涤，将其含酚量脱至0.5%以下，并与生成的碱性酚钠（作一次碱洗用）分离。

物料的每次反应、澄清分离是在分离器中进行的，时间应不低于3.5h，反应温度为80～85℃。

b. 粗酚钠的蒸吹净化　经过碱洗所得的酚钠水溶液，含有酚约23%，油和吡啶碱约7%，其余的是碱和水。其中的油和吡啶碱等杂质，会混入粗酚，需要脱除之。脱除的方法是：在脱油塔内用蒸汽蒸吹，塔底有再沸器加热，同时，在塔底通入直接蒸汽，使塔底温度保持在110℃左右，塔底得到净酚钠。塔顶温度为100℃，塔顶馏出物经过换热冷凝后，进行油水分离，以回收脱出油。

c. 净酚钠分解　酚钠盐遇到比酚强的酸（多用CO_2），即可分解析出游离酚，并

产生 Na_2CO_3，当 CO_2 过量时，则生成 $NaHCO_3$，表明酚钠已经分解完全。为使 NaOH 再生，可用石灰将产生的 Na_2CO_3 溶液苛化，从而可回收约 75% 的 NaOH。

净酚钠的分解是在分解塔内进行的。脱掉油的净酚钠水溶液入分解塔底，同时，高炉煤气（或石灰窑烟气或炉子烟道气）也通入分解塔底，鼓泡上行，与溶液并流接触，发生分解反应。一次分解率控制在 88%，一次分解物分出其中的 Na_2CO_3 后，继续在二次分解塔进行二次分解，分解温度约 60℃。经过二次分解的酚钠，分解率达 98%。未分解的酚钠，用稀硫酸进一步分解，得到粗酚。

③ 精酚的制取　生产精酚的原料是粗酚，主要来自：焦油馏分脱酚；含酚废水的萃取。粗酚的组成为：苯酚约 40%，邻甲酚 9%，间、对甲酚约为 34%，其余的是二甲酚。

粗酚通过脱水和精馏分离，可得精酚。为了降低操作温度，采用减压操作。图 3-15 为连续操作的工艺流程。

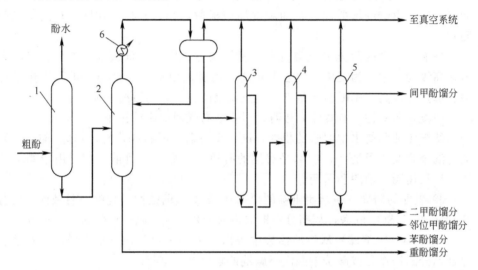

图 3-15　粗酚连续精馏工艺流程
1—脱水塔；2—两种酚塔；3—苯酚塔；4—邻甲酚塔；5—间、对甲酚塔；6—冷凝器

粗酚→脱水塔（1）→两种酚塔（2），塔底得二甲酚以上的重组分，去进一步间隙蒸馏分离；塔顶为苯酚和甲酚轻组分，部分回流，部分→苯酚塔（3），塔顶为苯酚馏分，进一步间隙蒸馏得纯苯酚；塔底再沸器用 2940kPa 的蒸汽加热，塔底残油为甲酚馏分→邻甲酚塔（4），塔顶分出邻甲酚；塔底残液→间、对甲酚塔（5），塔顶出间甲酚；塔底残液为生产二甲酚的原料，去间隙蒸馏分离。

粗酚连续操作精馏塔操作条件如表 3-15 所示。

表 3-15　粗酚连续操作精馏塔操作条件

塔　　名	压力/kPa		温度/℃	
	塔　顶	塔　　底	塔　　顶	塔　　底
两种酚塔	10.6	23.3	124	178
苯酚塔	10.6	43.9	115	170
邻甲酚塔	10.6	33.3	122	167
间、对甲酚塔	10.6	30.6	135	169

(2) 吡啶的精制

吡啶碱类产量约为焦油的 0.5%～1.5%，其中，大部分是高沸点组分，主要是吡啶和喹啉的衍生物。吡啶碱类能溶于水，温度高时，溶解度也高。若在吡啶的水溶液中加入盐类，吡啶即可析出。

吡啶不仅是制取医药、染料中间体及树脂中间体的重要原料，而且是重要的溶剂、浮选剂和腐蚀抑制剂。

吡啶精制的粗吡啶盐，主要来自：硫酸铵母液的粗轻吡啶，含水小于 15%，含吡啶碱的盐 62%，其余为中性油；焦油馏分酸洗的粗重吡啶。

对粗轻吡啶，先用加苯恒沸蒸馏法脱水。因为粗轻吡啶中有 15% 的水溶于吡啶中，能形成沸点为 94℃ 的共沸溶液，但加入苯后，苯与水互相不溶，又能形成沸点为 69℃ 的共沸溶液，从而脱出水分。脱水后的粗轻吡啶，用间隙蒸馏，可得纯吡啶、α，β-甲基吡啶和溶剂油。

对粗重吡啶，首先用氨水或碳酸钠，使酸洗焦油馏分后所得的重硫酸吡啶分解，然后再进行脱水、精馏，可得浮选剂、2,4,6-三甲基吡啶、混二甲基吡啶和工业喹啉等。

3.6.4.2　萘的制取

萘是化学工业中一种很重要的原料，广泛用于生产增塑剂、醇酸树脂、合成纤维、染料、药物和各种化学助剂等。目前，全世界生产萘约 100 吨以上，其中 85% 来自煤焦油，其余来自石油化工。

在我国加工焦油所得的萘主要有：99% 以上的精萘；96%～98% 的压榨萘和95% 的工业萘。由于这些萘产品的纯度不同，所以它们的结晶点也不同。纯萘的结晶点为 80.28℃，精萘为 79.5℃，工业萘为 78℃。

(1) 工业萘生产

焦油蒸馏所得的各种含萘馏分，脱掉酚和吡啶碱后，都可以作为生产工业萘的原料。含萘馏分的组成复杂，含有酚类、吡啶碱类及中性油。工业萘是白色、片状或粉状的结晶，不挥发物小于约 0.05%，灰分小于 0.02%。

① 工艺流程　生产工业萘用精馏法，有间歇和连续两种流程。图 3-16 是连续式生产流程。

经过换热后的 190℃ 的原料油→初馏塔（1），塔顶蒸出的酚油→初馏塔第一冷凝器（3）→初馏塔第二冷凝器（4），冷至 130℃→初馏塔回流槽（2），大部分回到初馏塔内，小部分分出。初馏塔塔底液分两路：一路用循环泵打入→再沸器（5），与萘塔蒸汽换热至 255℃→初馏塔（1）；另一路经过泵→萘塔（6），塔底液用泵压送，为了供给精馏必需的热量，大部分通过管式炉加热循环后到萘塔，小部分甲基萘油分出。

萘塔顶蒸气→再沸器（5），被初馏塔底液冷却冷凝后→萘塔回流槽（9），其中的一部分回流到萘塔顶，一部分作为产品抽出。工业萘产率约为 65%，萘回收率约为 96%。

② 操作条件　初馏塔是常压操作，而萘塔压力为 225kPa，温度为 276℃。这是为了利用塔顶蒸气有一定的温度，以达到初馏塔再沸器热源的要求。此正常压力靠送入系统的氮气量和系统向外的排气量加以控制。萘油蒸馏塔加热用的是圆筒式管式

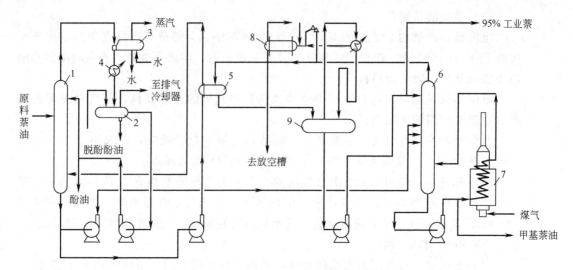

图 3-16　连续式生产工业萘蒸馏工艺流程
1—初馏塔；2—初馏塔回流槽；3,4—初馏塔第一、二冷凝器；5—再沸器；
6—萘塔；7—管式炉；8—安全阀喷出汽冷凝器；9—萘塔回流槽

炉，炉料操作压力入口为 568kPa，出口为 274kPa，炉子的热效率为 76%。

初馏塔和萘塔都为浮阀式塔板，分别为 63 层和 73 层。

（2）精萘生产

① 压榨法　以萘油馏分为原料，其中萘的结晶温度最高，通过冷却的方法使萘结晶析出，然后过滤、压榨而得压榨萘。压榨萘的纯度不高，含有油、酚类、吡啶碱类和含硫化合物等，主要用于生产精萘，还可以生产苯酐。

② 硫酸洗涤法　以压榨萘饼为原料，将其加热至 105℃ 熔融，然后用 93% 的硫酸洗涤，温度为 93℃，以去除萘中的不饱和化合物和硫化物等杂质，再通过减压间歇精馏，清除残留的高沸点油，最后将液态的萘在结晶机中冷却结晶，得片状结晶萘。

③ 分步结晶法（间歇区域熔融法）

原理　此法是以工业萘为原料，萘和杂质构成固-液温度-组成相图，属于完全互溶系统。当熔融液态混合物冷却时，结晶出来的固体比原液体的纯度高，将结晶出的固体再熔化、再冷却，则析出的晶体纯度更高。如此循环操作，则析出的晶体的纯度会不断提高，最终得精萘。

实现上述过程的主要设备是结晶箱。它与一台泵、一个加热器和一个冷却器串联起来，每步结晶箱之间也联起来，以便进行分步结晶。结晶箱能以 2.5℃/h 的速度依需要进行冷却和加热。冷却时，加热器停止供给蒸汽，用泵将箱中管片内的水或残油抽至冷却器冷却，再送回结晶管片内，使管片间的萘油逐渐降温结晶；加热时，冷却器停止供给冷水，加热器供给蒸汽，通过泵循环，使水或残油升温，管片间的萘结晶便吸热熔化，如此反复进行。

流程　第一步，工业萘（热至约为 95℃）→结晶箱，进行冷却，析出精萘，结晶点为 79.6℃，含硫杂茚 0.8%，对工业萘的产率为 65%，剩余 35% 的余油为第二步的原料。

第二步，35％的剩余油→结晶箱，继续冷却，有 15.75％的工业萘结晶析出，返回第一步作为原料；剩余 19.25％的余油作为第三步结晶的原料。

第三步，第二步剩余的 19.25％的余油→结晶箱，继续冷却，7.7％的工业萘析出，返回第一步作为原料；剩余 11.55％的残油，含硫杂茚大于 10％，可以回收之或作为燃料用。

④ 催化加氢　由于粗萘中有些不饱和化合物的沸点与萘很接近，故用精馏的方法难以分离。但在催化加氢的条件下，这类不饱和化合物很容易除去。例如，美国的联合精制法，采用钴-钼催化剂，反应压力为 3.3MPa，温度为 285～425℃，液体空速为 1.5～4.0/h。加氢产物中萘和四氢萘占 98％，其中四氢萘为 1.0％～6.0％，硫为 100～300mg/kg。

3.6.4.3　蒽的生产

(1) 粗蒽的生产

生产粗蒽的原料是焦油蒸馏所得的一蒽油馏分，一蒽油的组成见表 3-16。

表 3-16　一蒽油的组成

组　　分	含量/％	组　　分	含量/％
蒽	4～7	萘	1.5～3
菲	10～15	甲基萘	2～3
咔唑	5～8	硫化物	4～6
芘	3～6	酚类	1～3
芴	2～3	吡啶碱类	2～4
二氧化芴	1～3		

将 85℃的一蒽油馏分，进行搅拌、冷却至 45℃，便开始结晶，约需 17h 后，再慢慢冷至 39℃，约 8h，便得结晶浆液，然后离心分离，即得粗蒽结晶。粗蒽是黄绿色糊状的混合物，含纯蒽 30％，纯菲 26％，纯咔唑 15％～20％。粗蒽可用于生产炭黑和鞣革剂，是生产蒽、咔唑和菲的原料。精蒽和咔唑是生产塑料和染料的重要原料，菲的用途需要开发。

(2) 精蒽的生产

从粗蒽或一蒽油中分离出蒽，工业上用的方法主要有溶剂法和蒸馏溶剂法。前者我国应用较多，后者在工业发达国家用得较多。

① 溶剂洗涤结晶法　此法是用重苯和糠醛为溶剂，先进行加热溶解洗涤，然后再冷却结晶，真空抽滤。这样的洗涤结晶进行三次，得精蒽产品，纯度为 90％。

② 蒸馏溶剂法　以德国吕特格公司焦油加工厂所采用的方法为例说明。此法的特点有二：一是采用连续减压蒸馏，处理量大。同时可得菲和咔唑的富集馏分；二是所用的溶剂为苯乙酮，它对菲和咔唑的选择溶解性好，所以，只要洗涤结晶一次，就可得到纯度大于 95％的精蒽。工艺流程见图 3-17，主要包括以下两步。

蒸馏　粗蒽→熔化器 (1)，进行熔化→泵→管式加热炉 (2)，加热至 150℃→蒸馏塔 (3) (为泡罩塔，塔板数为 78，直径为 2.4m，自下数 36 块板进料，进料速度为 4t/h)，塔底由加热炉加热至 350℃，进行再沸循环；塔顶产物为粗菲，冷凝后一

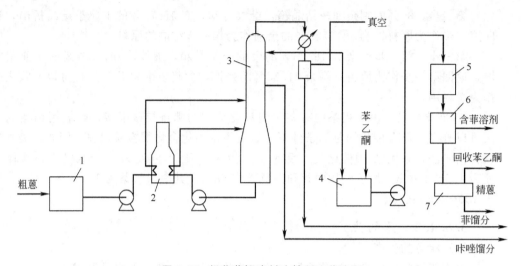

图 3-17　粗蒽蒸馏溶剂法精制工艺流程
1—熔化器；2—管式加热炉；3—蒸馏塔；4—洗涤器；5—卧式结晶器；6—卧式离心机；7—干燥器

部分回流，另一部分为产品。下数 52 块板切取半精蒽，含蒽 55％～60％，自第三块板切取粗咔唑，纯度为 57％。

溶剂洗涤结晶　1∶1.7 的半精蒽与苯乙酮（加热至 120℃）→洗涤器（4），维持 120℃一段时间→卧式结晶器（5），三台轮换使用，10h 内冷却至 60℃→卧式离心机（6），离心机有 2 台，每台每次得蒽 500kg。湿蒽经过干燥，除去残留溶剂，即得纯度为 96％的精蒽。

3.6.4.4　沥青的加工利用

(1) 概述

① 沥青的组成和性质　焦油蒸馏的残液即为焦油沥青，占焦油的 55％。主要有三环以上的芳香族化合物，含氧、氮、硫杂环化合物和少量的高分子碳素物质。沥青的组成常用溶剂分析方法，即用苯或甲苯和喹啉为溶剂，将沥青分为苯溶物、苯不溶物（BI）和喹啉不溶物（QI，相当于 α 树脂），BI-QI 相当于 β 树脂，是表示黏结剂的组分，其数量体现了沥青作为电极黏结剂的性能。低分子组分具有结晶性，可形成多种组分共溶混合物。沥青的相对分子质量在 200～2000，沥青的物理化学性质与原始焦油性质和蒸馏条件有关。沥青的反应性很高，加热甚至在储存时，能发生聚合反应。

② 沥青的类型、用途　按沥青的软化点不同，可将其分为软沥青、中温沥青和硬沥青，它们的软化点分别为 40～55℃、65～90℃和大于 90℃。将中温沥青回配蒽油可得软沥青。我国规定软沥青挥发分为 55％～70％，游离碳≥25％，游离碳即甲苯或苯不溶物。软沥青用于建筑、铺路、电极碳素材料和炉衬黏结剂，也可用于制炭黑或作燃料用；中温沥青可用于制油毡、建筑物防水层、高级沥青漆、沥青焦或延迟焦及改质沥青，以满足电炉炼钢、炼铝及碳素工艺的需要，还可作为电极黏结剂，称为电极沥青。中温沥青的质量标准见表 3-17。硬沥青可用于生产低灰沥青焦、软化点高于 200℃的超硬沥青，可作为铸钢模用漆。

表 3-17　中温沥青的质量标准

沥　　青	软化点 /℃	甲苯不溶物 /%	灰分 /%	水分 /%	挥发分 /%	喹啉不溶物 /%
电极沥青	75~90	15~25	≤0.3	≤5.0	60.0~70.0 55.0~75.0	≤10
一般中温沥青	75~95	>25	≤0.5	≤5.0		

（2）改质沥青生产

① 改质沥青的定义　普通的中温沥青通过热处理，使其性质发生改善的沥青叫改质沥青。沥青在热处理时，其中的芳烃分子会热缩聚，并产生氢、甲烷和水。同时，沥青中原有的 β 树脂的一部分转化为二次 β 树脂，苯溶物的一部分转化为 β 树脂，α 成分增长，黏结性增加，使沥青的性质得以改善。

② 改质沥青的主要生产方法

热聚法　中温沥青用泵送入有搅拌的反应釜中，通过高温或通入过热蒸汽，加热而发生聚合，或者通入空气进行氧化，析出小分子气体，釜液即为电极沥青。电极沥青的规格可通过改变加热温度和加热反应时间加以改变，软化点可通过添加调整油控制。

重质残油改质精制综合流程法　将脱水焦油在反应釜中加压到 0.5~2MPa，加热至 350℃，保持约 12h，使焦油中的有用组分，特别是重油组分，以及低沸点的不稳定的杂环组分，在反应釜中经过聚合转化为沥青质，从而得到质量好的各种等级的改质沥青。此改质沥青的软化点为 80℃ 左右，β 树脂 >23%。其产率比热聚法高 10%。

（3）延迟焦化

① 原料　生产煤沥青焦的原料是软沥青，即 78.3% 的中温沥青、19.2% 的脱晶蒽油和 2.5% 的焦化轻油配合而成。也可用中温沥青和脱晶蒽油配合，软化点为 35~40℃。

② 工艺流程　见图 3-18。

原料软沥青加热至 135℃→换热器（8），加热至 270℃→分馏塔（3），与焦化塔来的高温油气换热，与凝缩的循环油混合→泵→管式加热炉（1）（混合油在炉入口管内，流速为 1~2m/s，容易结焦，为此向炉管内注入 2940kPa 的高压水蒸气，使混合油以高速湍流状态，越过软沥青的临界分解温度区域 455~485℃）→焦化塔（2），软沥青在塔内聚合和缩合，生成延迟焦和油气，焦炭分出。

出焦化塔的油气→分馏塔（3）（以盲塔板自上数第 21 块板，将塔分为上下两部分），油气在塔内分三部分。一是在下段，为换热和闪蒸段，上升油气和进塔的原料软沥青以及下降回流的重油换热，油气中的循环油被冷凝下来，与原料软沥青混合成塔底混合油→泵→管式加热炉（1）。二是在塔的上半部，为分馏段，上升油气与下降回流的重油接触，油气中的重油馏分凝结下来，与回流重油液一起落入盲板内，温度为 317℃→重油泵→换热器（8），冷却至 276℃→蒸汽发生器（9），冷却至 224℃，然后分两路：一路是重油返回塔内作中段回流，以维持塔内热平衡；另一路→冷却器（11），冷却至 136℃，再用冷水冷却至 90℃，作为焦化重油产品。三是从塔的顶部出来的轻油和煤气：轻油的大部分回流，其余为产品。煤气去煤气管道，主要成分是 H_2 59.0%，CH_4 40%，其余是乙烷等成分。

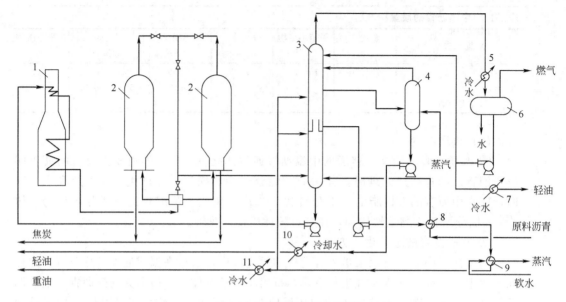

图 3-18　延迟焦化工艺流程

1—管式加热炉；2—焦化塔；3—分馏塔；4—吹气柱；5,7,10,11—冷却器；
6—分离塔；8—换热器；9—蒸汽发生器

③ 设备及操作条件

加热炉　入炉混合油流量约为 30t/h，油温 315℃，出炉油温 493℃，炉内油压降是 980kPa，出口油压为 490kPa。可有三个注汽点，生产中主要使用中间的一个，另外两个仅通少量的蒸汽，以防沥青堵塞。加热炉用煤气加热，火嘴前煤气压力一般不低于 55kPa，压缩机煤气出口压力为 140kPa。

焦化塔　延迟焦化装置设有两台焦化塔，一台一般操作 24h 集满焦炭，然后将油料切换入另一台焦化塔，切换后，原塔留有油分，需要先吹入蒸汽，吹出油分后，再用水将焦炭冷却，最后，取下上下塔盖，用高压水切割焦炭，并冲入焦槽。出完焦的塔，再装上下塔盖，蒸汽试压，检验密封，和另一塔相通，用油蒸气预热塔体，为下一次切换做准备。整个生产周期为 48h。焦化塔顶部压力 255kPa，油气温度为 464℃。

焦化塔实际为反应器，塔内是空的，整个塔体由复合钢板制造，由于操作需冷热交替变换，强度要采取措施，以缓和应力集中，适应热胀冷缩的强烈变化。

分馏塔　为板式塔，共 27 层塔板。下部几层为淋降板，中部有一层盲板，其余都是浮阀塔板。塔底内部装有过滤器，混合油过滤后被泵抽出，可避免出油管堵塞。分馏塔压力，塔顶为 157kPa，塔底为 206kPa，塔顶温度为 172℃。

3.6.5　焦油加工利用进展

（1）世界进展状况

全世界焦油年产量约 1700 万吨以上，以俄罗斯、美国、日本、中国和德国的产量较高。

从焦油加工方面考虑，主要向集中加工、设备大型化、扩大产品种类、提高产品质量和进行深度加工等方面发展。因为与石油化工相比，除了多环芳烃和杂环化合物占有优势外，其他焦油产品都需要进一步提高质量，才能与石油化工有竞争力；另外，焦油组成复杂，含量少的组分较多，占 1% 以上的组分仅 13 种，所以煤焦油集中加工有利于产品的提取和加工，获得窄馏分或精制产品。

（2）我国的进展状况

目前我国煤焦油年产量约 1500 万～2000 万吨，约占世界产量的 2/3。除了几家大厂，焦油年加工能力达 10 万吨外，其余的都小于 5 万吨。故急需集中加工，改进技术，提高产品质量，增加品种，降低能耗，消除环境污染，尽快向世界焦油加工的方向发展。

近年来，我国焦油加工发展较快的主要表现在两个方面：一是焦油蒸馏技术，由常压改为减压或常减压，降低了能耗；用蒸馏法制取 95% 的工业萘，取代了压榨萘的生产，萘回收率提高 10%；加热炉由方箱形改为圆筒形，降低了建设费用；二是在沥青加工利用方面，除了中温沥青和筑路沥青等产品外，还开发了优质黏结剂、改质沥青、硬沥青以及用沥青制延迟焦和针状焦等。

此外，由煤焦油沥青制碳素纤维技术的开发和研究工作在日本和美国做得最多，我国也在进行大量的开发和研究工作，并取得了一定的进展。但是，与国外相比，还有差距，还需要继续努力，尽快赶超世界先进水平。

思考题

1　简述炼焦化学产品的种类、用途以及影响其产率的主要因素。

2　回收炼焦化学产品采用的主要方法有哪些？

3　从煤气中回收有用物质和输送利用之前，为什么要先进行除萘、脱焦油雾和脱硫等净化处理？

4　在粗煤气冷却处理过程中所用的喷洒氨水，对其有何要求？

5　煤气初步冷却后所得的氨水和焦油的混合物，为什么要进行分离？分离的方法有哪些？

6　简述改良 A. D. A. 法和萘醌法脱硫的原理及其主要工艺过程。

7　简述从煤气中回收氨的方法及其原理，饱和器法生产硫酸铵的主要操作条件。

8　简述生产粗轻吡啶的方法原理、工艺过程。

9　由洗油吸收煤气中的粗苯时，其操作条件对吸收过程有何影响？吸收塔所用的填料及其特点主要有哪些？

10　简述生产一种苯的工艺过程。

11　焦油蒸馏的目的是什么？在此之前要进行哪些处理，为什么？

12　通过对焦油馏分加工，可主要获得哪些化学产品？

13　简述沥青的类型、性质和用途。

第4章

煤的气化

4.1 煤炭气化概述

以煤、煤焦及水焦浆为原料，以氧气、水蒸气或二氧化碳等为气化剂，在高温条件下通过化学反应将煤中的可燃部分转为气体燃料的过程称为煤炭气化。

煤炭气化是一个热化学的过程，是在特定的设备内，在一定温度及压力下使煤中的有机质与气化剂（如蒸汽/空气或氧气等）发生一系列化学反应，将固体煤转化为以 CO、H_2、CH_4 等可燃气体为主要成分的生产过程。煤炭气化时，必须具备三个条件，即气化炉、气化剂、供给热量，三者缺一不可。

气化过程发生的反应包括煤的热解、气化和燃烧反应。煤在热解过程中析出部分挥发物，在煤气化和燃烧过程中进行两种类型的反应，即非均相的气-固反应和均相的气相反应，产生气化过程所需要的热量，并完成气化过程。

不同的气化工艺对原料的性质要求不同，因此在选择煤气化工艺时，考虑气化用煤的特性及其影响极为重要。气化用煤的性质主要包括煤的反应性、黏结性、煤灰熔融性、结渣性、热稳定性、机械强度、粒度组成以及水分、灰分和硫分含量等。

煤炭气化技术主要用于下列领域。

① 化工合成原料气 随着原料气合成化工和碳一化学技术的发展，以煤气化制取合成气，进而直接合成各种化学产品的路线已经成为现代煤化工的基础，主要产品有合成氨、尿素、F-T 合成燃料、甲醇、二甲醚等。化工合成气主要对煤气中的 CO、H_2 等成分有要求。目前国内生产化工合成原料气所采用的煤气化技术，以国内的常压固定床水煤气发生炉为主，同时引进了部分先进的气化炉，如 Lurgi 加压固定床气化炉、Texaco 加压气流床气化炉、Shell 加压气流床气化炉等。中国合成氨产量的 60% 以上、甲醇产量的 50% 以上来自煤炭气化合成工艺。

② 工业燃气 采用常压固定床气化炉和流化床气化炉，均可制得热值为 $4.59\sim5.64MJ/m^3$（$1100\sim1350kcal/m^3$）的煤气，用于钢铁、机械、卫生、建材、轻纺、

食品等部门，用以加热各种炉、窑，或直接加热产品。以煤气作为工业燃气在中国有广泛的应用。

目前，用于生产工业燃料气的煤气化技术主要是常压固定床混合煤气发生炉，中国约有 4000 台常压固定床气化炉在运行。

③ 民用煤气　民用煤气一般热值在 $12.54 \sim 14.63$ MJ/m^3（$3000 \sim 3500$kcal/m^3），要求 CO 小于 10%，除焦炉煤气外，用直接气化也可得到，采用鲁奇（Lurgi）炉较为合适。与直接燃煤相比，民用煤气不仅可以明显提高用煤效率和减轻环境污染，而且能够极大地方便人民生活，具有良好的社会效益与环境效益。出于安全、环保及经济等因素的考虑，要求民用煤气中 H$_2$、CH$_4$ 及其他烃类可燃气体含量尽量高，以提高煤气的热值；要求有毒成分 CO 的含量应尽量低。

④ 冶金还原气　煤气中的 CO 和 H$_2$ 具有很强的还原作用。在冶金工业中，利用还原气可直接将铁矿石还原成海绵铁；在有色金属工业中，镍、铜、钨、镁等金属氧化物也可用冶金还原气。因此，冶金还原气对煤气中的 CO 含量有要求，在中国冶金和有色金属行业得到大量应用。

⑤ 联合循环发电燃气　整体煤气化联合循环发电（简称 IGCC）是先将煤气化，产生的煤气经净化后驱动燃气轮机发电，再利用烟气余热产生高压过热蒸汽驱动蒸汽轮机发电。用于 IGCC 的煤气，对热值要求不高，但对煤气净化度，如粉尘及硫化物含量的要求很高，与 IGCC 配套的煤气化一般采用固定床加压气化（鲁奇炉）、气流床（德士古、Shell 气化炉）气化、流化床气化等，煤气热值 $9.20 \sim 10.45$MJ/m^3（$2200 \sim 2500$kcal/m^3）左右。目前在国际上得到发展，在中国正在考虑建设工业示范厂。

⑥ 燃料油合成原料气和煤炭液化气源　早在第二次世界大战时，德国等就采用费托工艺（Fischer-Tropsch，简称 F-T 合成）合成发动机燃料油。目前煤炭直接液化和间接液化，都离不开先进的煤炭气化。煤炭气化为直接液化工艺高压加氢液化提供氢源；在间接液化工艺中，煤气经过变换调节成合适的 H$_2$/CO 比例送往合成工段，用于合成液体燃料和化工产品。煤炭液化可选的煤炭气化工艺包括固定床加压 Lurgi 气化、加压流化床气化和加压气流床气化工艺。目前，国内正在考虑建设一批新型煤化工项目，煤气化技术作为"龙头"，生产的煤气用于合成二甲醚、合成汽油与柴油等液体燃料以及合成其他多种化工产品。

⑦ 煤炭气化制氢　氢气广泛用于电子、冶金、玻璃生产、化工合成、航空航天及氢能电池等领域。用氢气作为燃料，热值高，燃烧后的产物是水，污染物排放是零。从长远来看，氢气是很好的能源载体，可作为分布式热、电、冷联供的燃料，实现污染物和温室气体的近零排放。

目前世界上 90% 的氢气来源于化石燃料转化，煤炭气化制氢起着很重要的作用。煤炭气化制氢一般是将煤炭转化成 CO 和 H$_2$，然后通过变换反应将 CO 转化成 H$_2$，将富氢气体经过低温分离或变压吸附及膜分离技术，即可获得氢气。

⑧ 煤炭气化燃料电池　燃料电池是由 H$_2$、天然气或煤气等燃料（化学能）通过电化学反应直接转化为电的化学发电技术，具有供电灵活、集中和分布式相结合、发电效率高等一系列优点，是未来的发展方向。燃料电池与高效煤气化结合的发电技术 IG-MCFC 和 IG-SOFC，发电效率可达 53%。国际上正在研究和发展之中。

4.2 煤炭气化原理

煤的气化过程是使煤中的有机化合物在氧气不足的条件下进行不完全气氧化，使煤中的有机化合物尽可能完全地转化为含氢、甲烷和 CO 等的可燃性气体。煤的气化是利用气化剂与高温煤层或煤粒接触，使煤中的碳与气相中的氧、水蒸气、二氧化碳、氢相互作用，转化为工业燃料、城市煤气和化工原料气的过程。气化过程使用不同的气化剂可制取不同种类的煤气，主要反应都相同。煤炭气化过程可分为均相和非均相反应两种类型，即非均相的气-固相反应和均相气-气相反应。生成煤气的组成取决于这些反应的综合过程。主要反应如下。

(1) 碳的氧化燃烧反应

$$C+O_2 \longrightarrow CO_2 \qquad \Delta H=394.55 kJ/mol$$

$$H_2+\frac{1}{2}O_2 \longrightarrow H_2O \qquad \Delta H=21.8 kJ/mol$$

煤中的部分碳和氢经氧化燃烧放热并生成 CO_2 和水蒸气，由于在缺氧环境下，该反应仅限于提供气化反应所必需的热量。

(2) 气化反应

$$CO_2+C \longrightarrow 2CO \qquad \Delta H=-73.1\ kJ/mol$$

$$C+H_2O \longrightarrow CO+H_2 \qquad \Delta H=-131.0\ kJ/mol$$

这是气化炉中最重要的还原反应，发生于正在燃烧而未燃烧完的燃料中，碳与 CO_2 反应生成 CO，在有水蒸气参与反应的条件下，碳还与水蒸气反应生成 H_2 和 CO_2（即水煤气反应）。

如果水蒸气过量，会发生如下反应：

$$C+H_2O \longrightarrow CO_2+H_2 \qquad \Delta H=-88.9 kJ/mol$$

(3) 甲烷的生成

当炉内反应温度在 700～800℃时，还伴有甲烷生成反应，对于煤化程度浅的煤，还有部分甲烷来自于煤的大分子裂解反应。

$$2CO+2H_2 \longrightarrow CH_4+CO_2 \qquad \Delta H=247.02\ kJ/mol$$

$$C+2H_2 \longrightarrow CH_4 \qquad \Delta H=-84.3 kJ/mol$$

煤的气化过程除了上面介绍的一次反应还可能有下面的二次反应。

$$C+CO_2 \longrightarrow 2CO \qquad \Delta H=173.3 kJ/mol$$

$$2CO+O_2 \longrightarrow 2CO_2 \qquad \Delta H=-566.6 kJ/mol$$

$$CO+H_2O \longrightarrow H_2+CO_2 \qquad \Delta H=-38.4 kJ/mol$$

$$CO+3H_2 \longrightarrow CH_4+H_2O \qquad \Delta H=-219.3 kJ/mol$$

$$3C+2H_2O \longrightarrow CH_4+2CO \qquad \Delta H=185.6 kJ/mol$$

$$2C+2H_2O \longrightarrow CH_4+CO_2 \qquad \Delta H=12.2 kJ/mol$$

根据以上反应产物，煤炭气化过程可以用下式表示：

$$煤 \xrightarrow{\text{高温、加压、气化剂}} C+CH_4+CO+CO_2+H_2+H_2O$$

在气化时，氧与燃料中的碳生成 CO 和 CO_2，即

$$C_xO_y \longrightarrow mCO_2 + nCO$$

因为煤中有杂质硫存在，气化过程还可能同时发生以下反应：

$$S + O_2 \longrightarrow SO_2$$

$$S + O_2 + 3H_2 \longrightarrow H_2S + 2H_2O$$

$$SO_2 + 2CO \longrightarrow S + 2CO_2$$

$$2H_2S + SO_2 \longrightarrow 3S + 2H_2O$$

$$C + 2S \longrightarrow CS_2$$

$$CO + S \longrightarrow COS$$

$$N_2 + 3H_2 \longrightarrow 2NH_3$$

$$2N_2 + 2H_2O + 4CO \longrightarrow 4HCN + 3O_2$$

$$N_2 + O_2 \longrightarrow 2NO$$

在以上反应生成物中生成许多硫单质及硫的化合物，它们的存在会造成设备腐蚀和环境污染。因此在煤气利用过程中需先脱除硫。

前已述及，煤炭与不同气化剂反应可获得空气煤气、水煤气、混合煤气、半水煤气等，其反应后组成如表4-1所示。

表 4-1　工业煤气组成

种　类	气　体　组　成						
	$\varphi(H_2)$ /%	$\varphi(CO)$ /%	$\varphi(CO_2)$ /%	$\varphi(N_2)$ /%	$\varphi(CH_4)$ /%	$\varphi(O_2)$ /%	$\varphi(H_2S)$ /%
空气煤气	0.9	33.4	0.6	64.6	0.5		
水煤气	50.0	37.3	6.5	5.5	0.3	0.2	0.2
混合煤气	11.0	27.5	6.0	55	0.3	0.2	
半水煤气	37.0	33.3	6.6	22.4	0.3	0.2	0.2

一般情况下，煤的气化过程均设计成使氧化和挥发裂解过程放出的热量，与气化反应、还原反应所需的热量加上反应物的显热相抵消。总的热量平衡采用调整输入反应器中的空气量和/或蒸汽量来控制。

4.3　煤炭气化过程的主要工艺流程及类型

4.3.1　煤炭气化过程的主要工艺与流程

煤炭气化是在气化炉内进行的，气化炉通常是由炉体、加料装置和排灰装置等构成。气化炉与气化过程如图4-1所示。煤炭气化工艺可按压力、气化剂、气化过程、供热方式等分类，常用的是按气化炉内煤料与气化剂的接触方式分，主要有以下几种。

① 固定床气化　在气化过程中，煤由气化炉顶部加入，气化剂由气化炉底部加入，煤料与气化剂逆流接触，相对丁气体的上升速度而言，煤料下降速度很慢，因此称之为固定床气化。

② 流化床气化　以粒度为小于 10mm 的小颗粒为气化原料，在气化炉内使其悬浮分散在垂直上升的气流中，煤粒在沸腾状态进行气化反应，从而使煤料层内的温度均一，易于控制，提高气化效率。

③ 气流床气化或喷流床气化　它是一种并流气化，用气化剂将粒度在 $100\mu m$ 以下的煤粉带入气化炉内，或将煤粉先制成水煤浆，然后用泵打入气化炉内。煤粉在较高温度下与气化剂发生燃烧反应和气化反应。

④ 熔浴床气化　它是将煤粉和气化剂以切线方向高速喷入温度较高且高度稳定的熔池内，把一部分动能传给熔渣，使池内熔融物做螺旋状的旋转运动并气化。目前此气化工艺已不再发展。

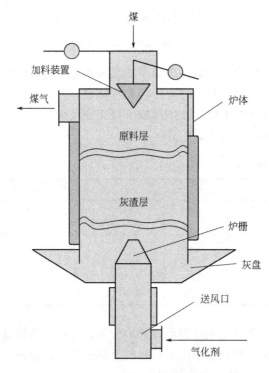

图 4-1　气化炉与气化过程

煤炭气化的主要流程如图 4-2 所示，包括原料准备、煤气的生产、净化及脱硫、煤气变换、煤气精制以及甲烷合成等 6 个主要单元。

4.3.2　煤炭气化过程的气化类型

通常煤炭气化过程的气化类型可归纳为如下五种，即自热式煤的水蒸气气化；外热式煤的水蒸气气化；煤的加氢气化；煤的水蒸气气化和加氢气化相结合制天然气；煤的水蒸气气化和甲烷化相结合制天然气。

(1) 自热式煤的水蒸气气化

自热式煤的水蒸气气化法的基本特征是外界不提供热量，煤与水蒸气进行吸热反

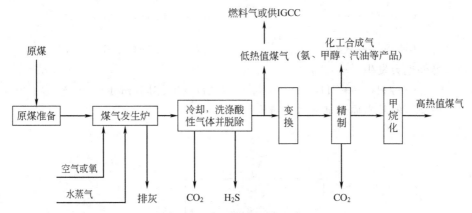

图 4-2　煤炭气化主要工艺流程

应所消耗的热量，是由煤与氧进行的放热反应所提供。该过程中煤与气化剂（空气、氧气、水蒸气）在温度 800～1800℃、压力 0.1～4MPa 条件下反应生成煤气。主要反应式为：

$$C+\frac{1}{2}O_2 \longrightarrow CO \qquad \Delta H=110.4kJ/mol$$

$$C+O_2 \longrightarrow CO_2 \qquad \Delta H=394.1kJ/mol$$

$$C+2H_2O \longrightarrow H_2+CO \qquad \Delta H=-135.0kJ/mol$$

另外还会发生

$$C+2H_2 \longrightarrow CH_4 \qquad \Delta H=84.3kJ/m$$

该类型的基本原理如图 4-3 所示。

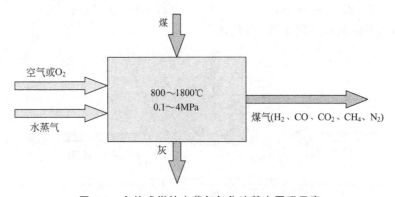

图 4-3　自热式煤的水蒸气气化法基本原理示意

其基本特点是气化煤气的成分主要为 H_2、CO，并含有少量 CO_2 和微量 CH_4；使用空气时，煤气中含有大量 N_2。该过程如用工业氧价格较贵，气化煤气成本较高，且煤气中 CO_2 含量较高，降低了气化效率。

（2）外热式煤的水蒸气气化

外热式煤的水蒸气气化法的基本特征是煤与水蒸气反应，此吸热反应所消耗的热量由外部提供。该过程通常是煤与气化剂（水蒸气）在温度 800～900℃、压力 0.1～4MPa 条件下反应生成煤气。主要反应式为：

$$C+H_2O \longrightarrow H_2+CO \qquad \Delta H=-135.0kJ/mol$$

$$C + \frac{1}{2}O_2 \longrightarrow CO \qquad\qquad \Delta H = 110.4 \text{kJ/mol}$$

$$C + O_2 \longrightarrow CO_2 \qquad\qquad \Delta H = 394.1 \text{kJ/mol}$$

另外也会发生

$$C + 2H_2 \longrightarrow CH_4 \qquad\qquad \Delta H = 84.3 \text{kJ/mol}$$

该类型的基本原理如图 4-4 所示。

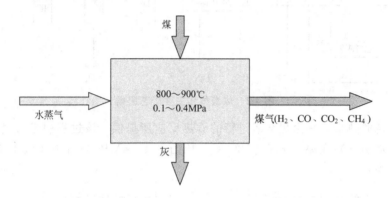

图 4-4　外热式煤的水蒸气气化法基本原理示意

其基本特点是气化煤气的成分主要为 H_2、CO、CO_2、CH_4，煤气中 CO_2 含量较低，气化效率较高。但也存在气化炉的热传递差、经济性较差等缺点。

（3）煤的加氢气化

煤的加氢气化的基本特征是煤在温度 800～1000℃、压力 1～10MPa 的条件下与氢气反应生成煤气（甲烷、氢气等）。主要的基本反应式为

$$C + 2H_2 \longrightarrow CH_4 \qquad\qquad \Delta H = 84.3 \text{kJ/mol}$$

该类型的基本原理如图 4-5 所示。

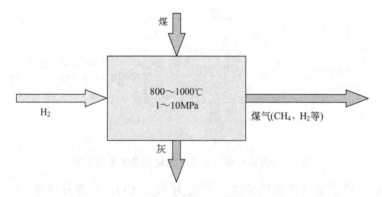

图 4-5　煤的加氢气化基本原理示意

其基本特点是气化煤气的成分主要为甲烷等。因此，产生的煤气具有天然气的特征，煤气中 CO_2 含量较低。增加压力，有利于甲烷生成，提高反应热效率。

（4）煤的水蒸气气化和加氢气化相结合制天然气

煤的水蒸气气化和加氢气化相结合制天然气法的基本特征是在温度800～1000℃、压力 1～10MPa 条件下煤加氢气化，然后残余的焦炭再与水蒸气在温度 800～1800℃、压力 0.1～4MPa 条件下反应。主要反应式为：

$$C + 2H_2 \longrightarrow CH_4 \qquad \Delta H = 84.3kJ/mol$$

$$C + \frac{1}{2}O_2 \longrightarrow CO \qquad \Delta H = 110.4kJ/mol$$

$$C + O_2 \longrightarrow CO_2 \qquad \Delta H = 394.1kJ/mol$$

$$C + H_2O \longrightarrow H_2 + CO \qquad \Delta H = -135.0kJ/mol$$

煤的水蒸气气化和加氢气化相结合制天然气法的基本特点是将两者进行了有机地结合，是一个集成创新。该类型的基本原理如图 4-6 所示。

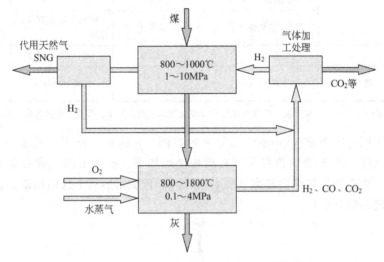

图 4-6　煤的水蒸气气化和加氢气化相结合制天然气基本原理示意

(5) 煤的水蒸气气化和甲烷化相结合制天然气

煤的水蒸气气化和甲烷化相结合制天然气类型首先是由煤的水蒸气气化反应产生以 CO 和 H_2 为主的合成气，然后合成气在催化剂的作用下再进行甲烷化反应生成甲烷。将煤的水蒸气气化和甲烷化两者进行了有机地结合。该类型的基本原理如图 4-7 所示。

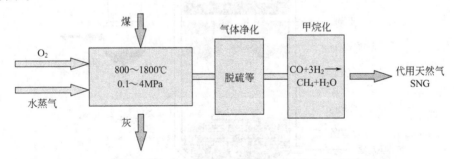

图 4-7　煤的水蒸气气化和甲烷化相结合制天然气基本原理示意

4.3.3　煤炭气化方法与气化炉

(1) 固定床加压气化与鲁奇（Lurgi）炉

固定床加压气化工艺主要是加压固定床鲁奇（Lurgi）气化工艺，通常在 1.0~2.0MPa 或更高的压力下进行，以黏结性或低黏结性的块煤或焦炭为原料，以氧气/水蒸气为气化剂，连续操作。鲁奇炉煤气的组成为 CO 20%、H_2 35%~40%、CH_4

8%～10%，鲁奇炉在国际上的发展概况见表 4-2。

表 4-2　鲁奇炉在国际上的发展概况

类　别	第一代	第二代	第三代	第四代
时间（年）	1939～1954	1954～1969	1969	1978
特征	设有内衬；边置灰斗；气化剂通过炉箅的主动轴输入	取消内衬；中轴置灰斗	设有旋转的布煤器和搅拌装置	容量更大
适用煤种	褐煤，非黏结性煤	褐煤/弱黏结性煤	除黏结性太强外的煤种	除黏结性太强外的煤种
直径/mm	2600	2600/3700	3800(Mark-Ⅳ)	5000(Mark-Ⅳ)
粗煤气产气量/(m³/h)	5000～8000	14000～17000/32000～45000	35000～50000	100000

注：来源于李金柱，申宝宏. 合理能源结构与煤炭清洁利用. 北京：煤炭工业出版社，2002。

　　加压固定床鲁奇（Lurgi）气化工艺如图 4-8 所示。此工艺适合于采用劣质煤、高灰熔点煤、块-碎煤、褐煤及低变质程度烟煤等，扩大了制气煤炭资源，降低了制气成本，生产的煤气热值较高（脱 CO_2 后），且加压后利于远距离输送，因此它适合于城市民用煤气生产。

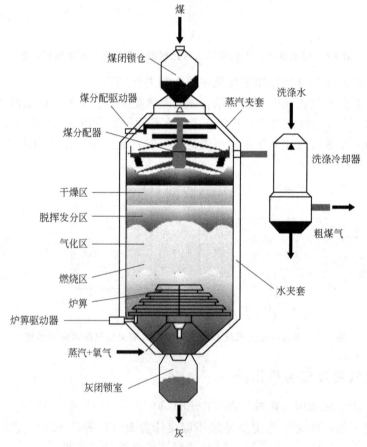

图 4-8　鲁奇炉气化工艺

但鲁奇气化炉存在着很大缺陷，单台规模偏小，蒸汽消耗量大，使用焦结性强的煤时，容易造成床体阻塞，使气流不畅，煤气质量不稳定。由于煤在此气化炉内缓慢下移至变成灰渣需停留 0.5～1h，因而单炉的气化容量无法设计得很大。为改善上述问题，强化煤的气化过程，国际上又开发了两种鲁奇炉新技术：①鲁尔-100 气化炉，提高操作压力至 10MPa，提高气化强度，同时扩大了煤种范围；②液态排渣鲁奇炉，其燃烧区的温度较高，克服了固态排渣鲁奇炉气化时，必须考虑煤的灰熔点和反应性等问题，减少了蒸汽耗量，提高了煤的氧化速率和碳的转化率，缩短了煤在炉内的停留时间，提高了生产能力。目前液态排渣鲁奇炉气化工艺被美国选作洁净煤示范计划的清洁能源项目。

世界上安装的鲁奇炉大约有 150 余台，最大用户是南非萨索尔（SASOL）公司，从 1955 年至 1983 年，共安装了 97 台鲁奇炉，每年气化 3000 多万吨煤，每年生产油品 450 多万吨及数百万吨其他化工产品。

(2) 水煤浆加压气化与德士古（Texaco）炉

德士古气化技术属于第二代煤气化技术，它由美国德士古公司开发，以水煤浆为气化原料，以氧气为气化剂的加压气流床工艺，操作压力为 4.0～8.0MPa，连续操作，气化工艺如图 4-9 所示。

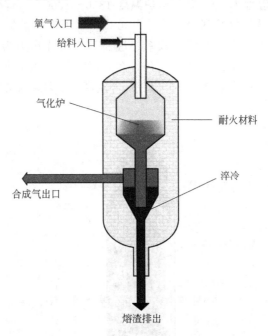

图 4-9　德士古炉气化工艺

德士古水煤浆加压气化法是当前世界上发展较快的煤气化方法，其特点是对煤的适应范围较宽，可利用粉煤，适合灰熔点适中、最好是精煤和半焦成浆性好的煤，单台气化炉生产能力较大，气化操作温度高，碳转化率可达 96%～98%，煤气质量好，有效气成分（$CO+H_2$）高达 80% 左右，甲烷含量低，比较环保，不产生焦油、萘、酚等污染物，但氧耗量较高、效率偏低。炉灰渣可用作水泥的原料和建筑材料，三废排放少，处理简单，环境特性好。生产控制水平高，易于实现过程自动化及计算机控制，在国内外有大量的工业化生产经验。

Texaco 气化炉是目前商业运行经验最丰富的气化工艺，目前单台气化炉耗煤量已达到 2000t/d。世界上 Texaco 炉主要用于化工生产如合成氨、甲醇等。德士古水煤浆加压气化工艺自 1978 年首次推出以来，在过去三十多年中，已在美国、日本和中国相继建成多套生产装置，取得了一定的运行经验。Texaco 工艺对煤种适应性较强，除含水高的褐煤以外，各种烟煤和石油焦均能使用。通常为保证装置长期稳定操作，气化用煤的灰分含量最好不超过 13%，最高水分不超过 8%，操作温度下的灰渣黏度控制在 20~30Pa·s 时，更有利于操作。

Texaco 气化技术国产化工作取得良好进展。"九五"期间，华东理工大学、兖州煤业集团共同进行了多喷嘴水煤浆气化技术的放大试验，并取得了很好的工业示范装置建设经验。水煤浆气化技术经过我国有关科研、设计、生产、制造部门的多年研究，我国已基本掌握该技术，并能设计大型工业化装置，国产化率达 90% 以上。气化炉在国内制造，可以控制并节省大量投资，同时可有效缩短建设周期。该技术国内支撑率高，生产运行管理经验多，风险少。

(3) 干粉煤加压气化与谢尔（Shell）气化炉

谢尔（Shell）加压气流床气化工艺技术是以干煤粉为原料，以氧气/水蒸气为气化剂，连续操作。Shell 气化炉的结构如图 4-10 所示，是气固上行并流，干粉煤进料加压，火焰中心温度为 2000℃，出炉温度 1350~1600℃，煤气组成为 CO 60%，H_2 30%。出口循环冷煤气冷激至 900~1100℃，再用废热锅炉冷却至 300℃ 回收热量，冷煤气效率最高达 90%，热煤气效率超过 95%。操作压力为 3.0~4.0MPa，碳转化率为 98% 以上，处理能力为 2000t/(d·台)（煤基）。Shell 加压气流床气化工艺对煤种无限制，煤气中有效成分（CO+H_2）含量高，对环境影响小，单炉生产能力也比较大。

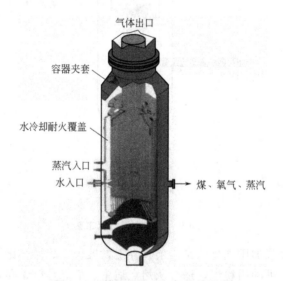

图 4-10 谢尔（Shell）气化炉示意

Shell 气化工艺采用纯氧、蒸汽气化、干粉进料，气化温度达 1400~1700℃，碳转化率 99%，有效气体（CO+H_2）90% 以上，液态排渣，采用特殊的水冷壁气化炉，使用寿命长，可副产高压蒸汽。采用干粉气化，氧耗量较低。

Shell 气化技术的缺点是：需要采用氮气密封及吹送，因而气化产生的合成气中惰性组分含量约为 5％。气化炉及废热锅炉结构复杂，制造难度大，目前其内部的一些关键设备还需引进；相同生产规模，投资相对较大；设备较大。

Shell 气化炉是在 Shell-Koppers 气化炉的基础上进行研究开发的一种现代气化炉。1989 年 4 月，荷兰电力生产部 SEP 公司采用 Shell 加压粉煤气化工艺在荷兰建立了一座 IGCC 示范厂。该示范厂于 1992 年 2 月开始单体试车。20 世纪 90 年代中期全部建成后实现了联合循环，与空分厂联动生产煤气获得成功，1998 年后转入商业运行。Shell 干粉煤加压气化炉是目前世界上先进的气化炉之一。

(4) GSP 干粉煤加压气化工艺与 GSP 炉

GSP 气化工艺始于原东德的一家煤气联合企业，该企业从 1977 年开始开发干法加料的加压粉煤气流床气化技术，1983 年建成一套大型试验装置，取名为 GSP（德文 Gaskombiant Schwarze Pumpe 的简称）气化工艺。该气化炉结构如图 4-11 所示，进料方式为气固下行并流，干粉煤进料，煤粉和气化剂由顶部加入气化炉，气化炉内四周装有水冷壁管，涂层厚度约 20mm，使气化炉表面温度低于液渣的流动温度，形成渣膜和保护耐火层，这就是所谓 "以渣抗渣" 的结构。气化炉加料量为 15～30t/h，通常运行压力为 3.2MPa 以上，最大压力 p_{max} 为 8MPa，$T=1300\sim1500℃$，碳转化率 99.5％，冷煤气效率80％～82％。

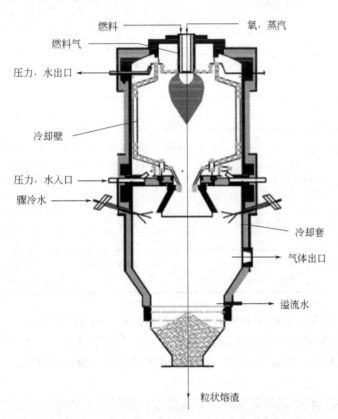

图 4-11 GSP 干粉煤加压气化炉构造示意

GSP 气化工艺的主要特点是对原料煤种适应能力大，褐煤至无烟煤全部煤种，以及石油焦、油渣、生物质均可。干粉煤供料，顶部单嘴喷，承压外壳内有水冷壁，激冷流程，有水冷壁回收少量蒸汽，喷嘴寿命长。GSP 气化技术设备费较低，但专利费较高，此外 GSP 煤气化炉在国内到目前还没有一套装置运行，技术风险较大。

总之，GSP、Shell、Texaco 三种煤气化工艺各有其特点，为了更好地掌握目前在工业生产中流行的 GSP、Shell、Texaco 三种煤气化工艺，我们将此列于表 4-3 中进行比较。

表 4-3 GSP、Shell、Texaco 三种气化工艺比较

名称	GSP	Shell	Texaco
原料要求	①褐煤至无烟煤全部煤种，石油焦、油渣、生物质；②粒径 $250\sim500\mu m$ 含水 2% 干粉煤（褐煤 8%）；③灰熔融性温度 $<1500℃$；④灰分 1%～2%	①褐煤至无烟煤全部煤种；②90%<100 目含水 2% 干粉煤（褐煤 8%）；③灰熔融性温度 $<1500℃$；④灰分 8%～20%	①烟煤、无烟煤、油渣；②40%～50%<200 目；③水煤浆质量分数 $>60\%$；④灰熔融性温度 $<1350℃$；⑤灰分 $<15\%$
气化温度/℃	1450～1600	1450～1600	1300～1400
气化压力/MPa	4.0	4.0	4.0～8.0
气化炉特点	干粉煤供料，顶部单嘴喷，承压外壳内有水冷壁，激冷流程，有水冷壁回收少量蒸汽，除喷嘴外材质全为碳钢	干粉煤供料，下部多喷嘴对喷，承压外壳内有水冷壁，废锅流程，充分回收废热产生蒸汽，材质碳钢、合金钢、不锈钢	水煤浆供料，顶部单嘴喷，热壁，Al_2O_3-Cr_2O_3-ZrO_2 耐火衬里，冷激流程（用于 IGCC 时有废锅流程），除喷嘴外全为碳钢
投煤 2000t/d，单台气化炉尺寸/mm	$\phi(内)=3500$ $H=17000$	$\phi(内)=4600$（投煤 2300t/d） $H=31640$	$\phi(内)=4500$ 标准炉：$\phi(外)=2794$ 和 $\phi(外)=3175$（投煤 800t/d） $H=11500$
耐火砖或水冷壁寿命/a	20	20	1
喷嘴寿命	10a，前端部分 1a	1～1.5a	60d
60 万吨/年甲醇气化炉台数	2	1[$\phi(内)\approx5000mm$]	4+1
冷激室或废锅尺寸/mm	冷激室 $\phi(内)=3500$	约 2500	2794
除尘冷却方式	分离＋洗涤	干式过滤、洗涤	洗涤
去变温度/℃	220	40	210
建筑物(不包括变换)	装置占地 9000m² 高约 55m（气化部分）	装置占地 9000m² 高约 85～90m（气化部分）	装置占地 9100m² 高约 55m（气化部分）

目前国内煤气化技术在发展中主要存在的问题有如下几点。

① 普遍采用传统的常压固定床气化工艺，技术落后，气化效率低，污染严重。煤气生产规模小，终端产品单一，企业经济效益差。急需用现代技术和多联产技术对其进行改造。

② 大型气化技术均靠引进。国家在加压固定床、加压流化床水煤浆气化等方面已有工业示范，煤气化成本已降低。但国产化大型气化技术远不能满足市场需求，有的技术只能达到跟踪国际发展趋势的水平，急需集中优势力量联合攻关，开发并形成具有自主知识产权、污染低、效率高的先进气化技术。

③ 先进的煤气化技术在提高煤炭利用率、减少环境污染方面的潜力很大，但技术开发时间长、风险大、建设投资高、周期长。如何解决此问题值得考虑。

4.3.4 煤炭地下气化方法

原煤采用低层次开采方式，不但煤炭资源没有充分利用，而且开采带来了日益严重的环境污染、道路交通运输繁忙等问题。有时在煤炭的开采过程中，因煤层地质及开采技术条件的限制，往往存在开采井工难以开采深部煤层。目前井工开采的煤炭资源回收率大约只有 50%。另外，开采深度增加带来一系列目前技术或经济难以克服的困难。因此，如何采用更有效的方法开采常规井工技术难以开采的煤炭资源，并能使煤的资源回收率增加，且改善开采方式带来的环境污染，是人们需要研究的问题。煤炭地下气化技术是目前解决上述问题行之有效的方法与途径之一。

4.3.4.1 煤炭地下气化的原理

煤炭地下气化（underground coal gasification，简称 UCG）是将原煤在地下进行有控制地燃烧而产生可燃气体并输送到地面的过程。煤炭地下气化的设想，最早由俄国著名化学家门捷列夫于 1888 年提出。他认为，"采煤的目的应当说是提取煤中含能的成分，而不是采煤本身"。因此，煤炭地下气化是将挖煤（物理方法）转变为地下气化产生煤气（化学方法）。煤炭地下气化是一种集建井、采煤、气化三大工艺为一体，变传统物理采煤为化学采煤的采煤新技术。气化剂为氧气、水蒸气等。

煤炭地下气化的主要化学反应如下：

$$C + O_2 \longrightarrow CO \qquad \Delta H = -110.4 kJ/mol$$
$$C + O_2 \longrightarrow CO_2 \qquad \Delta H = -394.1 kJ/mol$$
$$C + H_2O \longrightarrow H_2 + CO \qquad \Delta H = 135.0 kJ/mol$$
$$C + CO_2 \longrightarrow 2CO \qquad \Delta H = 173.3 kJ/mol$$

煤炭地下气化的基础是地下气化炉，组成地下气化炉的四个要素是：进气孔、排气孔、气化通道和气化煤层。地下气化炉按施工方法，可分为有井式和无井式。有井式是指气化炉的施工都在地下进行，进、排气孔是井筒，气化通道是人工掘进的煤巷；无井式则是指所有建炉工作都在地面进行，进、排气孔由地面打钻施工，气化通道采用特殊技术施工，如火力渗透、水利压裂、电力贯通、定向钻进等。地下气化原理见图 4-12。

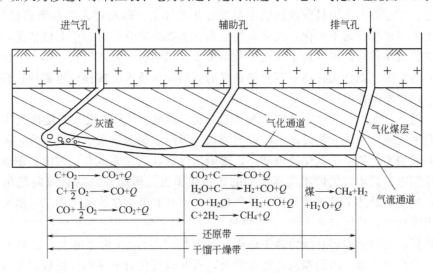

图 4-12 煤炭地下气化原理示意

4.3.4.2 煤炭地下气化的过程及技术

煤炭地下气化使煤炭在原地自然状态下转化为可燃气体也就是说，通过在地下煤层中直接构筑"气化炉"，通过气化剂，有控制地使煤炭在地下进行气化反应，如图4-13所示。煤炭地下气化的过程是首先打孔，然后贯通，将地下气化煤层点燃后，从进气孔鼓入气化剂（如空气、水蒸气、富氧空气等），依次进入氧化带、还原带、干馏干燥带等，对煤层进行有控制地燃烧气化，由出气孔排出煤气。

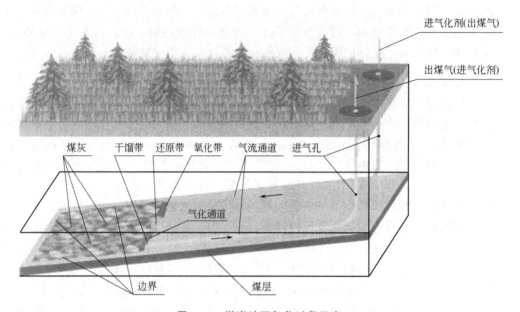

图 4-13 煤炭地下气化过程示意

煤炭地下气化相关技术根据生产阶段及技术类型可分为煤层勘探技术、煤炭地下气化炉建炉技术、煤炭地下气化控制技术、气化煤气的处理技术。

（1）煤层勘探技术

与其他勘探技术相同，煤层勘探技术主要是利用地质条件研究煤层在地下的分布状态、厚度等。我国目前发展的主要是有井式气化（即通过人工巷道进行气化），利用废弃煤矿进行地下气化，气化煤的分布状态在煤矿开采过程中多已清楚，所以这一环节在我国目前的煤炭地下气化中并不重要。但随着无井式气化（即通过钻孔进行气化）的发展，配合无井地下气化的独立的煤层勘探技术将被提到重要的位置。

（2）建炉技术

地下气化炉分为"有井式"和"无井式"两种。"无井式"气化指气化通道通过钻孔来实现，建炉工艺简单，建设周期短，可用于深部及水下煤层气化，国外都采用无井式炉型，但由于气化通道窄小，影响出气量，钻探成本高。国内目前所建气化炉都采用有井式，气化炉建在运行中的矿井煤田上，借助矿井的巷道向气化煤层中延伸，气化炉的井下通道建好后，在气化炉与矿井巷道连接的通道中筑一道密闭墙，然后再进行气化炉的点火工作。"有井式"气化可利用老的竖井和坑道，减少建气化炉的投资，可回采旧矿井残留地下的煤柱（废物利用），气化通道大，容易形成规模生产，气化成本低。由于涉及巷道的建设，有井式气化对于深部煤炭资源的气化，由于地应力较大和地温较高，并不适用。

(3) 煤炭地下气化的控制技术

煤炭地下气化的控制技术主要包括以下两个方面。

① 煤炭地下气化过程的控制工艺　气化工艺按不同的气化剂种类可分为空气连续气化、富氧气化、富氧-水蒸气气化、加氢气化等。气化过程的控制工艺又可划分为双炉（多炉）交替运行、多点（移动点）供风气化、反向供风气化、脉动供风气化、压抽相结合等方法。

② 煤炭地下气化测控技术　地下气化测控系统可分为两大部分，即参数自动采集和数据分析系统。测控系统是以电子计算机为核心，控制外围多路温度、压力、流量、煤气组分各种采集量的定时采集、显示输出、绘图等功能的软件包。计算机分析系统具有耗煤量、热效率统计、各相关参数分析、超限报警、工艺方案提示、工艺参数自动反馈控制等功能。分析系统主要功能是对采集到的参数进行整理、分析与预测，以确定气化炉的工作状态，并提供优化的操作参数，其中系统预测是关键。系统预测是指多个因素组成的系统发展变化的预测，或者说是指系统中各因素相互影响协调发展变化的预测。目前煤炭地下气化控制技术的相关参数除现场收集外，通过数学模拟等理论推导和模拟试验也是重要的手段

煤炭地下气化过程中，气化炉上方煤层因煤的燃烧与气化的高温作用，将不断烧掉或因热软化及热应力作用而产生大量裂隙，到一定程度将逐步跨落在气化通道底板上，从而使气化空间不断上移与扩大。当气化空间达到一定规模时，上方煤层将产生冒落，当冒落范围及规模较大时，有可能引起气化炉上方煤岩层的过量移动、开裂破坏及地表沉陷，使地表水浸入气化炉内，气化炉内煤气漏失或溢出地表，而使气化炉不能正常生产，甚至造成停产。过量地表沉陷也将会危及地面气化设施及建筑、构筑物的正常使用。地面气化设施及建筑、构筑物如图 4-14 所示。因此，煤炭地下气化的关键技术之一是对随气化进行而日益增大的气化空间实施有效控制。

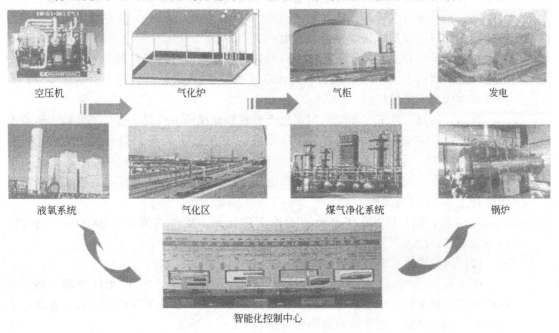

图 4-14　地面气化设施及建筑、构筑物

4.3.4.3 煤炭地下气化的优点及发展

地下气化采煤技术可有效回收老矿井遗弃的煤炭资源，开采矿工难以作业或开采经济性、安全性较差的低品位（褐煤、高硫、高灰、高瓦斯）煤层、薄煤层和深部煤层；同时实现了地下无人生产，避免了人身伤害和各种矿井事故的发生，减少地表环境破坏，实现了煤炭清洁开采，具有安全、高效、污染少等优点。

虽然煤炭地下气化有诸多优点，但目前煤炭地下气化技术也存在一些不足。首先，在炉型方面目前以"一线"炉为主，单炉产气量低，钻孔多，投资高。在气化通道贯通方面还是以定向钻孔为主，投资高；对渗滤通道，没有掌握合理的参数；在气化炉点火方面，以焦炭和化学点火为主，安全性差，且在含水煤层中难以实施；在工艺方面，存在控制供风点后退（CRIP）技术操作难度大，实施困难，以空气气化为主，煤气热值低，使用范围窄；在测量与控制技术方面，对燃烧区、燃空区目前还没有好的测量方法。另外，煤炭地下气化对地质结构的影响以及基础理论还不够完整和系统。上述这些方面都是煤炭地下气化技术需要进一步研究解决的问题，也是目前煤炭地下气化技术的发展方向。

4.3.4.4 国内外煤炭地下气化技术利用情况

(1) 国外煤炭地下气化技术

1888 年著名化学家门捷列夫在世界上首次提出了煤炭地下气化的设想，并提出了实现工业化的基本途径。英国曾于 1908 年进行地下气化试验。前苏联从 20 世纪 30 年代开始，在莫斯科近郊、顿巴斯和库兹巴斯建设试验区，1941 年莫斯科近郊煤田从技术上第一次解决了无井式地下气化问题。第二次世界大战以后，前苏联先后建立了 5 个大型气化站，它们分别为顿巴斯煤田的利西昌斯克地下烟煤气化站、库兹巴斯的南阿宾斯克地下煤气化站、莫斯科近郊地下褐煤气化站、莫斯科近郊萨茨克地下褐煤气化站、乌兹别克的安格连斯克地下褐煤气化站。这 5 个地下气化站都是从地面经煤层打钻孔进行气化的，已气化了 1500 多万吨煤炭，获得 50 多亿立方米的商品煤气，所产煤气主要用于锅炉燃烧和发电。

美国地下气化试验始于 1946 年，1987 年在洛基山进行了扩展贯通井孔（ELW）和注入点控制后退（CRIP）两种模式水蒸气/氧气鼓风试验，获得了中热值煤气，但产气成本远高于天然气。

英国、法国、西班牙和东欧国家也十分重视煤炭地下气化，进行了实验室研究及建模工作，其主要目标放在井下难以开采的千米以下的深部煤层气化的研究上。1978～1987 年，西欧国家在比利时的图林进行高压地下气化试验，生产的煤气用于发电。1991～1998 年，6 个欧盟成员国组成的欧洲地下气化工作组，在西班牙特鲁埃尔进行了 301h 现场试验。

1997 年，澳大利亚在庆奇拉建成地下气化炉，生产热值为 $5.0MJ/m^3$（标准）的空气煤气，最大产量约 $8 \times 10^4 m^3/h$，试验运行了 28 个月。

(2) 国内煤炭地下气化技术

中国从 20 世纪 50 年代开始进行地下气化研究与试验。从 80 年代中期开始，中国矿业大学地下气化中心和煤炭加工利用公司分别提出了地下气化新工艺，并进行工业试验，产出的煤气用于锅炉或民用（见表 4-4）。

1987 年首先在徐州马庄矿进行了无井式空气连续地下气化现场试验。1994 年 3 月

表 4-4 中国地下气化工业试验情况

地 点	气化炉数量/台	煤 种	产气量/[$10^4 m^3$(标准)/d]	点火时间(年)	煤气用途
唐山刘庄矿	2	肥气煤	11	1996	烧锅炉/1 台已停
依兰矿	1	长焰煤	—	1998	试验/已停
鹤壁一矿	1	贫瘦煤	7	1998	烧锅炉/已停
义马	1	长焰煤	—	1998	试验/已停
新汶孙村矿	3	气煤	6	2000	水煤气/供民用
新汶协庄矿	2	气煤	2	2001	水煤气/供民用
肥城曹庄矿	2	肥气煤	3.5	2001	空气煤气/供民用
山西昔阳	2	无烟煤	4	2001	水煤气/生产化肥
攀枝花	1	贫瘦煤	8	2001	因故停/拟重新点火
鹤壁三矿	1	贫瘦煤	15	2001	空气煤气/停/拟重新点火
阜新矿	1	气煤	—	2001	空气/富氧,已停
新密矿	1	长焰煤	—	2000	纯氧试验,已停
新汶鄂庄矿	4	气煤	10	2002	水煤气/供民用
新汶张庄矿	1	气肥煤	2	2003	水煤气/供民用

在徐州新河二号井煤炭地下气化半工业性气化试验点火成功,正常运行连续产气295d,完成了预定的试验目标。在新河二号井试验成功的基础上,又进行了河北唐山刘庄煤炭地下气化工业性试验,生产能力 3～4m^3/d 套,生产的煤气供锅炉使用。2000 年 3 月在新汶矿务局孙村矿进行地下气化示范工程,生产的水煤气替代原有无烟煤制水煤气工艺,经原有煤气输配系统供居民使用。同时在山西省等地也进行了地下气化试验。

2006 年 10 月,中国新奥气化采煤有限公司与中国矿业大学合作,在内蒙古自治区乌兰察布、北京、河北省廊坊等地建设研发与示范基地,共同开展地下气化采煤技术的研发和应用研究。2007 年 4 月 18 日,在内蒙古乌兰察布新奥气化采煤试验项目开钻,2007 年 10 月 22 日成功点火,2008 年 12 月中旬燃气锅炉投入运行,实现自产粗煤气的初步应用,2009 年 6 月 16 日,燃气内燃机实现发电,实现煤炭地下气化燃烧发电。截至 2010 年底,累计发电 220 多万度。这是国内首个无井式地下气化采煤获得成功的示范项目。

4.3.5 气化炉的类型及性能特征

4.3.5.1 气化炉的类型

按气固相间相互接触的方式不同,气化炉主要分为固定床、流化床和气流床等。气化炉的结构简单,在一个圆筒形的容器内安装一块多孔水平分布板,将固体放在分布板上,形成床层。气化剂被连续引入容器底部,使之均匀地通过分布板和固体床层向上流动,由出口流出。若使气流速度逐渐增大,则固体颗粒将分别呈现固定、流化和气流状态(这三种状态的形成还与固体和气体的性质、温度、压力等有关),从而分别形成固定床、流化床和气流床等。

4.3.5.2 气化炉的特征

(1) 气化炉的操作特点

各种气化炉的操作有不同特点,见表 4-5,气化炉内的温度变化见图 4-15～图4-18。

表 4-5　各种气化炉的操作特点

项　目	固　定　床	流　化　床	气　流　床
固体颗粒的工作状态	固定,床层高度基本不变	悬浮沸腾,但留在床层内而不流出	均匀分散到气化炉中,并与气化剂一起流出
原料煤粒度及其加入方式	6～50mm 的块煤或焦煤,由上部加入	3～5mm 的煤粒,由上部加入	粉煤(70%以上通过 200 目),与气化剂从下部并流加入
气化剂加入方式	由气化炉底部鼓入	由气化炉底部鼓入	与煤粒从下部并流加入
炉内情况	煤焦与产生的煤气、气化剂与灰渣都进行逆向热交换	煤与气化剂传热快、温度均匀	煤与气化剂在高温火焰中反应
煤气与灰渣出口温度	不高	接近炉温	接近炉温
灰渣排出状态	液态或固态	固态	熔化态
碳转化率	高	低	高

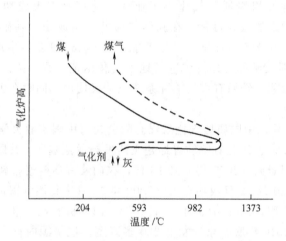

图 4-15　固定床气化炉温度分布示意图

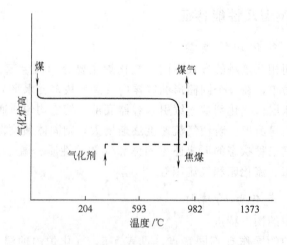

图 4-16　流化床气化炉温度分布示意图

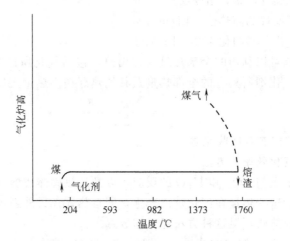

图 4-17　气流床气化炉温度分布示意图

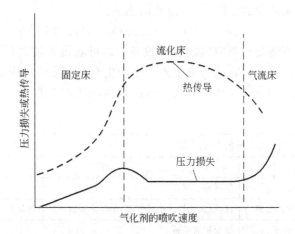

图 4-18　各种气化炉的压力损失与热传导情况比较

(2) 气化炉的传热与压力损失

由于各种气化炉的操作情况不同，所以它们的热传导和压力损失也有差别，见图 4-18。固定床气化炉有容量较小、排放的焦油和水处理复杂的特点。流化床对高灰分的煤比较敏感、固体废物处理困难。气流床的优点多，如生产能力大，因为是在压力下进行操作；煤气出口温度高，可回收热量；由于没有充分的碳储量，故负荷的变化不大；可将粉煤制成水煤浆进料，但由于水分蒸发，故耗氧量较大。

4.3.5.3　气化炉的效率

(1) 气化炉的气化效率 η 与热效率 η

气化效率是指单位质量的原料转化为所产煤气的化学热的比例。煤气化过程中，气化原料的一部分直接转化为可燃气体组分，而其余的则为了提供气化过程所需要的热而消耗掉。若采用其他热源提供这部分热能，就可以减少气化原料的使用量，进而提高气化效率。

$$\eta = \frac{VH}{Q}$$

式中　　V——干煤气产率，m^3/kg；

　　　　H——干煤气的高热值，kJ/m^3；

　　　　Q——气化原料的化学热，kJ/kg。

热效率是指可以利用的全部热量（即出热，包括气化所产生的焦油、煤气的热）与气化原料、气化剂所具有的全部热量及其他热源提供热量之比：

$$\eta = \frac{\sum Q_出 \cdot K}{\sum Q_入}$$

式中　　K——热能有效回收系数。

（2）提高气化效率的方法

气化过程中碳与 CO_2 和 H_2O 的反应，以及加热固体燃料和气化剂都需要供给足够的热量。一般这些热量在气化炉内产生，即自热式；另外还可以利用外部热源提供这些热量，即外热式，但这种方法还不够成熟。

① 自热式　气化炉内的热量，一般由 H_2 与 O_2 或碳与 O_2 反应所提供，但也可以在煤中加入某些物质，而这些添加物能在气化炉内发生放热反应，进而提供热量。如 CaO 就可以和炉内的 CO_2 反应而放出热量：

$$CaO + CO_2 \longrightarrow CaCO_3 + 172.6kJ/mol$$

使用 CaO 后，不需要分离空气的制氧设备，即可获得不被氮所稀释的粗煤气；由于减少了炉内 CO_2 的量，在热力学平衡上也产生有利的影响，因而进一步提供了 Ca 与 S 化合的可能性。不过，产物 $CaCO_3$ 的再生问题还需要解决。各种自热式供热方法的特点见表 4-6。

表 4-6　各种自热式供热方法的特点比较

供热反应物	优　点	缺　点	气化产物特点
空气	耗费少	氮稀释了煤气	低热值煤气
H_2	高甲烷含量	H_2 分离制造为合成气时,甲烷需要进一步分离转化	加热气
O_2	可获高纯度的煤气	需要制氧设备	中热值煤气及合成气
CaO	不需要制氧	再生问题需要解决	合成气和加热气

② 外热式　气化过程所需要的热量由反应器外部产生，并用热载体或热交换的方法传入气化炉内。如用燃烧煤气加热蓄热室，再将反应所需要的水蒸气经过蓄热室加热后导入反应器，与煤进行反应；或用煤气与空气在燃烧室内燃烧，将固体热载体加热后导入反应器；也可利用高温核反应堆的热量等能源形式供气化过程利用。

4.3.5.4　气化反应器的生产能力

气化炉的生产能力由容积气化强度表示：

$$m/V = \rho/\tau$$

式中　　m/V——气化炉的容积气化强度，$kg/(m^3 \cdot h)$；

　　　　ρ——固体的密度，kg/m^3；

　　　　τ——固体的停留时间，h。

由此可见，当以煤为原料时，气化炉的容积气化强度随煤的密度增大、停留时间的减少而增大。煤的密度在不同的反应器中有很大的差别。而停留时间也与反应器的类型密切相关，表 4-7 为各反应器内煤的密度近似值（以无灰煤为基准）与返混程度

（由完全返混到完全不返混，相应数值为 1～∞）。

表 4-7　各反应器中煤的密度和返混程度比较

项　目	固定床	流化床	气流床
煤的密度/(kg/m³)	600～700	400～600	0.1(0.1MPa)、4.0(4MPa)
返混程度	∞	2～6(隔板型)、6～15(流柱型)	8～12

此外，停留时间还随着碳的转化率的下降、反应速率的加快（当温度和压力提高时）而减小。各种气化炉的煤容积气化强度见表 4-8。

表 4-8　各种气化炉的煤容积气化强度的比较

气化炉	压力/MPa	最高温度/℃	煤容积气化强度/[kg/(m³·h)]
固定床	0.1	1100	120～200
	3	800～1100	200～300
流化床	4	795～895	71
气流床	0.1	1500	360
	4	1500	7200

注：表中煤料为含碳约 85% 的气焰煤。

由表 4-8 可见，相比之下，流化床的生产能力较小，可通过使用活性较高的原料来弥补其不足；对气流床，由于碳密度较小，需要用较高的温度来补偿。

4.3.5.5　装料与排灰

(1) 装料

燃料的加入方式在一定程度上与炉子的工作情况、煤的组成及热值等有关。主要有间歇（针对固定床）与连续、常压与加压之分。间歇加料会使气化过程、产物组成等不稳定；而连续自动加料，则情况相反。

常压加料，先后经历了自由落下→不同的槽流→螺旋加料器→进煤阀→气动喷射等发展过程。加压装料采用料槽阀门和泥浆泵。前者通过上下两阀门控制装卸煤料，再用净化了的或至少干燥了的粗煤气，经过管道使料槽的压力与气化炉平衡；用泥浆泵加料时，是将煤与油或水混合搅拌制成浆状悬浮液，其中含有约 60% 的固体煤料，经过泵打入气化炉。用这种方法加料的不足之处是：虽然没有机械密封部分，但液体油或水必须被蒸发，为此要消耗能量；油比水有较低的气化热，但往往存在回收的问题；要求在储存过程中固体组分不沉降，需要采用不断搅拌或添加乳化剂。

(2) 排灰

气化炉的排灰方法与其类型有关。在固定床反应器中，煤中的矿物经过燃烧层后，基本燃尽成为灰渣，并由排灰装置排出。当以固态排渣时，为保护炉栅，灰渣层必要时要有一定的厚度；为了保证以松碎的固体排出，必须选择合适的蒸汽与氧气的比例，使灰分不致熔化而结渣。在加压固定床气化炉中，采用与加料时的料槽阀门类似的方法排灰。

在流化床气化炉中，存在均匀分布并与煤的有机质聚生的飞灰，以及几乎与煤的有机质呈分离状态的具有较大矸石组分的灰。后者由于密度大而聚集在炉子的底部，可由底部的开口排出；而前者则随着气化过程的进行而成为飞灰，随煤气一起流出气化炉。

气流床由于停留时间短，故炉温较高，灰渣以液态的形式排出。液渣从气化炉的开口流下，在水浴中迅速冷却而成为圆状固体排出。

4.4 煤炭性质对气化的影响

煤作为气化过程的原料，其性质对气化过程有着直接的影响。由于各种气化炉内原料流动情况不同，所以对原料煤的性质要求也有变化。

4.4.1 煤的组成的影响

（1）水分

对固定床气化炉，煤的水分应该保持在这样的范围，即保证使气化炉出口煤气温度高于气体的露点温度，否则需要将入炉煤进行预备干燥。因为煤中水分过多而加热速度太快时，易导致煤料破裂，使出炉煤气带出大量煤尘。水分含量多的煤，在固定床气化炉中气化时，所产生的煤气冷却后将产生大量的废液，增加废水的处理量。

在流化和气流床气化时，为使煤在破碎、输送和加料时，保持自由流动的状态，要求煤的水分应小于5％。特别在使用烟煤干法加料进行气流床气化时，要求煤的水分在2％以下，以便于煤的气动输送。

（2）挥发分

挥发分主要指在干馏或热解时逸出的煤气、焦油、油和热解水。干馏煤气中含有 H_2、CO、CO_2、轻质烃类和微量的氮化合物等。这些气体在煤气中的含量增加时，煤气的热值和产率也增加。当压力高于0.5MPa时，释出的氢可与C形成甲烷和乙烷等。

在固定床气化时，随着煤气逸出的有机物可冷凝下来，而在流化床和气流床气化炉中，当温度高于800～900℃时，将裂解成碳和氢。

（3）固定碳

固定碳是煤干馏后所得焦炭中的主要成分。在结构上，固定碳可能是稠密的或轻质多孔的，质地可能是硬的易碎的或是软的。能与 H_2O、H_2、CO_2 和 O_2 等反应，反应可能活泼也可能不活泼。因为固定碳的性质与原料煤的性质、压力、加热速度以及加热最终温度等条件有关。

（4）灰分

煤和煤焦中的灰分，在固态或液态排渣的气化炉中，都是影响气化过程正常进行的主要原因之一。

① 灰渣中碳的损失　气化过程中熔化的灰分将未反应的原料颗粒包起来而随灰排出，而造成碳的损失。在一定的气化工艺条件下，煤焦中灰分多时，灰渣中碳的损失就大，其关系如下：

$$C_A = \frac{(A^P - ZA^Y)x}{1-x}$$

式中　C_A——灰渣中碳损失占燃料的分数；

A^P——燃料中的灰分含量；

x——干灰渣中碳的含量；

Z——带出物占燃料的分数；

A^Y——带出物的灰分。

可见，即使灰渣中含碳量 x 相同，灰渣中的碳损失 C_A 也随着煤料中灰分 A^P 的增加而增大。

② 灰分对环境的影响　煤中某些组分在气化过程中可产生一些污染物。如在高温条件下，重金属（As、Cd、Cr、Ni、Pb、Se、Sb、Ti、Zn）的化合物可能升华；黄铁矿等含硫金属化合物，当氧含量充足时，形成 SO_x；否则形成 H_2S、COS、CS_2 及含硫的碳氢化合物。

③ 灰熔点　灰分的熔点是液态排渣的重要因素，但这个温度是近似的，因为灰分熔化结渣还与灰分的黏度、原料性质等有关。如对流化床来说，当灰分黏度超过某一界限时，即使炉温低于熔化温度，也可能发生熔渣和结块。此外，当发生炉中使用不同的原料时，由于其活性不同，即使在同样的气化强度下，也可能产生不同的炉温，所以即使灰熔点相同的煤焦也可能产生不同的结渣程度。

④ 灰分的熔聚性　灰分的熔聚性是灰熔聚气化的一个重要的煤质指标。实验证明，在还原性气氛中，灰分在低于软化点约 100℃ 时，就产生了将其他未熔化晶体"黏聚"起来的液态物质，形成具有一定强度的熔聚物。当铁的氧化物多或形成速度快时，上述液态物就容易形成。

⑤ 灰渣的黏度　灰渣的黏度受温度的影响。对液态排渣来说，要求灰渣的黏度要小，流动性好。

4.4.2　煤的物理性质的影响

(1) 黏结性

一般结焦或较强黏结的煤不用于气化。弱黏结煤在高压下，特别在常压至 1MPa 的范围，煤的黏结性可能迅速增加。

对不带搅拌装置的气化炉，应使用不黏结煤或焦炭；带搅拌装置时，可使用弱黏结煤。固定床两段炉，只能用自由膨胀指数为 1.5 左右的煤为原料。

流化床气化炉，一般可使用自由膨胀指数约 2.5～4.0 的煤。当采用喷射进料时，可使用黏结性稍强些的煤，因为喷入的煤粒能很快与已经部分气化所得的焦粒充分混合，增加流动性。

用气流床气化时，可使用黏结性煤料，但黏结性不应该太强。因为气流床气化炉中的煤粉之间很少接触，反应也进行得很快，所以煤的黏结性对气化过程影响不大。

(2) 热稳定性

煤的热稳定性是表示煤在加热时，是否容易被破碎的性质。煤的稳定性主要对固定床气化过程有影响。热稳定性差的煤在受热时容易破裂，生产细粒和粉末，从而妨碍气流在固定床气化炉内的流动和均匀分布，使气化过程不能正常进行。无烟煤的热稳定性较差，一般不应该在固定床气化炉中使用。

(3) 煤的机械强度

煤的机械强度是指煤的抗碎、耐压和耐磨的物理综合性能。它可以影响到：固定床气化炉的飞灰带出量和单位炉截面的气化强度；流化床气化炉中煤粒是否能保持大小均一状态。但是在气流床气化炉中，煤的机械强度和热稳定性差，一般不仅不会影响操作的正常进行，反而可节约磨煤的能耗。

(4) 粒度

出矿的煤料含有大量的细粉煤，6mm 以上的细粉煤的含量取决于采矿机械系统，一般在 30%~60%。

在固定床气化炉中，煤的粒度应该均匀而合理，细粉煤的比例不应该太大。也可将细粉煤制成煤球用于固定床气化炉中。

在流化床气化炉中，若原料粒度太小，加上颗粒间的摩擦形成细粉，则会使煤气中带出物增多；但粒度太大，则挥发分的逸出会受到阻碍，粒子发生膨胀，而密度下降，在较低的气速下就可流化，从而减少生产能力。一般要求煤的粒度为 3~5mm，并且十分接近。

气流床气化炉（干法进料）要求煤粒＜0.1mm，即至少有 85% 小于 200 目的粉煤；水煤浆进料时，还要求一定的粒度匹配，以提高水煤浆中煤的浓度。对原料煤的粒径及其均一性的要求，以气流床为最低。

4.4.3 煤的化学性质的影响

各种煤与 CO_2 和 H_2O 的反应活性不同。反应活性大的煤及其焦炭和固定碳与 CO_2 和 H_2O 的反应速率很快。与反应活性小的煤相比，反应活性大的煤可一直保持 H_2O 的分解和 CO_2 的还原在较低的温度下进行。

煤焦的反应性除了与其孔径和比表面有关外，还与煤中的含氧基团、矿物组成中某些具有催化活性的碱金属和碱土金属等的含量有关。

煤焦的反应活性有如下重要的影响：当制造合成天然气时，是否有利于甲烷的生成；反应活性高的原料，借助于水蒸气在更低的温度下就可进行反应，同时还进行甲烷生产的放热反应，故可减少氧的消耗；在原料的灰熔点相同时，使用反应活性较高的原料较易避免结渣现象，因为气化反应可在较低的温度下进行。

4.5 煤气化联合循环发电

整体煤气化联合循环（Integrated Gasification Combined Cycle，简称 IGCC）发电技术，是将煤气化与联合循环发电相结合的一种洁净煤发电技术。众所周知，联合循环机组的热效率比常规简单循环机组的热效率要高很多。但由于联合循环机组的燃料只能采用天然气或油，因此在天然气和石油相对较少的地区，联合循环的发展受到了一定的限制。尤其在我国，煤在整个电力结构中占到 75% 左右。随着火力发电厂的逐年增加，燃煤过程中所带来的环保问题也日趋严重。IGCC 发电技术将煤炭气化，产生出低热值（相对于天然气和石油）的合成气，经净化后进入燃气轮机做功，将固体燃料转化成清洁的气体燃料，既具有联合循环的优点——高效率，又解决了燃煤所带来的环境问题，因此成为世界上极有发展前途的一种洁净煤发电技术。

4.5.1 IGCC 发电工艺

煤气化联合循环发电过程可分为三部分：煤的气化及其粗煤气的冷却和净化；洁净燃气透平发电；回收废热产生过热蒸汽，进行蒸汽透平发电。工艺流程见图 4-19。

(1) 煤的气化及其粗煤气的冷却、净化

煤在气化炉内与蒸汽和氧气（或空气）反应，生成热的粗煤气。经过冷却、洗涤

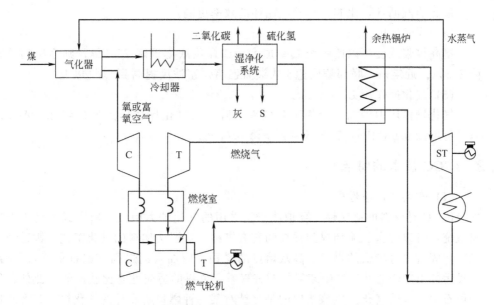

图 4-19　整体煤气化联合循环（IGCC）发电工艺流程

除尘并脱出酸性气体，得洁净气体，同时可回收硫。

（2）洁净燃气透平发电

洁净燃气（压力要求为 1.4MPa）在燃气透平中燃烧，温度达到约为 1090℃，进行燃气透平发电。

（3）过热蒸汽发电

生成过热蒸汽所回收的废热包括两部分：一是来自粗煤气，粗煤气冷却过程中，冷却水吸收粗煤气的热量而产生饱和蒸汽，经过废热锅炉加热而成为过热蒸汽；二是来自燃气透平中的燃烧废气，燃烧废气离开燃气透平后（温度为 482～538℃），去废热锅炉回收热量产生过热蒸汽，然后经过蒸汽透平产生电能。

4.5.2　影响 IGCC 发电系统效率的因素

以 1984 年投入运行的美国"冷水"IGCC 工程为例加以说明。该工程将德士古煤气化工艺与美国通用电气公司的蒸汽、燃气轮机结合而形成联合循环。气化炉日处理煤 1 万吨，发电 100MW。

（1）燃气透平温度

包括燃气透平燃烧温度和燃气透平排出的废气温度。研究表明，燃气透平的燃烧温度越高，燃气透平的效率越高；当燃气透平效率提高 10％时，IGCC 的工艺效率将提高 6.7％。上述美国"冷水"工艺的燃气透平燃烧温度为 1093℃，工艺总效率约为 37.5％，比传统的火力发电的效率（34％）高。

目前燃气透平的排气温度为 482～538℃，使过热蒸汽的质量不高；当燃气透平的排气温度为 565～593℃时，可得到高质量的蒸汽，从而提高蒸汽循环的效率。

（2）燃气预热温度

IGCC 工艺的洁净燃料气可以用粗煤气预热至约 315℃，有利于其在燃气透平中的燃烧。

（3）循环蒸汽

过热蒸汽循环，比非过热蒸汽循环的效率更高。

（4）煤浆浓度

提高煤浆浓度可以使系统效率加大。如煤浆浓度下降 25.3％，则系统的效率下降 2.5％。近年来，联邦德国德士古装置已将煤浆浓度提高到 70％以上。

（5）气化操作压力

气化操作压力增加，会使工艺效率下降。当气化操作压力增加到 2.1MPa 以上时，再增加 0.68MPa，工艺效率则下降 0.08％。

4.5.3 IGCC 技术的特点

（1）燃料的适应性广

IGCC 对燃料的适应性主要取决于所采用的气化炉类型及给料方式。对于干粉加料系统，可以适合从无烟煤到褐煤的所有煤种；对湿法加料的气化工艺，则适合灰分较低和固有水分较低的煤；对高灰熔点的煤种，应加入助熔剂（如石灰石）。对目前已投运的 IGCC 电站和试验装置的调查来看，燃料的适应性是比较广的，此外，气化炉用石油焦也能气化。应该指出的是，针对某一种燃料所设计的气化炉，其燃料适应性是有限制的。

（2）具有较高的热效率

IGCC 具有联合循环的特点，因此具有较高的循环热效率。但由于在气化和净化过程中能量转换所造成的损失，使其热效率低于燃气联合循环机组的热效率。IGCC 热效率的高低主要取决于燃气轮机的燃烧温度、气化显热的回收利用程度和整体化程度。目前商业化的先进的燃机组成的燃气联合循环机组的热效率可达 55％，IGCC 的热效率可达 43％～45％（低位热值，以下同）。随着燃气轮机叶片冷却技术的不断开发和应用，新型燃机（如 GE 公司的 H 型燃机）组成的联合循环热效率将达到 60％，相应的 IGCC 的热效率也将达到 50％；若同时采用高温净化技术（热量损失减少），IGCC 的热效率将可望达到 54％。

（3）对环境污染小，废物回收利用的条件好

燃煤发电造成的污染主要是 SO_2、NO_x 和粉尘。IGCC 技术是在合成气进入燃气轮机之前进行脱硫和除尘，合成气中的硫以 H_2S 和 COS 的形式存在，这比从烟气中脱除 SO_2 要简单，在脱硫装置中，98％以上的硫被清除，并在硫回收装置中以元素硫的方式得到回收，回收的硫可用于制作化工产品（如硫酸）。控制 NO_x 的排放是采用 N_2 回注（来自空分装置）或其他方式，使 NO_x 的排放低于 25mg/kg。燃气轮机对入口的含尘量和含尘浓度有很严格的限制，比排放标准的要求要高很多，一般 IGCC 的粉尘排放低于 $10mg/m^3$（标准）。气化炉的排渣（占灰渣总量的 90％左右）是以液态方式经水冷却后排出的，属惰性无析出渣，可出售用于筑路、制砖等综合利用。由于 IGCC 电站的热效率高，与同容量常规火力发电厂相比可减少耗煤量，因而可减少对大气中 CO_2 的排放。

（4）节水

IGCC 的燃气轮机发电部分占总发电量的 50％～60％，蒸汽轮机发电部分占 40％～50％，因此 IGCC 电站的耗水量也只有常规火力发电厂的一半左右。

（5）可实现气化与发电、合成化学品等多种联合

气化炉产生的煤气可用于发电及供热，用于制作合成氨、尿素等，也可供城市居民生活用气。

4.5.4 IGCC 技术的现状

国外对 IGCC 技术的开发和研究始于 20 世纪 70 年代。1984 年，在美国建成了世界上第一座具有商业化规模的 IGCC 试验电站——冷水（Cool-Water）电站，在证实了 IGCC 发电技术的可行，并取得了有关试验数据后，该装置停运。进入 90 年代以来，在美国和欧洲陆续投产了四座具有一定规模（250～300MW）的 IGCC 示范电站，通过几年的调试和改进，目前，已初步趋于成熟。

IGCC 发展了几十年，虽然技术在不断的成熟，系统的可靠性在不断增强，但是还有很多问题存在，其自身的一些缺陷仍然是阻碍其发展的关键。如投资费用高，经济上仍然无法与常规燃煤电站相竞争；系统还不够成熟，运行经验不够，可靠性、可用率有待进一步提高；操作不够灵活，一般只能用作基本负荷电站等。

4.6 国内外煤气化发展的现状

目前中国的煤炭气化技术主要用于化工合成，部分用于生产民用煤气及工业燃气。中国化工行业以煤炭、石油、天然气等为原料生产化工产品，其中以煤炭气化为基础的煤化工约占 50%。以合成氨为例，以煤为原料占 64%、油占 16%、天然气占 20%。中国中小型化肥厂产量占全国化肥总产量的 80%，合成氨占全国总量的 2/3。在中小型化肥厂中，有 80% 左右是以煤为原料的。而大型合成氨厂主要以气、油为原料，仅有 12% 以煤为原料。

国家正根据中国经济情况和资源情况，有步骤、有针对性地发展煤炭气化技术。从全国目前煤炭气化技术应用现状看，常压固定床气化炉占绝大多数，炉型有 UGI、水煤气两段炉、发生炉两段炉等，气化炉规模小、气化能力低、运行成本高、污染严重（此类固定床气化炉在冶金、建材、机械等部门应用得也很多，还部分用于民用）。

在中国中小型合成氨厂中，共有约 800 多家使用无烟煤或焦炭造气，有常压固定床气化炉近万台，这些中小型气化炉规模小、煤种适应范围窄、气化能力低、运行成本高、污染严重。国家鼓励发展较先进的、建设规模灵活、原料适应范围广、气化效率高、环境友好、具有自主知识产权、投资成本低的新技术，逐渐替代这些气化工艺。

国际上已经示范和应用的 IGCC 电厂中采用了 Texaco、Shell、Prenflo、Destec、KRW 等气化技术，荷兰 Buggenum 电厂的 253MW 发电来自于一台日处理煤 2500t 左右的 Shell 气化炉，电厂发电效率 43%。Shell 公司已具备设计单台煤处理能力 5000t/d 以适应 600MW 的 IGCC 机组的气化炉系统。

4.7 市场前景及环境分析

煤气化今后的发展方向主要表现在以下几方面。

（1）逐步改造和淘汰中小规模和落后的煤气化工艺

从目前国情看，要全部取消中小型气化炉是不现实的，在今后 10～20 年内，中小型气化炉在中国仍有相当的市场。长远适宜发展的煤气化技术为先进的加压固定床、加压流化床、加压气流床技术。

（2）加快发展大规模高效煤炭气化工艺

国家将大规模高效煤炭气化技术作为今后的发展和应用方向，主要用于化工合成、联合循环发电、煤炭液化等。

① 用于大型合成氨　受石油资源限制，中国化工生产适宜采用的气源为天然气和煤气。以天然气为原料生产的合成氨，产品质量好，投资低于以煤气化为原料的合成氨，燃料成本高于煤气化。但受中国天然气资源与地域分布的限制，今后若干年，中国仍需大量发展以煤气化为主的合成氨和其他化工生产。

预计到 2010 年，中国的合成氨产量将由 2000 年的 3100 万吨/年上升到 4000 万吨/年，其中以煤炭为原料的合成氨比例将有所增加。先进的煤气化技术在化工生产中具有广阔的市场。

② 用于煤炭液化和化工产品合成　煤炭直接液化、煤基液体燃料和化工产品的生产，可部分弥补中国石油资源的短缺，作为国家能源的战略储备技术，今后 10～20 年会有较大的发展，煤炭气化技术是其中必不可少的关键单元技术。

③ 用于 IGCC 和多联产技术　多联产是国际上煤炭转化和利用的发展方向，它将 IGCC 煤炭气化发电、化工合成及提供城市暖气、供暖、供冷等相结合，是未来煤化工发展建设新型能源化工系统的方向。目前国际上关于发展多联产的呼声很高。

④ 用于制氢　先进煤炭气化作为氢能制备的主要来源之一，是未来生产能源载体的必需技术。

（3）煤炭地下气化技术的研究开发趋势

考虑到中国地下气化技术的特点，今后一个时期研究开发趋势主要是气化遗留地下的煤炭、煤柱或其他呆滞煤，这样既可以利用现有巷道、通风、排水设施等，又可回收煤炭资源。目前需要提高煤气质量与产量的稳定性，加强基础理论研究。待气化技术完全成熟后再推广至尚未开发的煤炭矿区。

思考题

1　简述煤气化的原理。

2　国内外煤气化的典型工艺主要有哪些？各有何特点？

3　简述气化炉的类型、特点及其生产能力的影响因素。

4　提高气化效率的方法主要有哪些？

5　气化炉的装料、排灰的方法主要有哪些？

6　煤炭的性质对其气化过程有何影响？

7　简述煤炭地下气化的原理。

8　煤炭地下气化技术主要包括哪些？

9　简述 IGCC 发电的工艺过程及其特点，影响过程效率的因素。

10　国内外煤气化的发展现状及其趋势是怎样的？

第5章

煤的间接液化

5.1 煤间接液化与 FT 合成基本原理

煤炭液化是将煤中有机物质转化为液态产物，目前有两种完全不同的技术路线，一种是直接液化，另一种是间接液化。煤炭直接液化是指通过加氢使煤中复杂的有机高分子结构直接转化为较低分子的液体燃料。煤间接液化是以煤气化生成的合成气为原料，在一定的工作条件下，在催化剂的作用下将合成气合成为液体油。

煤间接液化技术的核心是费托（Fischer-Tropsch）合成，又称为 FT 合成法。1923 年，德国人 F. Fischer 和 H. Tropsch 发现在铁催化剂的作用下，一氧化碳和氢可以反应生成烃类液体产品，这个过程即费托合成（FT 合成），如图 5-1 所示。

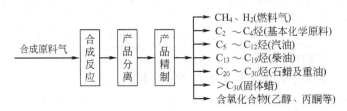

图 5-1　FT 合成基本过程

第二次世界大战期间，基于军事的目的，德国建成了 9 个 FT 合成油厂，总产量达 57 万吨，此外在日本、法国等有近 10 套合成油装置，世界总生产能力已经超过 100 万吨。20 世纪 50 年代，随着廉价石油和天然气的供应，FT 合成油厂因竞争力差而全部停产。但南非比较例外，由于本国不产石油，而且因种族歧视而受到石油封锁，进口较难，所以南非政府为了解决液体燃料的供应，充分利用其丰富的煤炭资源，大力开发 FT 合成油技术。1956 年，由 Sasol 公司建成了煤间接液化制油工厂 Sasol-Ⅰ，其后在 20 世纪 80 年代又相继新建了 Sasol-Ⅱ、Sasol-Ⅲ炼油厂，成为世界上唯一煤间接液化制油生产厂。据报道，1996 年，该公司年耗煤 4200 万吨，生产各类油品和化工产品达 130 多种，总产量达 700 万吨。

除 Sasol 公司外，许多大石油公司也以 FT 合成为核心，开发了许多制油工艺，如 MDS、ASC-21、Syntroleum 等，但其大多是以天然气生产的合成气为原料，不能称之为煤的间接液化技术。

此外，还有一类煤制油技术工艺是以甲醇生产为中间过程，利用甲醇合成汽油、二甲醚等液体燃料，又称为甲醇转化油工艺（MTG）。甲醇在化工领域有着广泛的应用，除制备液体燃料外，也可生产乙烯等化工原料，或是直接作为发动机燃料，且其工艺流程比较灵活。

5.1.1 FT 合成反应

FT 合成反应十分复杂，可以通过控制反应条件和 H_2/CO 比，在高选择性催化剂作用下，调整反应产物的分布。其基本反应是一氧化碳加氢生成脂肪烃，如下式

$$nCO + 2nH_2 \longrightarrow C_nH_{2n} + nH_2O \qquad -Q \qquad (5\text{-}1)$$

$$nCO + (2n+1)H_2 \longrightarrow C_nH_{2n+2} + nH_2O \qquad -Q \qquad (5\text{-}2)$$

与此同时，在合成反应器中，生成的水蒸气与未反应的一氧化碳在催化剂的作用下会进行如下 CO 转换反应，即水煤气变换反应。

$$H_2O + CO \longrightarrow CO_2 + H_2 \qquad -Q \qquad (5\text{-}3)$$

这样会使反应器中 CO_2 和 H_2 过剩，而 CO 不足，由于此反应是不可逆的，所以在实际工艺中会有 CO_2 产生，且不是严格按照反应式(5-2) 的比例生成产物，一般会有：

$$CO + 2H_2 \longrightarrow \text{(CH}_2\text{)} + H_2O \qquad -Q \qquad (5\text{-}4)$$

$$2CO + H_2 \longrightarrow \text{(CH}_2\text{)} + CO_2 \qquad -Q \qquad (5\text{-}5)$$

$$3CO + H_2O \longrightarrow \text{(CH}_2\text{)} + 2CO_2 \qquad -Q \qquad (5\text{-}6)$$

$$CO_2 + 3H_2 \longrightarrow \text{(CH}_2\text{)} + 2H_2O \qquad -Q \qquad (5\text{-}7)$$

由以上反应可以清楚地看到，由于 H_2/CO 的不同，FT 合成可以发生不同的反应，产生不同的结果。在大多数情况下，其主要产物是烷烃和烯烃。根据实际工艺中链消失和链增长的相对速率差异，生成不同链长的分子，其范围较广，但一般遵循 ASF 规则，即

$$W_n/n = (1-\alpha)^2 \alpha^{n-1}$$

式中　n ——产物所含的链原子数；

　　　W_n ——碳原子数为 n 的产物的质量分数；

　　　α ——链增长概率。

FT 合成的烃类一般为 C_3 及其以上烃类，甲烷等低烃是高温时出现的产物。与此同时，FT 合成还可以控制含氧化物的生成，如醇、醛、酮及少量的酸和酯等，一般作为该工艺的副产物。

5.1.2 FT 合成的基本工艺

FT 合成法的工艺流程十分清晰，如图 5-2 所示，依次可分为五部分：煤的气化，合成气净化，FT 合成，产物分离和产品精制，排污控制。FT 合成工艺的关键在于合成反应器内的反应过程。

在上面的介绍中可以看出，在不同的条件下，FT 合成法可以获得多种产物。但

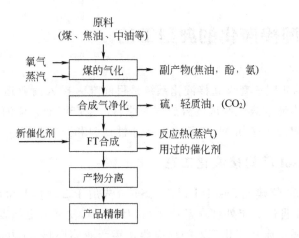

图 5-2　FT 合成法工艺流程

其存在的主要问题恰恰是合成产品太复杂，而且选择性差。为了提高 FT 合成技术的经济性，并改进产品的性质，20 世纪 80 年代中国科学院山西煤炭化学研究所提出了将传统的 FT 合成与沸石分子筛相结合的固定床两段合成工艺，简称为 MFT（Modified-FT）法，其基本原理流程如图 5-3。

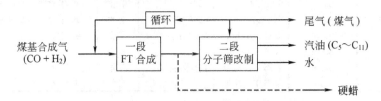

图 5-3　MFT 合成法基本原理流程

在 MFT 合成法中，一段合成的反应产物是 $C_1 \sim C_{40}$ 的烃类混合物，为了提高汽油馏分的产率，将一段合成的产物，在设有分子筛催化剂的二段反应器中进行反应改质，使合成反应物发生裂解、脱氢、环化、低分子烯烃聚合等反应，最终得到主要是 $C_5 \sim C_{11}$ 的汽油馏分，其与传统 FT 合成法的产物分布区别如图 5-4 所示。

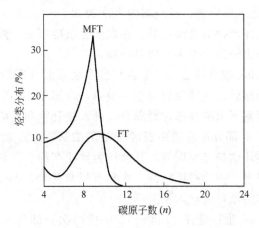

图 5-4　传统 FT 合成法与 MFT 合成法的产物分析

5.2 几种间接液化的典型工艺

南非 Sasol 厂三套煤间接液化系统是目前唯一投入商业运行的 FT 合成法工艺系统，该厂以当地烟煤气制成的合成气为原料，生产汽油、柴油和蜡类等产品。除此之外，其他合成油工艺如 MFT 等也在工业性试验和开发阶段。

5.2.1 南非 Sasol 厂间接液化工艺

自从 1956 年建成 Sasol-Ⅰ以来，Sasol 先后于 20 世纪 80 年代初期兴建了 Sasol-Ⅱ厂和 Sasol-Ⅲ厂。年处理煤量达 3000 万吨。其发展历史如表 5-1 所示。其中 Sasol-Ⅰ厂采用了固定床和流化床两类反应器，年产液体燃料 25 万吨。Ⅱ厂和Ⅲ厂均采用气流床反应器，其生产能力相当于Ⅰ厂的 8 倍。

表 5-1 南非 Sasol 液化厂的发展历史

时间(年)	技术拥有者	工艺技术	规模	实施地	备 注
1955	Sasol	Arge	$397.5m^3/d$	南非	
1955	Sasol	Synthol	$954m^3/d$	南非	
1980~1999	Sasol	Synthol	$8268m^3/d$	南非	1999 年改造为改进 Synthol 装置
1982~1999	Sasol	Synthol	$8268m^3/d$	南非	1999 年改造为改进 Synthol 装置
1983	Sasol	改进 Synthol	$15.9m^3/d$	南非	试验装置
1989	Sasol	改进 Synthol	$556.5m^3/d$	南非	
1990	Sasol	浆态床反应器	$11.925m^3/d$	南非	试验装置
1993	Sasol	浆态床反应器	$397.5m^3/d$	南非	蜡为产品

图 5-5 为 Sasol-Ⅰ厂生产流程。从鲁奇炉加压气化得到的粗煤气先经过冷却、净化处理后得到石脑油、废气和纯合成气。其中石脑油和粗煤气冷却分离的焦油一起进入下游的精馏装置，废气在排入大气之前必须经过脱硫等环保设备进行处理。然后纯合成气进入费托合成系统，Sasol-Ⅰ厂有 5 台固定床反应器和 3 台流化床反应器，合成产物冷却至常温后，水和液态烃析出，与其大部分作为循环气返回到反应器。

图 5-6 为 Arge 固定床合成工艺流程。纯合成气与循环气以 1∶2.3 比例混合，压缩到 2.45MPa 后进入反应器。反应器内温度为 220~235℃。在反应器底部由分离器流出蜡类物质，气体产物流进换热器，在底部分出冷凝液，然后气体再经过两个冷凝器，在分离器中分出轻油、水和有机氧化物。

图 5-7 为 Synthol 流化床合成工艺流程。当装置新开车时，需要点火加热反应气体。当转入正常操作后，气体通过与重油换热，升温至 160℃，然后进入反应器的水平进气管，与沉淀室下来的热催化剂混合，进入提升管和反应器内进行反应，温度迅速升至 320~330℃。部分反应热由循环冷却用油移出。产物气体通过热油洗塔，析出的重油部分为循环油加热反应器，其余作为重油产物。在热油洗塔顶部出来的气体产物经过洗涤分离进一步冷凝成轻油、水和有机氧化物。与 Arge 不同，这里余气经过洗涤加压后，作为循环气进入反应器。

Sasol-Ⅱ和 Sasol-Ⅲ厂是在 20 世纪 70 年代两次石油危机的背景下，南非政府为扩大生产兴建的，根据 Sasol-Ⅰ厂的实践经验确定采用 Synthol 合成工艺，并扩大了

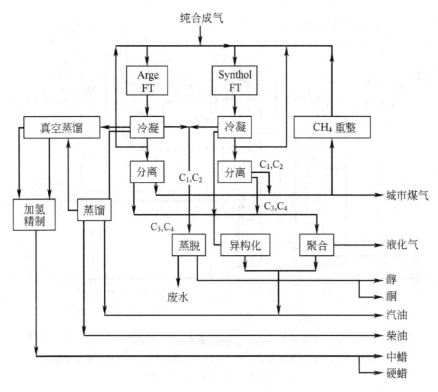

图 5-5　Sasol-Ⅰ厂生产流程

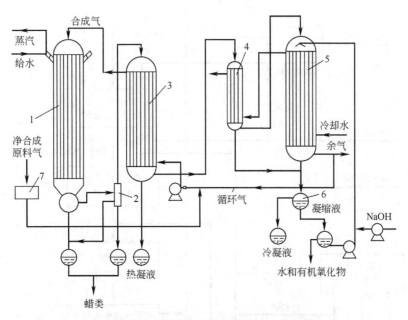

图 5-6　Arge 固定床反应器的合成工艺流程

1—反应器；2—蜡分离器；3—换热器；4,5—冷却器；6—分离器；7—压缩机

生产规模，其工艺流程如图 5-8 所示。从 36 台鲁奇气化炉得到的粗煤气经过净化后，进入 8 台 Synthol 反应器组成的费托合成系统，得到的液态油和气态产物分别进入相关的分离、提质和加工系统。与 Sasol-Ⅰ相比，在液体油的后续处理上，新厂采用了

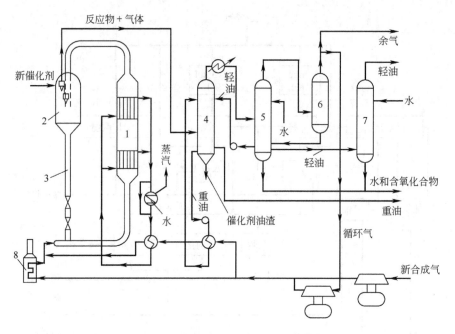

图 5-7 Synthol 流化床合成工艺流程

1—反应器；2—催化剂沉降室；3—竖管；4—油洗塔；5—气体洗涤分离塔；
6—分离器；7—洗塔；8—开工炉

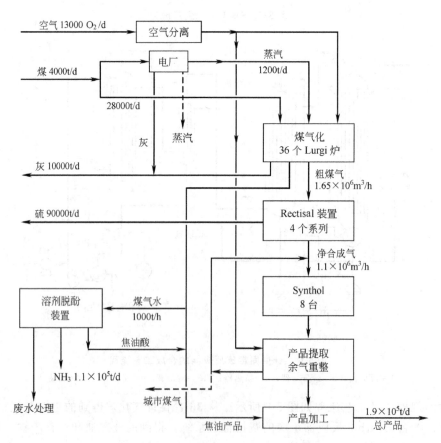

图 5-8 Sasol-Ⅱ和 Sasol-Ⅲ厂的工艺流程

一批现代的炼油技术，例如聚合、异构化、选择裂解等，生产更加高级和清洁的液体燃料。

5.2.2　其他合成液体燃料工艺

在 FT 合成技术的研究开发中，为了提高间接液化产品的选择性和降低成本，人们进行了大量的工作。特别是 20 世纪 70 年代，美国 Mobil 公司成功开发 ZSM-5 催化剂，并对 FT 合成过程提出改进的设想，开发了浆态床两段 FT 合成过程，简化了后处理工艺，使该过程有了突破性的进展。在此基础上，该公司又于 1976 年开发了 MTG 过程，同年在新西兰建立以天然气为原料年生产 1 千万吨的汽油工业装置。此外，还有丹麦的 Topsoe 公司开发了 TIGAS 过程的中试装置，以及荷兰 Shell 公司开发的 SMDS 过程等工业化技术。

图 5-9 为典型的 SMDS、MTG 和 MFT 工艺原理比较示意图。

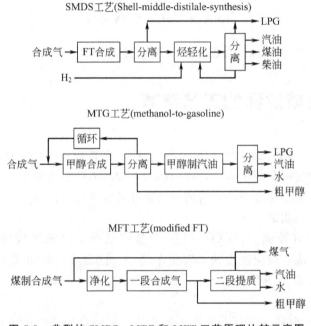

图 5-9　典型的 SMDS、MTG 和 MFT 工艺原理比较示意图

由于我国开发的 MFT 合成技术尚未有商业运行的实例，这里仅介绍 Shell 公司的 SMDS（Shell middle distillate synthesis）工艺，虽然该工艺是利用天然气生产的合成气为原料合成液体燃料，但对于以煤气化生产的合成气为原料合成液体燃料也是合适的。

图 5-10 为 SMDS 工艺的流程，首先天然气在一个 Shell 气化炉中被部分氧化生产合成气，合成气中 CO/H_2 比例正好为 1∶2。合成气先进入固定床管束反应器中，在 Shell 特有的催化剂作用下发生反应，该阶段产品几乎都是石蜡族的。然后蜡状重质油馏分进入二段反应器中，在特殊的催化剂作用下被加氢裂解和异构化，生产出以中质油馏分为主的液体油。该反应器的温度为 300～500℃，压力为 3～5MPa。

在该工艺中，由于控制了第一段的催化剂和反应条件，可以减少烃类气体的生成，并通过第二段的反应过程，保证几乎没有沸点较高的产物。其最终产品的构成可

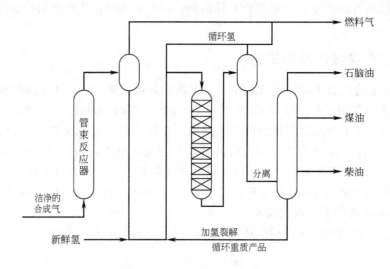

图 5-10　SMDS 工艺的流程

以被调整到：柴油 60%，煤油 25%，石脑油 15%。

5.3　FT 合成过程的工艺参数

以生产液体燃料为目的产物的 FT 合成，提高合成产物的选择性是至关重要的。产物的分配除受催化剂影响外，还由热力学和动力学因素所决定。在催化剂的操作范围内，选择合适的反应条件，对调节选择性起着重要的作用。

(1) 原料气组成

原料气中有效成分（CO＋H$_2$）含量高低影响合成反应速度的快慢。一般是 CO＋H$_2$ 含量高，反应速度快，转化率增加，但是反应放出热量多，易造成床层超温。另外制取高纯度的 CO＋H$_2$ 合成原料气体成本高，所以一般要求其含量为 80%～85%左右。

原料气中 $V(H_2)/V(CO)$ 比值的高低，影响反应进行的方向。$V(H_2)/V(CO)$ 比值高，有利于饱和烃、轻物及甲烷的生成；比值低，有利于链烯烃、重产物及含氧物的生成。

提高合成气中 $V(H_2)/V(CO)$ 比值和反应压力，可以提高 H$_2$ 与 CO 利用比。排除反应中的水汽，也能增加 H$_2$ 与 CO 利用比和产物产率，因为水汽的存在增加一氧化碳的变换反应（CO＋H$_2$O $\longrightarrow$ H$_2$＋CO$_2$），使一氧化碳的有效利用降低，同时也降低了合成反应速率。

(2) 反应温度

FT 合成反应温度主要取决于合成时所选的催化剂。对每一系列 FT 合成催化剂，只要当它处于合适的温度范围时，催化反应是最有利的。活性高的催化剂，合成的温度范围较低。如钴催化剂的最佳温度为 170～210℃（取决于催化剂的寿命和活性）；铁催化剂 FT 合成的最佳温度 220～340℃。在合适的温度范围内，提高反应温度，有利于轻组分产物的生成。因为反应温度高，中间产物的脱附增强，限制了链的生长反应。而降低反应温度，有利于重组分产物的生成。

在动力学方程中，反应速率和时空产率都随温度的升高而增加。但是反应温度升高，副反应的速率也相应猛增。如温度高于 300℃ 时，甲烷的生成量越来越多，一氧化碳裂解成二氧化碳的反应也随之增加。因此生产过程中必须严格控制反应温度。

（3）反应压力

反应压力不仅影响催化剂的活性和寿命，而且也影响产物的组成和产率。对铁催化剂 FT 合成采用常压，其活性低、寿命短，一般要求在 $0.7 \sim 3.0MPa$ 压力下合成比较好。钴系合成可以在常压下进行，但是 $0.51 \sim 1.5MPa$ 压力下合成效果更佳，同时可以延长催化剂的寿命，而且生产使用过程中不需要再生。另外，压力增加，产物重馏分和含氧化物增多，产物的平均分子量也随之增加。用钴催化剂进行 FT 合成时，烯烃随压力增加而减少；用铁催化剂时，产物中烯烃含量受压力影响较小。

压力增加，反应速率加快，尤其是氢气分压的提高，更有利于反应速率的加快，铁催化剂的影响比钴催化剂更小。

（4）空速

对不同催化剂和不同的合成方法，都有最适宜的空速范围。如钴催化剂进行 FT 合成时适宜的空速为 $800 \sim 1200/h$，沉淀铁催化剂进行 FT 合成时空速为 $500 \sim 700/h$，熔铁催化剂气流床合成空速为 $500 \sim 1200/h$。在适宜的空速下合成，油收率最高。但是空速增加，一般转化率低，产物变轻，并且有利于烯烃的生成。

5.4 FT 合成催化剂

催化剂的活性对间接液化的转化率和产率分布有着极其重要的影响。目前在实验室阶段进行 FT 合成催化剂有铁、钴、镍和钌等，但只有铁系催化剂应用于工业生产。这些金属的催化原理比较复杂，通常认为是形成了金属羰基复合物。同时它们对 H_2S 等硫化物敏感，易中毒，一般要求合成气的硫浓度低于 1×10^{-6}。

在一氧化碳加氢的反应中，不同催化剂的最佳反应温度和压力及其生成产物也不尽相同，如图 5-11 所示。

在低温高压下，生成常用的烷烃和烯烃时，镍和钴的条件最为温和，其最佳条件分别为 0.1MPa，$170 \sim 190℃$（镍）和 1MPa，$170 \sim 190℃$（钴）。一般条件下，这两类催化剂的产品主要是脂肪烃，但当其温度稍微提高时，甲烷生成量会大幅提高。而以 ThO_2 或是 ZnO/Al_2O_3 作为催化剂时，其条件最为苛刻，文献介绍它是沿着另一条反应机理生成比较轻的烃化合物。其优点是对硫不敏感。

从图 5-11 中可以看出铁系催化剂也具备很好的活性，又因其价格比其他金属便宜，所以应用最广。在间接液化中，铁系催化剂又可分为沉淀铁系催化剂和熔融铁系催化剂。沉淀铁系催化剂主要应用于固定床反应器中，其反应温度较低，为 $220 \sim 240℃$。它的制造工艺是首先由水溶性铁盐溶液沉淀，沉淀的含铁化合物进行干燥和焙烧，再用氢气还原制得催化剂。熔融铁系催化剂主要应用在温度较高的流化床反应器中，反应温度达 $320 \sim 340℃$。它是通过磁铁矿与助熔剂融化，然后用氢还原制成，它的活性较小，但强度高。

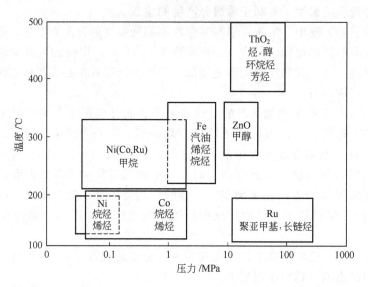

图 5-11　一氧化碳加氢反应中的不同催化剂的温度、压力比较

在实际工艺中，除了铁系催化剂外，钴系催化剂也有应用，如在马来西亚的 50t/d 的合成油反应器中就用钴系催化剂，其反应温度在 340℃，压力为 3～5MPa，用于生产煤油和柴油。此外，分子筛 ZSM-5 催化剂也被用于合成油品加氢和甲醇脱水制二甲醚等。

20 世纪 50 年代南非 Sasol 公司采用德国研发的费托合成催化剂 Fe-Cu-K/SiO₂ 开始在低温固定床工业化生产中使用。90 年代 Sasol 公司将此催化剂进行了改进，又应用于低温浆态床。

中国费托合成催化剂的发展已经历了如下几个阶段，1950～1962 年我们开始模仿德国第一代技术 Fe-Cu-K/SiO₂ 费托合成催化剂，1980～1999 年中国科学院山西煤炭化学研究所跟踪南非 Fe-Cu-K/SiO₂ 开发出固定床费托合成催化剂，1997～2004 年中国科学院山西煤炭化学研究所开发成功 Fe-Cu-K/SiO₂ 低温浆态床，1997～2007 年中国科学院山西煤化所和大连化物所开发成功低温固定床费托合成催化剂；与此同时，1997～2004 年中国科学院山西煤化所和兖矿集团分别开发成功低温浆态床和熔铁高温流化床费托合成催化剂，2000～2007 年中国科学院山西煤化所中科合成油开发成功约束结构 FeMoMn 高温浆态床，形成我国原创体系费托合成催化剂。伊泰煤炭间接液化项目实践说明，目前中国科学院山西煤化所和中科合成油公司在费托合成催化剂方面已经走在了世界前沿。

5.5　FT 合成反应器

间接液化工艺的核心设备是 FT 合成反应器，从 Sasol 公司煤液化厂的发展也可看出，其合成反应技术经历了固定床反应器技术阶段（1950～1980）、循环流化床反应器阶段（1970～1990）、固定流化床反应器阶段（1990～）和浆态床反应器阶段（1993～）。这也是目前间接液化工艺中最主要的合成反应器形式，如图 5-12 所示。

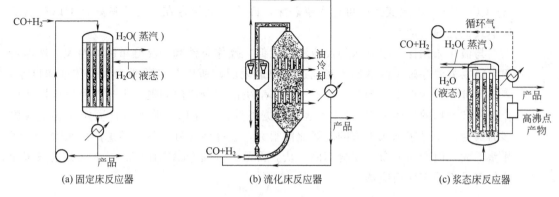

图 5-12　间接液化工艺的合成反应器形式

在实际工艺中，合成反应器的设计和选择主要需考虑以下几个问题：一是为了使合成反应达到最好的选择性，应保持反应温度的恒定，即反应产生的大量热必须能顺利地排出；二是需要考虑与催化剂相关的问题，如催化剂的更换，催化剂与液体产物的分离等。接下来对三种反应器的特点做简要介绍。

（1）固定床反应器

固定床反应器采用的是类似于列管式换热器的管壳式结构，又称列管式 Arge 固定床，其结构如图 5-12（a）所示。管内装填催化剂，管间通水，反应热由水的沸腾汽化传出，因此可以通过调整管间蒸汽压力来控制管内反应温度。它的主要特点是反应温度较低，使用沉淀铁催化剂，不存在催化剂和液态产物分离的问题，积炭现象较少，而且反应器尺寸较小，操作方便。但缺点主要是催化剂床层压降大，催化剂更换困难，不适合大规模生产。

（2）流化床反应器

流化床反应器是合成气在反应器内达到较高的线速度，使催化剂悬浮在反应气流中。Sasol 公司采用的流化床反应器有两种形式，Sasol-Ⅱ厂和 Sasol-Ⅲ厂采用的为循环流化床反应器，又称 Synthol 反应器，其结构如图 5-12（b）所示。该反应器使用熔铁粉末催化剂，催化剂悬浮在反应气流中。然后被带出反应器，如此循环。Synthol反应器强化了气固两相间的传热、传质过程，床层内各处温度变化比较均匀，有利于合成反应。由于传热系数大，散热面积小，反应器结构得到简化，生产能力显著提高。其单台生产能力达到了每天 6500t 合成油。流化床反应器适合大规模生产，催化剂可以循环使用。但是其操作温度较高（350℃），结构复杂，重质氢的选择性差，操作费用高，而且气固两相流速较高，设备磨损大，催化剂损失严重。20 世纪 90 年代Sasol 公司自主开发了无循环的流化床反应器，又称固定流化床反应器，该反应器催化剂在反应器内呈流化状态，气速比循环流化床低，减少了磨损，造价及反应器体积得到了降低，更为重要的是解决了在反应器内气固分离的问题，目前在 Sasol 公司已逐步取代 Synthol 反应器。

（3）浆态床反应器

浆态床反应器是一种三相反应床，反应器内充满液体（高沸点蜡）。催化剂颗粒微小（<50μm），分散在液体中，合成气以气泡的形式通过。浆态床反应器是 Sasol在 20 世纪 90 年代初开发研究并投入工业应用的新型反应器，其结构如图 5-12（c）所

示，用来生产石蜡和重质燃料油。其最大的优点是适应现代气化炉生产出的合成气，H_2/CO 较低，不用变换即可通入浆态床，因为油液相存在，传热良好，可以控制反应不致催化剂失活。

与流化床相比，浆态床的反应温度较低，操作条件和产品分布的弹性大。然而由于反应物需要穿过床内液层才能到达催化剂表面，所以其传质阻力大，传递速度小，表现为催化剂活性小，同时在技术上还需解决液固分离的问题。上述三种反应器的操作条件和产物的比较见表 5-2。由表中数据可见，流化床和浆态床比固定床能生成更多的烯烃，而且浆态床生成的丙烯比例很大，选择性较好。从产品总产率来看，三者相差不大，但产品分布则完全不同。从获得最大汽油产率来比较，通常认为浆态床和流化床优于固定床反应器。

表 5-2　三种费托合成反应器技术

项　目	低温浆态床	高温流化床	高温浆态床
操作温度/℃	220～245	320～350	275～280
回收蒸汽压力/MPa	0.6～1.5	5.5～6.0	2.5～3.0
C1 选择性/wt%	4～5	7～8	2.5～3.5
C5＋选择性/wt%	78～85	30～60	83～92
kgC₃＋/kg cat/h	0.2～0.35	0.5	0.6～0.8
吨催化剂产油/t	300～400	200～300	600～1000
单一过程效率/%	39～42	38～41	41～44

（4）Sasol 反应器及伊泰煤制油技术进展

目前在国外以煤为原料进行间接液化制油的主要企业是南非 Sasol 公司，国内拥有此技术自主知识产权的主要是中科院山西煤化所。Sasol 公司从 20 世纪 50 年代起就开始应用德国的低温固定床反应器技术，随后，应用美国的流化床反应器，20 世纪 90 年代开发了钴基催化剂低温浆态床反应器。具体进展见图 5-13。

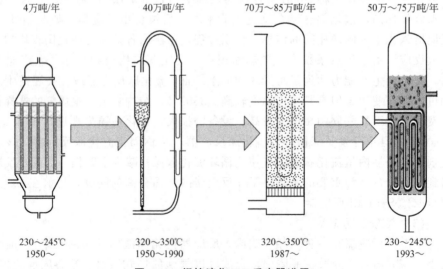

4万吨/年	40万吨/年	70万～85万吨/年	50万～75万吨/年
230～245℃	320～350℃	320～350℃	230～245℃
1950～	1950～1990	1987～	1993～

图 5-13　间接液化 F-T 反应器进展

国内间接液化技术示范工程正式实施阶段大约始于 21 世纪初。2002 年 5 月，伊泰集团与中国科学院山西煤炭化学研究所共同开发伊泰煤制油项目。该项目设计生产规模为 48 万吨/年，总投资约 49.75 亿元，其中，一期工程生产规模为 16 万吨/年，投资约 21.76 亿元，2009 年 3 月试车成功，产出了合格的柴油、石脑油等产品，这是我国首套试产出油的大规模煤间接制油产业化装置。标志着我国自主研发的煤间接制油技术已取得重大突破。该项目是我国煤炭间接液化完全自主技术产业化第一条生产线，填补了国内空白。

伊泰煤制油项目技术主要包括水煤浆制备工艺技术、空分单元工艺技术、气化工艺技术、变换工艺技术、低温甲醇洗工艺技术、费托合成工艺技术、催化剂处理工艺技术、油品加工工艺技术等。

5.6　间接液化的特点

与直接液化相比，间接液化的柴油馏分产物的直链烃多，环烷烃少，十六烷值过剩，同时其不含氮硫杂质，凝点高，所以两者的柴油馏分都需经过加氢提质才能得到合格的柴油产品。另外，间接液化由于是从小分子 CO 与 H_2 进行合成开始的，因此只要适当地控制反应条件和选择活性催化剂，除获得产品油外，在非燃料利用方面，间接液化还能合成一些重要产物等。这使得间接液化的应用空间更为广阔。间接液化的操作条件和产物比较见表 5-3，直接液化和间接液化合成油馏分组成与性质见表 5-4。

表 5-3　FT 反应器操作条件和产物比较

项　　目		固定床	流化床	浆态床
反应温度/℃		220～250	300～350	260～300
反应压力/MPa		2.3～2.5	2.0～2.3	1.2(3)
原料气 H_2/CO 比		0.5～0.8	0.36～0.42	1.5
催化剂		沉淀铁	熔铁	—
C_2～C_4产率/%	C_2H_4	0.1	4.0	3.6
	C_2H_6	1.8	4.0	2.2
	C_3H_6	2.7	12.0	16.95
	C_3H_8	1.7	2.0	5.65
	C_4H_8	2.8	9.0	3.57
	C_4H_{10}	1.7	2.0	1.53
	合计	10.8	33.0	33.5
汽油(C_5～C_{12})/%		39		—
柴油(C_{13}～C_{18})/%		5.0		—
重油(C_{19}～C_{30})/%		4.0		—
蜡(C_{31}+)/%		2.0		

据业内人士估算以目前的煤价测算，间接制油示范项目的成本每桶在 50 美元左右。随着规模扩大、催化剂升级和新一代煤分级液化技术的应用，每吨油耗煤量将逐步降至约 3 吨，万吨产能投资也将由 1.6 亿元左右减少约 50%，制油成本也将降为每桶约 40 美元。煤制油示范项目的吨油水耗在 10～12t，煤间接制油达到经济规模

后，吨油水耗可降至 6～8t。相比之下，煤制甲醇的吨水耗约为 15t，煤合成氨的吨水耗在 30t 左右。同时，间接制油规模扩至 60 万吨及分级液化技术应用后，煤间接制油的能效也将由示范阶段不足 40％提高到 43％～45％，可与火电厂的能效相当，大规模生产后还将进一步提高至 55％左右。

表 5-4　直接液化和间接液化合成油馏分组成与性质

生 成 物	直接液化馏分油		间接液化馏分油（浆态床）	
	汽油/％	柴油/％	汽油/％	柴油/％
烷烃	16.2	1	60	65
烯烃	5.5		31	25
环烷烃	55.5	7	1	1
芳烃	18.6	60	0	0
极性化合物	4.2	24	8	7
沥青烯		8		0
合计	100	100	100	100
辛烷值	80.3		30～40	
十六烷值		<20		65～70

5.7　国内外煤间接液化发展现状分析

(1) 德国

1923 年德国人 F. Fisher 和 H. Tropsch 提出；1934 年德国鲁尔化学公司用此研究成果，开始建造第一个 FT 合成油工厂，1936 年投产，年产 4000 万升油。1935～1945 期间德国共建设 9 个合成油厂，总产量达 57 万吨，后来因为不能与石油竞争而停产。

(2) 南非

南非是个石油资源贫乏的国家，在 20 世纪 50 年代期间由于施行种族隔离政策，世界范围内对其实行石油禁运。但南非煤炭资源丰富，南非当局基于本国丰富的煤炭资源，开始寻找煤炭基合成液体燃料的途径；1939 年首先购买了德国 FT 合成技术在南非的使用权；在 20 世纪 50 年代初，成立了 Sasol 公司（South African Coal Oil and Gas Cgrp，简称 Sasol）。1955 年建成了 Sasol-Ⅰ厂。20 世纪 70 年代世界石油危机后，1980 年和 1982 年又相继建成了 Sasol-Ⅱ厂和 Sasol-Ⅲ厂。三个厂年用煤达 3940 万吨。主要生产汽油、柴油、蜡、氨、乙烯、丙烯、高分子聚合物、醇、醛、酮等 113 种产品，总产量约 768 万吨。其中油品约 458 万吨，占 60％，化工产品 310 万吨，占 40％。该公司的煤间接液化技术处于世界领先地位，是世界上最大的以煤为原料生产合成油及化工产品的公司。生产的汽油、柴油可满足南非 40％的汽油、柴油需求。Sasol 公司有 7 个自属煤矿，煤炭年产量 4900 万吨，除少量出口外，全部用于气化原料和发电。Sasol 公司有一个炼油厂，年加工进口原油 300 万吨。

Sasol 公司应用的煤炭气化技术是德国鲁奇加压技术。在合成工段，温度为 250～350℃，压力 2.5～3MPa，合成气经过装有催化剂的合成反应器后得到汽油、柴油、蜡、烯烃、醇类产品。分离出的未反应的合成气返回反应器。合成反应还有副产物甲烷、乙烷等气体，在分离后作为城市煤气输出。

Sasol-Ⅰ厂的合成反应器原来是固定床反应器，现在改为浆态床反应器，反应温度较低（250℃），主要以生产柴油、蜡为主，合成催化剂主要是钴系催化剂。浆态床反应器和催化剂是 Sasol 公司自行开发的技术。Sasol-Ⅱ厂和 Sasol-Ⅲ厂的合成反应器原来是循环流化床反应器，20 世纪 90 年代也改为该公司自己开发的无循环的流化床反应器（称为 SAS 合成反应器），单台生产能力是原来循环流化床反应器的 2 倍。使用的催化剂是 Sasol 公司开发的铁系催化剂，反应温度较高（350℃），主要生产汽油和烯烃等化工产品。

（3）中国

我国从 20 世纪 50 年代就开展了煤间接液化技术的实验研究，中国科学院山西煤炭化学研究所系统地进行了铁基催化剂费托合成生产汽油的过程技术开发。中科院山西煤炭化所"七五"期间完成了 100t/a 装置 1600h 连续运转的中间试验，通过了中科院和山西省的鉴定。1993～1994 年又在山西进行了 2000t/a 的工业性试验，打通了流程，考核了主要工艺设备和技术经济指标，并产出了合格的 90 号汽油。具备了进行固定床万吨级工业示范和运行的技术条件。近年来，煤制油项目在中国方兴未艾。2004 年 9 月，兖矿集团采用低温费托合成工艺完成 4500t/a 油品工业装置试验，具有国际先进水平和自主知识产权的煤间接液化技术也已经进入工业化试运营阶段。中国科学院山西煤化所与内蒙古伊泰集团共同进行 16 万吨/年煤制油装置，2009 年 3 月 15 日催化剂投料，投资 25 亿元，开车累计 1248 小时，产油 10000 吨；山西潞安 16 万吨/年煤制油中试装置，2009 年 7 月 7 日催化剂投料，投资 40 亿元，运行 2520 小时，产油 6000 吨，并且到 2015 年拟建成 500 万吨/年项目。

我国是"富煤、贫油"的国家，因此煤炭间接液化技术在中国有广阔的发展前景。我国重视发展煤炭间接液化技术，主要由于以下几点原因。

① 我国有丰富的煤炭资源。

② 我国石油资源短缺。预测到 2020 年中国石油短缺将超过 4 亿吨，届时中国生产的能源只有 1.8～2.0 亿吨。寻找石油替代品，是中国解决石油资源短缺问题的长远能源战略，煤炭液化技术是多元化解决石油短缺的重要途径之一。

③ 地方积极性高。一些富煤缺油地区急切希望煤炭液化技术能在当地商业化，一方面解决石油资源短缺，另一方面可以带动地方经济的发展。中国坑口煤炭价格、劳动力价格、设备价格等都较低廉，是发展煤炭液化技术的一个有利条件。

将煤炭液化技术发展成能有效补充国内石油供应缺口的产业，从现在开始估计大约需要 10～20 年的时间，即到 2020 年后形成一定规模的煤炭液化产业。届时煤炭液化有可能提供燃料油 2500 万吨/年，到 2050 年煤炭液化有可能提供燃料油 1 亿吨/年以上。

根据中国煤炭资源的分布以及不同地区煤炭价格对工业化生产的影响，从目前情况分析，发展煤炭液化产业主要集中在煤炭资源集中、煤炭生产成本及市场售价较低的地区，如以内蒙古、陕西、宁夏、山西为主的西北产业区，原料煤以低变质烟煤为主；以云南、贵州为主的西南产业区，煤种有褐煤、低变质烟煤；以黑龙江为主的东北产业区，煤种主要是低变质烟煤。此外，我国的煤制油项目都非常重视环保。通过应用回收尾气、余热和捕捉二氧化碳等技术，煤制油示范项目的二氧化碳排放量比火电厂低 70% 以上。前些年国内发展煤制油产业的呼声此起彼伏。国家也提出在"十一五"期间有序推进煤炭液化示范工程建设,以奠定产业化发展基础。据部分专家预计,到 2020 年我国的煤制油产能将达到 3000 万吨至 5000 万吨。

思考题

1 简述费托合成原理、工艺参数、催化剂品种及其性能和反应器类型及其特点。
2 煤的间接液化有哪些典型工艺?各有何特点?
3 煤间接液化的产物有何特点?
4 国内外煤间接液化的发展趋势如何?

第6章

煤的直接液化

1913 年，德国人 F. Bergius 发现在400～450℃，20MPa 的高温高压下加氢，可以将煤或煤焦油转化为液体燃料。其后德国 IG 公司在 M. Pier 的领导下，成功地开发了液相和气相两段加氢的工艺，并在 1927 年将此技术实现了工业化生产。

第二次世界大战期间，德国为了满足战争对液体燃料的需要，建立了 12 个煤炭直接液化生产厂，总规模达 400 万吨/年，战后这些工厂全部被转产或停产。在 20 世纪 70 年代的两次石油危机影响下，西方主要发达国家开始重新审视煤作为一次能源的重要性，而煤液化技术作为一项可行的石油替代技术又重新得到了重视。

6.1 煤直接液化的基本原理

目前，煤直接液化的工艺很多，但其液化反应的基本原理和过程却是类似的。煤的直接液化过程是煤的大分子结构在一定温度和氢压下裂解成小分子液体产物的反应过程，其包含着煤的热解和加氢裂解两个最基本的过程。

6.1.1 煤的直接液化反应机理

煤的化学结构十分复杂，目前普遍接受的观点是：煤大分子的基本结构单元以缩环和芳环（又称芳烃核）为主体，并带有许多侧链、杂环和官能团等。研究表明，在高温（400℃以上）高压（10MPa 以上）的条件下，煤的大分子结构将受热分解，基本结构单元之间的桥键首先断裂，生成游离的自由基团。此时如果遇到外界分子氢，自由基将发生加氢反应，形成稳定的低分子物，从而避免因重新聚合生成聚合物或大分子。如在催化剂的作用下含芳环部分发生加氢反应，生成脂环或氢化芳环；存在于桥键和芳环侧链上的部分 S 和 O 原子会以 H_2S 和 H_2O 的形式脱出。

如果采用 Wiser 提出的一种煤分子结构模型（$Ar—CH_2—CH_2—Ar'$）来描述上

述过程，即在直接液化时将发生如下反应：

$$Ar-CH_2-CH_2-Ar' \xrightarrow{\triangle} Ar-\cdot CH_2 + \cdot CH_2-Ar'$$

$$Ar-\cdot CH_2 + \cdot CH_2-Ar' + H_2 \longrightarrow Ar-CH_3 + CH_3-Ar'$$

式中，Ar 和 Ar′分别表示两个不同的缩合芳环，—CH_2—CH_2—即为连接桥键。当液化反应有催化剂存在时，会改变其液化过程诸多反应的选择性，从而改变最终的产物。图 6-1 是根据 T.Suzuki 等提出的直接液化反应过程示意图。在煤的液化过程中生成的液态物质可分为三类，依次是前沥青烯（相对分子质量为 500～2000），沥青烯（相对分子质量为 500～700）和油（相对分子质量为 250～400）。其中油类物质即人们所说的煤液化油或煤制油，其外观和性质与原油类似，并可以用于制备燃料油、汽油、煤油、柴油等不同级别的成品油。因此煤直接液化工艺中，如何控制好大分子的前沥青烯和沥青烯向油类物质的转化过程，对提高液化油的产率有至关重要的影响。

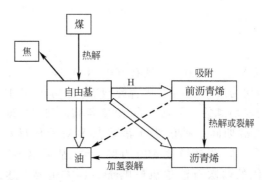

图 6-1　直接液化反应过程示意

6.1.2　煤直接液化的影响因素

(1) 原料煤

与煤的气化、干馏和直接燃烧等转化方式相比，直接液化属于较温和的转化方式，反应温度等都较低，也正因为如此它受所用煤种的影响很大。对不同的煤种进行直接液化，其所需的温度、压力和氢气量以及其液化产物的收率都有很大的不同。但是由于煤中的不均一性和煤结构的极度复杂性，人们在考虑煤种对直接液化的影响时，目前也仅停留在煤的工业分析、元素分析和煤岩显微组分含量分析的水平上。

就工业分析来讲，一般认为挥发分高的煤易于直接液化，通常要求挥发分大于 35%。与此同时，灰分带来的影响则更为明显，如灰分过高进入反应器后将降低液化效率，还会产生设备磨损等问题，因此选用煤的灰分一般小于 10%。

就元素分析来讲，H/C 显然是一个重要的指标。H/C 越大，液化所需的氢气量也就越小。相关研究表明，H/C 越小，越有利于氢向煤中转移，其转化率越大；然而，在日本学者津久经和桥本的研究中，神木上弯煤虽然 H/C 较低，但却有良好的液化特性，这说明元素分析并不能完全反映其液化性能，它还与煤种内部的分子结构形式和组成成分相关。

除此之外，还有一些研究成果值得关注，如含氧官能团中酯对促进煤液化反应方面有着重要的作用，酚类化合物则起着负面作用；用核磁共振波谱法和傅里叶变换红外光谱法测定的如芳环上碳原子数，芳环上氢原子数，单元结构的芳环数和芳环缩合度等煤结构参数也作为煤液化选煤的重要指标。

（2）供氢溶剂

煤的直接液化必须有溶剂存在，这也是其与加氢热解的根本区别。通常认为在煤的直接液化过程中，溶剂能起到如下作用。

① 将煤与溶剂制成浆液的形式便于工艺过程的输送。同时溶剂可以有效地分散煤粒子、催化剂和液化反应生成的热产物，有利于改善多相催化液化反应体系的动力学过程。

② 依靠溶剂能力使煤颗粒发生溶胀和软化，使其有机质中的键发生断裂。

③ 溶解部分氢气，作为反应体系中活性氢的传递介质；或者通过供氢溶剂的脱氢反应过程，可以提供煤液化需要的活性氢原子。

④ 在有催化剂时，促使催化剂分散和萃取出在催化剂表面上强吸附的毒物。

由于在煤的液化过程中，首先煤在不同溶剂中的溶解度是不同的。其次溶剂与溶解的煤中有机质或其衍生物之间，存在着复杂的氢传递关系，受氢体可能是缩合芳环，也可能是游离的自由基团，而且氢转移反应的具体方式又因所用催化剂的类型而异。因此溶剂在加氢液化反应的具体作用也十分复杂，一般认为好的溶剂应该既能有效溶解煤，又能促进氢转移有利于催化加氢。

在煤液化工艺中，通常采用煤直接液化后的重质油作为溶剂，且循环使用，因此又称为循环溶剂，沸点范围一般在 $200\sim460$℃。由于该循环溶剂组分中含有与原料煤有机质相近的分子结构，如将其进一步加氢处理，可以得到较多的氢化芳烃化合物，使其供氢能力得到了提高。另外，在液化反应时，循环溶剂还可以得到再加氢作用，同时增加煤液化的产率。

（3）操作条件

温度和压力是直接影响煤液化反应进行的两个因素，也是直接液化工艺两个最重要的操作条件。

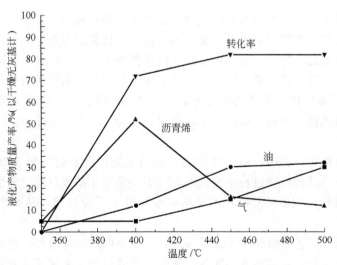

图 6-2　液化温度对煤转化率及产物分布的影响

煤的液化反应是在一定温度条件下进行的，通常煤在400℃以上开始热解，但如果温度过高则一次产物会发生二次热解，生成气体，使液体产物的收率降低。通过比较也可看出，不同的工艺所采用的温度大体相同，为440～460℃。如图6-2为液化温度与煤转化率、油产率等指标的关系。可见当温度超过450℃时，煤转化率和油产率的增加较少，而气产率增多，因此会增加氢气的消耗量。

对于压力而言，理论上压力越高对反应越有利，但这样会增加系统的技术难度和危险性，降低生产的经济性，因此新的生产工艺都在努力降低压力条件。如图6-3所示，早期德国IG工艺的反应压力高达30～70MPa，目前常用的反应压力已经降到了17～25MPa，大大减少了设备投资和操作费用。

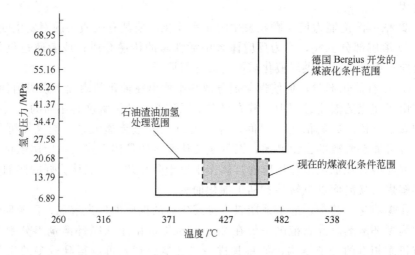

图 6-3　直接液化工艺的压力变化情况

6.2　煤直接液化的一般工艺过程

在实际工艺中，煤的直接液化过程通常是将预处理好的煤粉、溶剂（通常循环使用）和催化剂（有的工艺不需要催化剂）按一定比例配成煤浆，然后经过高压泵与同样经过升温加压的氢气混合，再经加热设备预热至400℃左右，共同进入具有一定压力的液化反应器中进行重质液化。煤的直接液化工艺一般可以分为两大类，单段液化（SSL）和两段液化。典型的单段液化工艺主要是通过单一操作条件的加氢液化反应器来完成煤的液化过程，两段液化是指煤在两种不同反应条件的反应器中加氢反应，如图6-4所示。

在单段液化工艺中，由于液化反应相当复杂，存在着裂解和缩聚等各种竞争反应，特别是当液化反应过程中提供的氢气不能满足于单段反应过程的最佳需要时，不可避免地引起其中自由基碎片的交联和缩聚等逆反应过程，从而影响最终液化油的产率。

两段液化工艺将液化工程分成两步，给予不同的反应条件。通常第一段在相对温和的条件下进行，可加入或不加入催化剂，主要目的是将煤液化获得较高产率的重质油馏分。在第二段中则采用高活性的催化剂，将第一段生成的重质产物进一步液化。

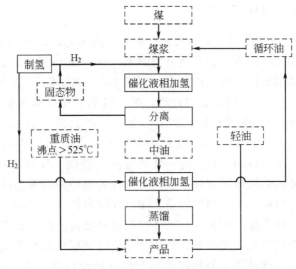

图 6-4　德国 IG 工艺流程

两段液化工艺既可以显著地减少煤化反应中逆反应过程，还在煤适应性、液化产物的选择性和质量上有明显的优点。

除了反应器中的液化反应，完整的直接液化工艺还应包括产物分离、提纯精制以及残渣气化等过程。

在加氢液化反应之后，液化产物将经过一系列的分离器、冷凝器和蒸馏装置进行分离和提制加工，得到各种各样的气体、液体和固体产物。通常气体产物经过再次分离，一部分可以经循环压缩机和换热器后与原料氢气混合循环使用，而其余酸性废气将经过污染控制设备后排除。固体残渣如焦、未液化煤和灰可以进入气化装置制氢。液体油中的重质油往往作为循环溶剂制配煤浆，中质或轻质油则经过体质加工，获得不同级别的成品油。回收到的固体残渣通过气化制氢，在气化装置中残渣被氧化为 CO、H_2O、CO_2 以及一些废气和颗粒物，在除去废气和颗粒物之后，CO 和 H_2O 将通过 CO 转换反应器生成 CO_2 和所需的 H_2。

直接液化工艺一直在不断发展更新，对影响直接液化效果的各种因素进行了诸多改进，如循环溶剂加氢、寻找高活性催化剂、改善反应床、开发更加可靠的液固分离手段以及对各过程进行优化等。出现了许多各具特色的工艺方法。下面介绍几种典型的直接液化工艺。

6.3　几种国内外典型的直接液化技术

德国是最早研究和开发直接液化工艺的国家，其最初的工艺称为 IG 工艺。其后不断改进，开发出被认为是世界上最先进的 IGOR 工艺。其后美国也在煤液化工艺的开发上做了大量的工作，开发出供氢溶剂（EDS）、氢煤（H-Coal）、催化两段液化工艺（CTSL/HTI）和煤油共炼等代表工艺。此外日本的 NEDOL 工艺也有相当出色的液化性能。我国在建的神华煤直接液化所采用的工艺，也是在其他工艺的基础上发展的具有自身特色的液化工艺。

6.3.1 德国 IG 和 IGOL 工艺

IG 法直接煤液化技术是最早投入商业生产的工艺，1927 年德国建成了第一座 IG 工艺煤直接液化工厂。其后为了战争的需求，德国在 1927～1943 年间共兴建了 12 座液化厂，发动机燃料油的年生产能力达到了 423 万吨/年。

德国 IG 工艺可分为两段加氢过程，第一段加氢是在高压氢气下，煤加氢生成液体油（中质油等），又称煤浆液相加氢。第二段加氢是以第一段加氢的产物为原料，进行催化气相加氢制得成品油，又称中油气相加氢，所以 IG 法也常称作两段加氢法。第一段加氢液化后的产物经过一系列分离和蒸馏，残渣回收进入气化装置制氢，气体产物经循环压缩机返回加氢系统，重油作为循环溶剂重新进入煤处理系统，中质油在气相加氢工序中进一步加工提质，该过程将最终决定成品油的级别和质量。

具体来讲，首先煤、催化剂和循环溶剂在球磨机内湿磨制得煤浆，然后用高压泵输送并加氢混合后送入热交换器，与从热分离器顶部出来的油气进行热交换后升温至 300～350℃左右。然后进入预热器和四个串联的反应器，在反应器中温度为 470℃，压力高达 70MPa。反应得到的物料先进入热分离器，将沸点在 325℃下的油和气体与沸点在 325℃以上的重质糊浆物分离开来。前者经过热交换器、冷分离器后分离成气体和油，其中气体的主要成分为 H_2，经洗涤后可作循环气回到系统使用。从冷分离器底部得到的油经蒸馏得到粗汽油、中油和重油。而重质糊状物经离心过滤后可得重质油和固体残渣，其中离心和蒸馏所得重质油混合后作为循环溶剂返回系统，固体残渣可干馏获得焦油和半焦，而蒸馏所得的粗汽油和中油则进入其后的气相加氢系统。

在气相加氢段中，粗汽油和中油先与氢气混合，经热交换器和预热器后，进入三个串联的固定床催化加氢反应器。所得的产物通过热交换器冷却，可分离得到气体和油，前者作为循环气，后者经蒸馏后得到汽油作为主要产品，蒸馏塔底的残油则返回作为加氢溶剂。

在 IG 工艺中，常用的催化剂和反应条件如表 6-1 所示，在液相加氢段，主要是采用炼铝工业的废弃物拜耳赤泥、硫酸亚铁和硫化钠。硫化钠作用是中和煤中的氯在加氢中生成的 HCl。气相加氢段则主要采用以白土为载体的硫化钨催化剂。由以上介绍可以看出，IG 工艺的系统比较复杂，而且操作条件，尤其是反应压力很高。20 世纪 80 年代，德国在 IG 法的基础上开发了更为先进的煤加氢液化和加氢精制一体化联合工艺（intergrated gross oil refining，IGOR）。其最大的特点是原料煤经该工艺过程液化后，可直接得到加氢裂解及催化重整工艺处理的合格原料油，从而改变了两段加氢的传统 IG 模式，简化了工艺流程，避免了由于物料进出装置而造成的能量消耗，节省了大量的工艺设备费用。

表 6-1　IG 工艺常用的催化剂和反应条件

项　目	原　料	反应压力/MPa	催　化　剂
液相加氢段	烟煤	70	拜耳赤泥、$FeSO_4 \cdot 7H_2O$ 和 Na_2S
	烟煤	30	拜耳赤泥、草酸锡和 NH_4Cl
	褐煤	30～70	拜耳赤泥和其他含铁矿物
气相段（Ⅰ）	中油	70	Mo、Cr、Zn、S、载体为 HF 洗过的白土
气相段（Ⅱ）	中油预加氢	30	WS_2、NiS 和 Al_2O_3
	中油后加氢	30	WS_2 和 HF 洗过的白土

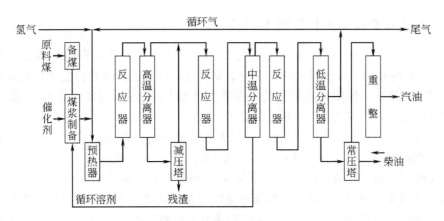

图 6-5　IGOR 直接液化工艺流程

图 6-5 为 IGOR 直接液化工艺流程，其大致可以分为煤浆制备、液化反应、两段催化剂加氢、液化产物分离和常减压蒸馏等工艺过程。制得的煤浆与氢气混合后，经预热器进入液化反应器。反应器操作温度仍为 470℃，但反应压力降到了 30MPa。反应器顶端排出的液化产物进入到高温分离器，在此将轻质油气、难挥发的重质油及固体残渣等分离开来。其中分离器下部的真空闪蒸塔代替了 IG 法的离心分离器，重质产物在此分离成残渣和闪蒸油，前者进入气化制氢工序，后者则与从高温分离器分离出的气相产物一并送入第一固定床加氢反应器。该反应器温度为 350～420℃。加氢的产物进入中温分离器，从底部排出的重质油作为循环溶剂使用，从顶部出来的馏分油气送入第二固定床反应器再次加氢处理，由此得到的加氢产物送往气液低温分离器，从中分离的轻质油气送入气体洗涤塔，回收其中的轻质油，而洗涤塔塔顶排出的富氢气体则循环使用。

在 IGOR 工艺中，其液化段催化剂与 IG 法一样以拜耳赤泥为主。而在固定床加氢精制工艺过程中，则改为以 Ni-Mo/Al$_2$O$_3$ 为主。对比 IGOR 工艺和传统的 IG 工艺典型的液化产物分布，如表 6-2 所示。可见 IGOR 工艺的油产率得到了提高。同时在传统 IG 工艺中，其液化油往往含有大量的多核芳烃，其中 O、N 和 S 等杂环混合物及酚类化合物对人体健康及环境都有较大的危害，而通过 IGOR 工艺得到的液化油既没有一般煤制油刺激的臭味，而且杂质原子及对人体有害的物质也大大减少。

表 6-2　IG 工艺和 IGOR 工艺液化产物及液化油产率比较　　　　　　　　　%

工　艺	C$_1$～C$_4$	汽油	中油	残渣	油产率
IG 工艺	19.8	11.2	38.8	30.2	50
IGOR 工艺	17.0	27.0	33.5	22.5	60.5

总的来看，IGOR 工艺具有以下显著的特点：

① 液化反应和液化油提制加工在同一个高压系统内进行，既缩短和简化了工艺过程，也可得到质量优良的精制燃料油；

② 固液分离以闪蒸塔代替了离心分离装置，生产能力大，效率高，同时，煤液化反应器的空速也较以往有明显的增大，从而也提高了生产能力；

③ 以加氢后的油作为循环溶剂，使得溶剂具有更高的供氢性能，有利于提高煤液化过程的转化率和液化油产率。

6.3.2 美国 H-Coal、CTSL 和 HTI 工艺

H-Coal 工艺是美国 HRI 公司在 20 世纪 60 年代，从原有的重油加氢裂化工艺（H-oil）的基础上开发出来的，它的主要特点是采用了高活性的载体催化剂和流化床反应器，属于一段催化液化工艺。该技术已在 Kentucky 完成了 200t/d 和 600t/d 的中试厂试验，并完成了 5000t/d 的煤液化厂的概念设计。

图 6-6 为 H-Coal 工艺的流程，其大致可分为煤浆制备、液化反应、产物分离和液化油精制等组成部分。首先煤浆与氢气混合后一起预热到 400℃。然后送入流化床催化反应器内，反应器的操作温度为 427～455℃，反应压力 18.6MPa，浆料在反应器内停留 30～60min。由于煤加氢液化反应是强放热过程，因此反应器出口的产物温度比进口的约高 66～150℃。反应产物离开反应器后进行分离，过程与 IGOR 工艺类似，即经过热分离器到闪蒸塔，塔底产物经水力旋流分离器，含固体少的浆液用作循环溶剂制煤浆，含固体多的进行减压蒸馏后，重油循环使用，而残渣则进行气化制氢。

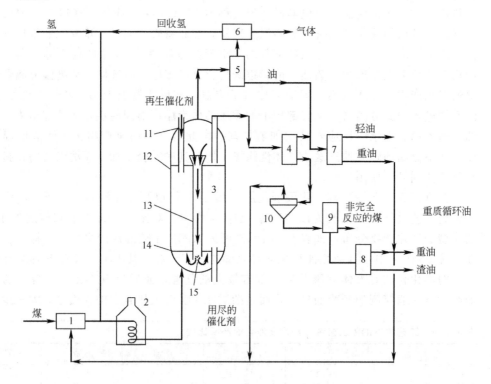

图 6-6　H-Coal 工艺流程

1—煤浆制备；2—预热器；3—反应器；4—闪蒸塔；5—冷分离器；6—气体洗涤塔；
7—常压蒸馏塔；8—减压蒸馏塔；9—液固分离器；10—旋流器；11—浆状反应物料液位；
12—催化剂上限；13—循环管；14—分布板；15—搅拌螺旋桨

H-Coal 的核心设备是其催化流化床反应器，该反应器为气、液、固三相流化床，床内装有 Ni-Mo/Al$_2$O$_3$ 催化剂。通过底部的液相循环泵，使液相在反应器内循环，并使固体催化剂处于流化状态。这样可使反应器内部温度分布均匀，增加反应器的容积使用率，还可以防止未液化的煤粉或灰分在底部沉积。

H-Coal 工艺的主要特点可以归纳为以下几点。

① 操作灵活性大，表现在对原料煤中的适应性和对液化产物品种的可调性好。试验表明，该工艺可以适用于褐煤、次烟煤和烟煤的液化反应。同时，由于采用了催化剂，不完全依赖煤种自身的活性，因此可以通过控制催化剂的活性来实现对液化产物的控制，并取得较好的煤转化率。

② 流化床内传热传质效果好，有助于提高煤的液化率。

③ 该工艺将煤的催化液化反应、循环溶剂加氢反应和液化产物精制过程综合在一个反应器内进行，可有效地缩短工艺流程。

在 1982 年，HRI 公司又开发出催化两段液化工艺（CTSL）。使得煤液化的产率高达 77.9%，而成本比一段催化液化工艺降低了 17%。该工艺的第一段和第二段都装有高活性的加氢裂解催化剂，前一段可用廉价的催化剂，不必回收；第一段反应后先进行脱灰再进行第二段反应，煤中液化残渣和矿物质已经除去，故可采用高活性催化剂，如 Ni-Mo/Al$_2$O$_3$。两段反应器紧密相连，可单独控制各自的反应条件，使煤液化处于最佳的操作状态。

图 6-7 所示为 CTSL 的典型工艺流程，煤浆经预热后再与氢气混合并泵入一段流化床液化反应器。反应器操作温度为 399℃，比 H-Coal 的操作温度要低。由于第一段反应器的温度较低，使得煤在温和的条件下发生热解反应，同时也有利于反应器内循环溶剂的进一步加氢。第一段的液化产物被直接送到 435～441℃ 的第二段流化床液化反应器中，第一段生成的沥青烯和前沥青烯等重质产物在第二段液化器将继续发生加氢反应，该过程还可以得到部分脱出产物中的杂质原子，提高液化油质量的效果。

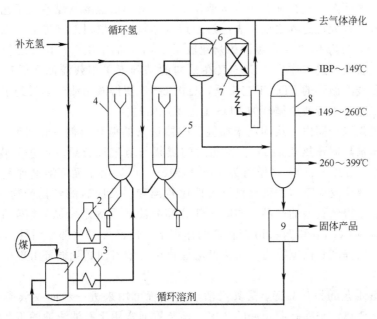

图 6-7　CTSL 的典型工艺流程

1—煤浆混合罐；2—氢气预热器；3—煤浆预热器；4—第一段液化反应器；
5—第二段液化反应器；6—高温分离器；7—气体净化装置；
8—常压蒸馏塔；9—残渣分离装置

从第二段反应器中出来的产物先用氢激冷，以抑制液化产物在分离过程中发生结焦现象，分离出的气相产物经净化后循环使用，而液相产物经常压蒸馏工艺过程可制备出高质量的馏分油，分离出的重质油和残渣与其他工艺一样处理。

通过选取合适的催化剂和分段温度，CTSL 的液化油产率和质量都有很大的提高，而且也优于一些直接耦合的两段液化工艺（DC/TSL），如表 6-3 所示。

表 6-3 H-Coal、DC/TSL 和 CTSL 工艺液化产物及液化油产率　　　　　　　　　　　%

工　艺	$C_1 \sim C_4$	$C_4 \sim 199℃$	$199 \sim 524℃$	$>524℃$残渣	煤转化率	$<524℃$油气产率
H-Coal	11.0	17.3	30.4	14.1	90.8	75.5
DC/TSL	9.6	19.8	37.5	12.1	90.0	80.0
CTSL	8.3	18.9	44.8	4.8	90.1	85.4

随着美国 HRI 公司并入 HTI 公司，HTI 公司在原有 H-Coal 和 CTSL 工艺基础上开发了 HTI 煤液化新工艺，其主要特点：①采用流化床反应器和 HTI 拥有专利的铁基催化剂；②反应条件比较温和，反应温度 440~450℃，反应压力 17MPa；③在高温分离器后面串联有在线加氢固定床反应器，对液化油进行加氢精制；④固液分离用超临界萃取的方法，从液化残渣中最大限度回收重质油，从而大幅度提高了液化油产率。

6.3.3　美国 EDS 工艺和日本 NEDOL 工艺

(1) 美国 EDS（Exxon Donor Solvent）工艺

美国 EDS（Exxon Donor Solvent）工艺是由美国 Exxon 石油公司于 1966 年首先开发的对循环溶剂进行加氢的直接液化工艺，又称供氢溶剂煤液化工艺。即让循环溶剂在进入煤预处理过程之前，先经过固定床加氢反应器对溶剂加氢，以提高溶剂的供氢性能。该工艺 1979 年在美国德州建成了 250t/d 的中试厂，累计运行了 2.5 年。在随后的试验及改进工作中，EDS 又在最初的基础上采用残渣回送循环的技术，发展出了带有残渣循环的 EDS 工艺流程，见图 6-8，使得液化油产率得到了提高。这里仅介绍该工艺，不带残渣循环的 EDS 工艺就此略过。

在煤浆混合器内，从固定床加氢反应器送来的循环溶剂、煤粉和部分残渣混合，用泵送至预热器预热至 425℃。预热后的煤浆与氢气混合后一起进入煤液化反应器，操作温度为 427~470℃，压力为 10~14MPa。可见由于循环溶剂加氢后，其供氢能力提高，液化反应不需加催化剂且条件比较温和。反应后的液化产物经高温分离器、常压蒸馏塔得到石脑油产品。同时一部分馏分油送入固定床循环溶剂加氢反应器中，在反应器内 Co-Mo 和 Ni-Mo 催化剂的作用下，使已失去大部分活性氢的循环溶剂重新加氢，以提高其供氢能力。从蒸馏塔底排出的残渣回送到循环溶剂中，以提高馏分油产率。

EDS 工艺的另一个特点是其灵活焦化装置可用来进一步回收蒸馏塔底残渣中含有的碳化合物，来提高液化油的产率。该装置通常用于石油渣油的工艺中，主要是由流化焦化和流化气化反应器集成构成的。操作温度 485~650℃，压力小于 3MPa。当 EDS 系统残渣不循环时，残渣进入灵活焦化装置，在提高液化油产率的同时，还可以增加低热值燃气和焦炭的产率。当其与残渣循环工艺结合时，又可达到灵活调节液化油产物分布的目的。

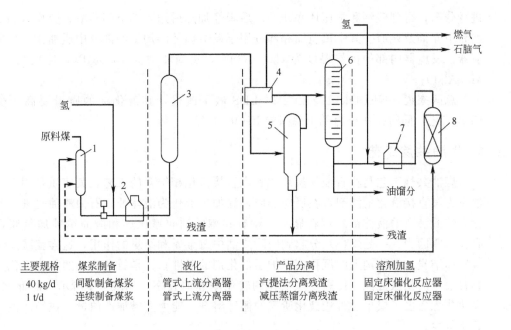

图 6-8　带残渣循环的 EDS 工艺流程

1—煤浆制备罐；2—煤浆预热器；3—煤浆化反应器；4—高温分离器；5—减压塔；

6—常压整流塔；7—重油预热器；8—循环溶剂加氢反应器

（2）NEDOL 工艺

NEDOL 工艺是 20 世纪 80 年代日本在"阳光计划"的研究基础上开发的一项直接液化工艺，如图 6-9 所示，在流程上与 EDS 工艺十分类似，都是先对液化重油进行加氢后再作为循环溶剂。主要不同是其在煤浆加氢液化过程中加入铁系催化剂（合成硫化铁或天然硫铁矿），并采用更加高效和稳定的真空蒸馏的方法进行固液分离。

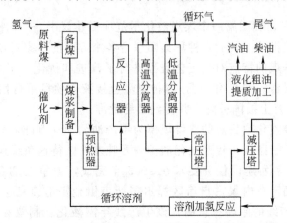

图 6-9　NEDOL 工艺的流程

图 6-9 为 NEDOL 工艺的流程，从原料煤浆制备工艺过程送来的含铁催化剂煤浆，经高压原料泵加压后，与氢气压缩机送来的富氢循环气体一起进入到预热器内加热到 387～417℃，然后进入高温液化反应器内，操作温度为 450～460℃，压力为 16.8～18.8MPa。反应后的液化产物送往高温分离器、低温分离器以及常压蒸馏塔中

进行分离，得到轻油和常压塔底残油。后者经加热后送入真空闪蒸塔，分离得到重质油和中介油及残渣。其中重质油和部分用于调节循环溶剂量的部分中质油作为加氢反应器，反应器内部的操作温度为 $290\sim330℃$，反应压力为 10.0MPa，催化剂为 Ni-Mo/Al$_2$O$_3$。

总的来说，NEDOL 工艺由于对 EDS 做了改进，其液化油的质量要高于美国 EDS 工艺，同时操作压力低于德国的 IGOR 工艺。

6.3.4 煤油共炼工艺

煤油共炼工艺是将石油加氢裂化和煤直接液化相结合的工艺，其实质是用石油渣油作为煤直接液化的溶剂，在反应器内，煤加氢液化为液体油，石油渣油也进一步裂化为较低沸点的液体油。资料显示，没有共炼的油收率比煤和渣油单独加氢获得的高。其原因为：一是煤中灰分起到吸附渣油中重金属和结炭的作用，这样就减少了重金属和结炭在催化剂上的沉积，保护了催化剂的活性；二是石油渣油的加氢裂化产物具有很好的供氢性能，提高了煤液化的转化率和油收率，如表 6-4 所示。除此之外，煤油共炼省去了煤单独直接液化所需的循环溶剂，能大大增加产油量，在经济性上更具竞争性。

表 6-4 煤油共炼工艺的转化率和油收率

项　　目		指　　标		项　　目		指　　标
进料配比(质量)/%		Texas 褐煤	Maya 渣油	产物（质量)/%	C$_4$＋油	69.6
		33.0	67.0		残渣	14.7
产物（质量)/%	无机气体和水	9.1		氢气消耗量/%		4.1
				渣油转化率/%		88.1
	C$_1\sim$C$_3$	6.6		煤转化率/%		91.8

6.3.5 中国神华煤液化项目工艺

2001 年 3 月，我国第一个煤炭液化示范项目建议书——《神华煤直接液化项目建议书》获国务院批准。其后，神华集团联合各个方面的专家对项目技术方案进行充分论证，针对神华煤的特点对全工艺流程进行了改进和优化，于 2001 年 2 月完成了项目可行性研究报告。2001 年 7 月，《神华煤直接液化项目可行性研究报告》通过国家计委的批准，8 月上报国务院，并得到最终批准。

神华煤直接液化项目总的建设规模为年产油品 500 万吨，分 2 期建设，6 条生产线。先期投产第一条线，年产液化油 100 万吨左右。待这条线运转成功后，再建另外 5 条线。先期单系列建设任务要求在 2005 年完成，力争在 2008 年完成二期工程建设。项目厂址确定在内蒙古自治区鄂尔多斯市伊金霍洛旗乌兰木伦镇马家塔，图 6-10 为第一条生产线的原理示意图，该生产线年需液化、制氢和锅炉用原料煤 221 万吨，由神华集团所属的神东煤炭公司供应。年产商品石脑油 3211 万吨、柴油 6211 万吨、液化气 710 万吨、其他化学品 516 万吨。

首条生产线将于 2007 年 7 月建成，2010 年左右建成第二条生产线。目前美国在建的采用煤间接液化技术的煤制油工厂规模为每天生产油品 5000 桶，神华项目建设规模为每天生产油品近 1 万桶。因此，该项目也是目前世界上规模最大的煤制油示范工厂。

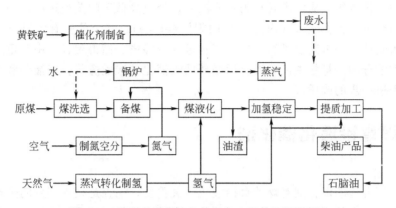

图 6-10 神华集团煤液化第一条生产线的原理示意

神华煤液化项目工艺方案自项目启动到现在，出现了多次变化，大体分为三个阶段。

第一阶段 神华集团公司建设煤液化示范厂的想法可以追溯到 1997 年左右，此后至 2001 年以前属于预可研阶段，工作内容包括：以神华煤田有代表性的煤样开展了煤液化试验，对世界三大煤液化技术（美国 HTI 工艺、德国 IGOR 工艺和日本 NEDOL 工艺）进行对比，同时开展了技术调研，包括考察南非 Sasol 公司的煤间接液化技术。经过一系列的工作之后，2000 年左右神华集团初步决定煤液化技术采用美国 HTI 工艺，理由是：HTI 工艺油收率高，可达到 60%（质量）以上，同时 HTI 工艺反应器有特点，易于大型化，HTI 的胶体催化剂活性较好。因此 2000 年 8 月～9 月神华集团委托 HTI 在其 3t/d 中型连续试验装置上进行了上湾煤（来自神华集团所属的神东煤炭公司）PDU 液化试验。随后，HTI 公司依据 PDU 试验的结果编制了煤液化单元的预可研工艺包。此时的煤液化单元包括：备煤、催化剂制备、煤液化、在线加氢以及溶剂脱灰等。2000 年底，国内炼油专家在对 HTI 公司提交的预可研工艺包进行审查的时候指出在线加氢存在的诸多隐患，如进料中带有大量的 CO、CO_2、水蒸气、沥青质以及金属等，一方面催化剂利用率大幅度降低，且 CO、CO_2 加氢将带来大量氢气的浪费，因此经济性难以站住脚；况且神华集团将建设的煤液化工程项目目前国内外无工业运转装置，存在较大风险。基于上述理由，国内炼油专家普遍认为在神华的一期工程中稳定加氢宜采用离线的技术路线。

第二阶段 经过国内炼油专家的论证，对 HTI 公司的工艺流程进行了调整，将在线稳定加氢改为离线加氢。根据新的流程，HTI 公司修改了工艺包，并于 2001 年 11 月～2002 年 1 月在 HTI 又进行了模拟工艺包设计流程的小型验证试验（30kg/d 的 CFU 装置）。此外，为进一步降低系统风险，此时神华集团决定一期工程分两步实施，先期完成第一条生产线的建设，一期工程其余的两条生产线将待第一条生产线运转正常后再行建设。

第三阶段 在审查完总体设计后，神华集团董事长叶青提出需改善煤液化厂的经济性和运行的平稳性。希望能对 HTI 工艺做进一步的优化。此时煤液化技术部舒歌平同志提出采用溶剂全加氢的技术方案，也就是将 HTI 工艺的优点与日本提出的 TOP-NEDOL 工艺的优点进行结合。此方案可改善煤液化装置运行的平稳性，得到了叶青董事长的认可。具体工艺流程可描述为：煤浆与催化剂混合后进入到煤液化反应器中，经两级反应将煤转化为轻质油品，经过高低压闪蒸处理后，经减压塔分馏出最重的组分，称作残渣（内含 50％的固体颗粒物）；其余的所有的煤液化全馏分油一并进入到稳定加氢装置进行处理，产物进入分馏塔分馏得到轻、中、重三个馏分，全部的重馏分和少量的中馏分混合后循环回煤液化装置配煤浆，轻馏分和大部分的中馏分则需进一步的改质。

6.4 煤直接液化催化剂

选用合适的催化剂对煤的直接液化至关重要，一直是技术开发的热点之一，也是控制工艺成本的重要因素。但对于催化剂在其中的作用机理，即催化剂在促进氢向煤转移的过程中究竟起何作用，学术界还存在着一定的异议。有观点认为催化剂的作用是吸附气体中的氢分子，并将其活化成为易被煤的自由基团接受的活性氢；有观点认为催化剂是使煤中桥键断裂和芳环加氢的活性提高，或是使溶剂加氢生成可向煤转移氢的供氢体等。

目前国内外用于煤液化研究和工艺的催化剂种类很多，通常按其成本和使用方法的不同，分为廉价可弃型和高价可再生型催化剂。

廉价可弃型催化剂由于价格便宜，在直接液化过程中与煤一起进入反应系统，并随反应产物排出，经过分离和净化过程后存在于残渣中。最常用的此类催化剂为含有硫化铁或氧化铁的矿物或冶金废渣，如天然黄铁矿（FeS_2）、高炉飞灰（Fe_2O_3）等，因此又常称之为铁系可弃型催化剂。1913 年，Bergius 首先使用了铁系催化剂进行煤液化的研究。其所使用的是从铝厂得到的赤泥（主要含氧化铁、氧化铝及少量氧化钛）。通常，铁系可弃型催化剂常用于煤的一段加氢液化反应中，反应完不回收。

高价可再生催化剂的催化活性一般好于廉价可弃型催化剂，但其价格昂贵。因此在实际工艺中往往以多孔氧化铝或分子筛为载体，担载钼系（或镍系）催化剂，使之能在反应器中停留较长时间。在运行过程中，随着时间的增加，催化剂的活性会逐渐下降，所以必须设有专门的加入和排出装置以更新催化剂，对于直接液化的高温高压反应系统，这无疑会增加系统的技术难度和成本。

大量的实验表明，金属硫化物的催化活性高于其他金属化合物，因此无论是铁系催化剂还是钼系催化剂，在进入系统前，最好转化为硫化态形式。同时为了在反应时维持催化剂活性，高压氢气中必须保持一定的硫化氢浓度，以防止硫化态催化剂被氢气还原成金属态。同理不难理解高硫煤对于直接液化是有利的。

6.5 煤直接液化产物的特点

前面提到，煤大分子的基本结构单元是以缩合芳环（又称芳烃核）为主体，并带有环烷侧链、杂环、氢化芳环、脂肪族集团和含氧官能团等非主体部分。煤直接液化只是一个催化加氢的过程，因此其产物液化油也主要是由芳烃和环烷烃构成，与石油产品相比，其特点为富含芳环和脂环，碳含量较高，氢含量较低，并含有一定量的氮、氧和硫等杂原子，如表 6-5 所示。

表 6-5 H-Coal 工艺液化油与石油 6# 燃料油的性质比较

油 种	元素分析/%						馏分油滤出温度/℃				
	碳	氢	氧	氮	硫	灰分	20%	50%	90%	芳香度	C/H 比
H-Coal 工艺液化油	89.0	7.9	2.1	0.58	0.4	0.02	327	404	>517	63	0.94
石油 6# 燃料油	86.4	11.2	0.3	0.41	1.69	—	379	478	>532	24	0.45

基于以上特点，除可直接作为锅炉燃料油外，液化油必须经过提质加工才能作为发动机燃料进行利用。因为煤液体中的芳环成分虽然会增加辛烷值，但它们难以燃烧，热值低，而且燃烧过程中会产生较多的 CO_2 和烟尘，严重污染环境。

同时由于煤液化生产液体燃料的经济性短时间内还不能与石油化工相比，因此除了在液体燃料生产之外，还应积极利用直接液化产物的特点开发其在非燃料领域方面的用途。如液体油中含有的诸多稠环芳烃和杂环化合物可以在合成医药、农药、工程塑料等精细化工中获得利用，因此从石油馏分中制取多环芳烃单体相对于煤来讲就困难得多；液体油中的重质成分还是生产碳素材料的较理想原料等。当然由于煤和液体油结构的复杂，其在化学、化工尤其是精细化工领域的应用还需要做很多的探索和研究。

6.6 煤直接液化粗油提质加工

煤直接液化所得的产物粗油中含有各种固体残渣，主要是原料煤中 5%～10% 的灰分、未完全转化的煤和外加的催化剂等。这些固体颗粒物有以下特点：

① 粒度很细，粒径不到几微米，还有部分处于胶体状态；

② 黏度高，一方面因沥青烯和前沥青烯等高黏度物质所致，另一方面因未完全转化的煤在介质中溶胀和胶溶引起；

③ 与液面之间的密度差很小。

欲得煤液化油，需要将这些固体残渣从粗油中分出，分离技术主要有以下几种。

6.6.1 过滤

过滤是早期煤直接液化过程常用的技术。由于粗油中的固体颗粒具有上述特性，所以简单过滤不能奏效，需要采用辅助措施：加油稀释后离心过滤；加压热过滤和预涂硅藻土后真空过滤等。IG 老工艺采用离心过滤法，但致使循环油中含有较多的沥青烯，使煤浆黏度增高，反应系统操作困难，故采用 70MPa 以上的高压以求降低沥青烯含量。预涂过滤法虽然可提高过滤速度，但也有增加成本等弊端。

过滤法的普遍缺点是处理量小，需要较多的单体设备、较大的场地和较多的人力，而且工作环境也差。

6.6.2 反溶剂法

反溶剂是指对前沥青烯和沥青烯等重质组分溶解度很小的有机溶剂，反溶剂通常是含苯类的溶剂油，应该具有的特点是：瞬时偶极矩小，形成氢键的能力弱；H/C

比为 $1\sim2.5$；对煤的液化产物有适当的溶解度。

当将反溶剂与料浆按（$0.3\sim0.4$）:1 的比例混合后，固体颗粒就会析出和凝聚，颗粒变大，由约 $1\mu m$ 增大到 $17\mu m$，其沉降速度也由 $0.8\sim3cm/h$ 增加到 $30cm/h$ 以上。同时可使溶剂精制煤（solvent refining of coal，SRC）灰分降低到 0.1% 左右。

6.6.3 超临界萃取脱灰

此法由美国凯尔-麦克吉（Kerr-Mcgee）公司开发，用于两段集成液化工艺。利用超临界抽提原理，将料浆中的可溶解物质萃取到溶剂中，与不溶解的残渣和矿物质分离。采用的溶剂主要是含苯、甲苯和二甲苯的溶剂油。

工艺过程：来自真空蒸馏塔底的淤浆和溶剂在混合器中混合，此时的溶剂处于超临界状态，然后一起导入沉降室，呈现分层状态。上层为液化油集中的轻流动相，流入第二沉降室，由于压力降低，液化煤的溶解度下降，大部分析出，得到的是含灰约 0.1% 的 SRC；下层是固体集中的重流动相，接着进入下一个分离器，而将溶剂分出，留下固体残渣。

当采用不同的溶剂和操作条件时，此法可用于分离多种物料，如渣油脱沥青、从油砂中提取油等，所以有广阔的应用前景。

6.6.4 真空闪蒸

(1) 工艺过程及其特点

此法的分离操作分两步。首先将含固体的残渣的粗油料浆在热分离器中加热，分出气体和轻油；然后液态物料进入闪蒸塔（温度约 400℃）进行闪蒸，蒸出汽化成分。塔底留下沥青烯、煤和矿物质等。为了使留下的残渣仍然有一定的流动性，便于用泵输送，蒸馏过程中不能将油全部汽化，应保持残渣中的固体含量在 50% 左右，其软化点约为 160℃。

此法的优点是：比过滤操作的设备大为简化、处理量大增，一个闪蒸器可替代上百台离心机；循环油为蒸馏油，不再含有沥青烯，煤浆黏度降低，反应性能得到改善。此法的缺点是：残渣中有部分重质油，故降低了液体产物的总收率。

(2) 残渣的利用

闪蒸分离时，液化残渣约占原料煤的 30%，若将其加以利用，则可提高过程的热效率和经济效益，液化残渣的主要利用途径如下。

① 气化制氢　液化残渣可以在德士古气化炉中转化为合成气，经过净化和变换等工序可制得氢气。

② 干馏　目的是回收残渣中的油，增加液体产品总收率。EDS 法中采用灵活焦化法加工煤液化残渣，在 485℃、0.3MPa 的条件下，干馏油对原料煤的产率为 $5\%\sim10\%$；德国用回转炉干馏，油对液化残渣的产率可达 30%。

③ 燃烧　用于锅炉或窑炉燃烧。

6.7 国内外煤直接液化发展现状

煤直接液化技术的开发从发展阶段来看，可分为如下几个阶段。

(1) 从开发到 1945 年（第二次世界大战结束）

对煤进行加氢液化研究有很长的历史，1869 年 M. Berthelot 最早用氢进行煤的加氢研究。1913 年，德国的柏吉乌斯（Bergius）进行了煤或煤焦油通过高温高压加氢生产液体燃料研究，为煤的直接液化奠定了基础，获得了世界上第一个煤直接液化专利。

1913~1945 年是煤直接液化技术研究和开发工业化应用的重要时期。1921 年，德国用 Bergius 法在 Manhim Rheinau 建成了煤炭处理量 5t/d 的试验装置，成为煤直接液化技术研究的基础。1927 年，德国燃料公司建立了世界上第一个煤直接液化厂，规模 $10 \times 10^4 t/a$，原料为褐煤或褐煤焦油，铁系催化剂，氢压 20~30MPa，反应温度 430~490℃。1931 年，由德国的 I. G. 公司、美国的 Standard Oil Co.、英国的 I. C. I. 公司（Imperial Chemical Industries Co.）和荷兰的 Rdyal Dutch Shell 公司联合成立煤直接液化技术开发协同机构——国际加氢专利公司（International Hydro-genation Patent Co.），对煤炭直接液化技术进行世界规模的研究开发。

德国的 I. G. 公司于 1935 年，在 Scholven 工厂建设了一座 20 万吨/年汽油的烟煤液化装置。1937~1940 年，I. G. 公司在 Gelsenberg 工厂，采用铁系催化剂、70MPa、480℃的条件，建设了一座 70 万吨/年汽油的烟煤液化厂。1939 年第二次世界大战爆发后，德国共有 12 套液化装置建成投产，生产能力达到 $423 \times 10^4 t/a$，为发动第二次世界大战的德国提供了 2/3 的航空燃料、50％的汽车和装甲车用油。

这一段时期，美国、荷兰、法国、意大利及前苏联都进行了煤直接液化技术研究和开发。

随着第二次世界大战的结束，除当时在民主德国的 Leuna 工厂运转至 1959 年外，德国的煤直接液化工厂均在第二次世界大战结束后就停止生产。

(2) 1945~1973 年

第二次世界大战结束后，由于战争的破坏，更主要的是 20 世纪 50 年代中东地区大量廉价的石油开发使煤直接液化失去了竞争力和继续存在的必要。这段时间除少数国家外煤直接液化技术开发基本属于停顿阶段。美国取代德国成为研究和开发煤直接液化技术的主要国家，在 50 年代和 60 年代做了大量的基础研究工作。

(3) 1973 年以后至现在

1973 年以后，由于中东战争，西方世界发生了一场能源危机，石油价格暴涨，使人们对一次能源资源结构的矛盾得到重新认识，煤直接液化技术的研究又开始活跃起来。

美国于 1973 年 4 月制定了能源发展计划，强调在节约能源的基础上开发包括煤液化在内的新能源，并由现在的美国能源部负责技术开发。日本在 1974 年 4 月推出了阳光计划，在进行太阳能、地热资源、氢能源开发的同时，研究开发煤的液化、气化技术。同样，德国、英国、澳大利亚、加拿大、前苏联等世界发达国家都开始进行煤直接液化技术的开发研究。

以德国、美国、日本为代表的工业发达国家，1973 年以来，相继开发了许多煤直接液化新工艺，大部分的研究工作重点都放在如何缓和反应条件，即降低反应压力而达到降低煤液化油的生产成本的目的。不少国家已相继完成了中间试验厂的建设和试验，为建立大规模工业生产打下了基础。

20 世纪 70 年代以后，德国、美国、日本等主要工业发达国家，相继开发了煤直接液化新工艺，还进行了中间放大实验，为建立大规模工业生产打下了基础。具有代表性的煤直接液化新工艺是德国的新二段液化工艺（IGOR）、美国的氢煤法工艺

（H-coal）和日本的 NEDOL 工艺。

德国的新二段液化工艺（IGOR）的特点：①反应条件为温度 470℃、压力 30MPa；②液化反应和液化油加氢精制在同一高压系统内，可一次得到杂原子含量极低的液化精制油，操作成本和设备投资较低。美国的氢煤法工艺（H-coal）的特点为：反应器采用沸腾床，并采用活性较高的钴钼催化剂，煤液化转化率高；由于反应器底部有循环泵，延长了重质油的反应时间，轻油产率较高。日本的 NEDOL 工艺特点为：循环溶剂采用预加氢，催化剂为合成硫化铁，故反应条件温和，温度 430～460℃、压力 17～20MPa；轻油产率较高。与德国 I.G. 液化工艺相比，这些新液化工艺的共同特点是煤炭液化的条件大大缓和，降低了生产成本。

中国从 20 世纪 70 年代末开始煤炭直接液化技术研究，其目的是由煤生产汽油、柴油等运输燃料和芳香烃等化工原料。煤炭科学研究总院北京煤化学研究所通过国家"六五"、"七五"科技攻关，进行了大量的基础研究和工艺开发，对中国的上百个煤种进行了直接液化试验，选择液化性能较好的 28 个煤种在小型连续试验装置上进行了 56 次运转试验，选出了 15 种适合于液化的中国煤，液化油收率可达 50% 以上（无水无灰基煤），并对其中 4 个煤种进行了煤炭直接液化的工艺条件研究。开发了高活性的煤直接液化催化剂，利用国产加氢催化剂，进行了煤液化油的提质加工研究，经加氢精制、加氢裂化和重整等工艺的组合，成功地将煤液化粗油加工成合格的汽油、柴油和航空煤油。

1997～2000 年，煤炭科学研究总院分别同德国、日本、美国有关政府部门和公司合作，完成了神华煤、云南先锋煤和黑龙江依兰煤在国外已有中试装置上的放大试验以及这 3 个煤的直接液化示范厂预可行性研究。结果表明，建设一座年产 100 万吨油的煤炭直接液化厂，总投资约 100 亿元人民币，全部投资内部收益率 8%～15%，投资回收期为 9～13 年，成品油成本 1000～1200 元/吨，已显示出具有较好的经济效益。

2001 年 3 月，我国第一个煤炭液化示范项目建议书——《神华煤直接液化项目建议书》获国务院批准。2002 年 10 月 21 日神华集团与美国 Axens 公司正式签订了基础设计合同；2002 年 12 月 10 日，与 ABB 鲁玛斯公司关于神华煤液化项目 PMC 管理合同在北京签字，这标志着该项目进入了全面实施阶段。2005 年，中国神华集团开始筹建鄂尔多斯煤直接液化制油装置，到 2008 年 12 月 31 日，打通全流程，产出合格油品和化工产品，标志着神华煤直接液化示范工程取得了突破性进展，具有里程碑意义。因此煤炭直接液化与煤炭间接液化技术在中国都具有广阔的发展前景。

思考题

1. 简述煤的直接液化的基本原理。
2. 煤的直接液化有哪些典型的工艺，各有何特点？
3. 简述煤的直接液化过程中所用的催化剂品种及其性能。
4. 煤的直接液化粗油提质加工技术主要有哪些？
5. 国内外煤的直接液化发展现状如何？

第7章

煤的热解及热解脱硫

7.1 煤热解概述

煤的热解与煤的其他热加工技术（如气化、液化、燃烧、炼焦等）有着极为密切的关系，是煤气化、液化、燃烧等过程的必经阶段。也就是说在煤气化、液化、燃烧过程中就一定会进行煤的热解。

煤的热解是指煤在隔绝空气条件下加热至较高温度而发生的包括一系列物理现象和化学反应的复杂过程，与炼焦过程极其相似。黏结性烟煤的热解可分为以下三个阶段。

(1) 第一阶段（室温～300℃）

在这一阶段，煤的外形无变化，主要是煤干燥、脱吸阶段。褐煤在200℃以上发生脱羧基反应，近300℃开始热解，生成 CO_2、CO、H_2S，同时释放出热解水及微量焦油。烟煤和无烟煤在这一阶段一般没有明显变化。脱水主要发生在120℃以前，CH_4、CO_2、N_2 等气体的脱除大致在200℃完成。

(2) 第二阶段（300～600℃）

这一阶段以解聚和分解反应为主，为活泼分解阶段。此阶段生成并逸出大量挥发性物质，生成气体主要是 CH_4 及其同系物、H_2、CO、CO_2 及不饱和烃。焦油在这一阶段产生且基本全部析出，生成量最大。在300～450℃范围内煤热解生成气、液、固三相为一体的胶质体，使煤发生软化、熔融、流动和膨胀。在450～600℃范围内胶质体分解、缩聚、固化形成发热量显著提高的半焦，此阶段为黏结形成半焦阶段。

(3) 第三阶段（600～1000℃）

这是半焦变成焦炭的阶段，以缩聚反应为主。在这个阶段，析出的焦油量极少，主要是烃类、氢气和碳氧化物，同时分解残留物进一步缩聚，芳香碳网不断增大，排列规则，半焦转变为具有一定强度和块度的焦炭。

煤化程度低的煤（如褐煤），其热解过程与烟煤十分相似，只是不存在胶质体形成阶段，仅发生激烈分解，形成的半焦为粉状，加热到高温时形成焦粉。

高变质程度的无烟煤热解过程是一个连续析出少量气体的分解过程，既不形成胶质体也不生成焦油。因此高变质程度的无烟煤不宜用这种简单的热解来提质。

煤的热解属于煤的温和转化过程，可获得高热值煤气、高附加值焦油及洁净半焦。煤气经净化后可用作工业、民用燃料气及化工原料气；焦油是宝贵的化工原料，从中可提取酚、萘、蒽等，可生产洗油、黏结剂、防腐剂等，还可催化加氢生产汽油、柴油等；半焦可用作铁合金生产用焦（料状）、电石生产用焦（料状）、高炉喷吹燃料（磨细）、吸附剂、固体无烟燃料等。由于煤的热解反应条件温和，工业装置实施难度低，热解产品的经济效益高，因此受到各国普遍重视。

伴随着煤的组成和结构在热解过程中的变化，煤中的硫也在固相、气相和液相中进行了分配。在气相中，主要是以 H_2S 形式存在，还有少量的 COS、SO_2、CS_2 及小分子硫醇和易挥发的单环噻吩。液相焦油中，硫主要以噻吩官能团、缩合芳基硫化物及大分子硫醇等形式存在。半焦中硫主要以非挥发性无机硫化物和高度缩合的平面噻吩及芳基硫化物官能团的形式靠化学键与碳结合。半焦中的硫含量取决于热解工艺参数、原料煤中的硫形态及含量、煤的性质等。

7.2　煤的热解工艺

煤热解工艺按不同的工艺特征有不同的分类方法。

① 按气氛分为惰性气氛热解、还原性气氛热解、氧化性气氛热解。惰性气氛指热解所用的载气不与煤发生反应，常用氮气、氦气、氩气等；还原性气氛指热解所用的载气能与煤发生还原反应，使煤中的大分子结构断裂，通常采用氢气，而一些学者用合成气代替氢气也能取得与氢气相近的结果；氧化性气氛指所用载气能与煤发生氧化反应，常采用低浓度氧气、水蒸气、CO_2 等。

② 按热解温度的高低分为低温热解（500～650℃）、中温热解（650～800℃）、高温热解（900～1000℃）、超高温热解（＞1200℃）。

③ 按加热速度分为慢速加热（＜5K/s）、中速加热（5～100K/s）、快速加热（100～10^6K/s）、闪激加热（＞10^6K/s）。

④ 按照反应器装置分为固定床、流化床、气流床热解等。

⑤ 按反应器内压力分为常压和加压热解两类。

7.3　煤热解产物分析

煤热解产物分为气、液、固三态，气相主要是烃类气体（CH_4）、CO、CO_2 和 H_2 等，通过气相色谱（GC）或气相色谱-质谱（GC-MS）联合使用，进行定性和定量分析热解过程中气相中气体的种类及含量；液相是焦油类物质，可用液相色谱-质谱联用的方法分析焦油组成及含量；固相形成半焦，通常采用工业分析和元素分析、傅里叶红外、XRD 等多种分析手段分析煤中各元素（C、H、O、S 等）的含量及其在热解过程中的变化规律。

7.3.1　气态产物分析

(1) 甲烷

煤热解产生的烃类气体主要是甲烷，且在 $400\sim500℃$ 范围内，随着温度的升高，产生甲烷的量越大。高于 $550℃$ 时，随着温度的升高，甲烷的生成量减小。甲烷在热解过程中的形成机理主要有如下两种。

① 带支链的煤经裂解形成甲基自由基，与活泼氢反应生成

$$Coal\text{-}CH_3 + H^* \longrightarrow CH_4$$

② 热解产生的固态物质发生还原反应

$$C(固) + H_2 \longrightarrow CH_4$$

另外，热解生成液态产物发生二次热解也能生成甲烷，因此在焦油生成量最大时，甲烷的生成量也较大。随着煤化程度的提高，脂肪链含量大大降低，生成的甲烷量减少。随着热解温度进一步升高，由于生成液态产物结束，甲烷的量也减小。缓慢的加热速率和较长的恒温时间有利于甲烷的生成，能减缓液态产物排出的速率，而增加其二次裂解的概率。

(2) 氢气

热解过程中氢的来源主要有以下几种途径。

① 热解过程中，体系内的活泼氢之间相互反应生成

$$H^* + H^* =\!\!=\!\!= H_2$$

② 一氧化碳与水发生气化反应

$$CO + H_2O \longrightarrow CO_2 + H_2$$

③ 高温时煤中有机质与水蒸气发生反应

$$C + H_2O \longrightarrow CO + H_2$$

另外煤中有机质的缩合、芳构化和环化过程也都能生成氢气。对于大多数煤，随着热解温度的升高，氢气呈先降低后升高的趋势。由于热解生成液态烃及烃类的二次热解时，都要消耗大量氢，因此在焦油生成量最大时，氢气的生成量却最低。随着液态产物生成量的减少，开始进一步芳构化，氢气的量又开始增加。

(3) 一氧化碳和二氧化碳

在热解过程中，煤中含氧官能团可以生成一氧化碳、二氧化碳和水，且各反应之间存在着竞争性。二氧化碳的生成量与煤样本身的性质、温度有关。二氧化碳的生成量随着煤化程度的升高而增加，随着温度的升高而降低，这是由于生成二氧化碳的稳定化能低于一氧化碳的稳定化能，在低温时有利于二氧化碳的生成，且在低温时主要是煤中的羧基官能团分解所得。

一氧化碳随着温度的升高先减少后增加，主要是由于煤中醚氧、醌氧和杂环氧在 $550\sim900℃$ 范围内分解，因此这一阶段以生成一氧化碳为主。

7.3.2　半焦分析

(1) 工业分析和元素分析

通过对原煤和半焦进行工业分析后得出：随着热解温度的升高，半焦中水分、挥发分含量下降，灰分和固定碳的含量增加。元素分析后得出：随着温度的升高，有机

质中 H/C 比也呈下降规律。随着温度的升高，由于煤经历了脱水—脱析—芳构化等一系列变化，煤中的氢原子量逐渐减少，芳香碳逐渐增加，因此 H/C 比下降。

（2）傅里叶变换红外光谱分析

热解过程中，随着热解条件的不同，所得半焦的红外谱图也相应发生变化。煤中不存在单独的双键和三键，但随煤化程度的提高，缩合芳香结构增加。通常用（2920＋2860）$cm^{-1}/1600cm^{-1}$ 和 （1380＋1460）$cm^{-1}/1600cm^{-1}$ 表示煤中脂肪族和芳香族基团的比值；$1700cm^{-1}/1600cm^{-1}$ 表示含氧官能团或 O/C 比值；$1380cm^{-1}/2920cm^{-1}$ 与 $1380cm^{-1}/1460cm^{-1}$ 表示残留在脂肪族结构中甲基相对富集程度。

随着煤化程度升高，煤的红外谱图中（2920＋2860）$cm^{-1}/1600cm^{-1}$ 和（1380＋1460）$cm^{-1}/1600cm^{-1}$ 的比值下降，$1700cm^{-1}/1600cm^{-1}$ 或 O/C 比值增加，能进一步证明随着煤化程度的提高，煤中芳香基团增加，煤中的氧含量增加。随着热解温度升高，（2920＋2860）$cm^{-1}/1600cm^{-1}$ 和 （1380＋1460）$cm^{-1}/1600cm^{-1}$ 比值明显下降，说明煤中芳香缩合度明显增加。$1380cm^{-1}/2920cm^{-1}$ 与 $1380cm^{-1}/1460cm^{-1}$ 比值增加，说明残留在脂肪结构中的甲基有富集的倾向。$1700cm^{-1}/1600cm^{-1}$ 的比值减小，说明随着温度的升高，O/C 比值降低。这也能进一步证明煤热解是一个去氢、脱氧、富碳的过程。

（3）X-射线衍射（XRD）分析

煤是一种短程有序而长程无序的非晶态物质，在煤结构中存在着类似于石墨结构而尚未发育完全的微晶，它的大小和方向排列规则化随着煤化程度的变化而变化。在X-射线图中 002 衍射峰反映出芳香核中芳香层片的平行定向程度，100 衍射峰反映出芳香层片的大小。可以根据 Brager 公式计算出芳香层片平行方向的长度 L_a、垂直方向的厚度 L_c 及芳香层片之间的距离 d。

$$d = \frac{\lambda}{2\sin\theta_{002}}$$

$$L_a = \frac{K_{100}\lambda}{\beta_{100}\cos\theta_{100}}$$

$$L_c = \frac{K_{002}\lambda}{\beta_{002}\cos\theta_{002}}$$

式中　　λ——X 射线波长，一般取 0.154178nm；

θ_{002}、θ_{100}——002 峰、100 峰对应的 Brager 角；

β_{002}、β_{100}——以 2θ 表示的 002 峰和 100 峰的半峰宽；

K_{002}、K_{100}——形状因子，分别取 0.94 和 1.84。

随着热解温度的升高，半焦中芳香层片的堆积厚度 L_c 增加，芳香结构单元层片之间的距离 d 有减小趋势。

7.4　煤热解动力学

煤热解动力学通常是通过对煤样在热分析仪（TG）上进行失重行为分析，然后对所得的失重数据进行计算，并假定煤热解过程是一级反应模型，然后求解所需的动力学参数，如适合一级反应模型的温度区间及该区间的反应活化能 E、指前因子

A 等。

煤样的质量转化率 a 表示在某一时刻反应进行的程度：

$$a = \frac{W_0 - W_t}{W_0 - W_\infty} = \frac{\Delta W}{\Delta W_\infty} \tag{7-1}$$

式中，W_0、W_t 和 W_∞ 分别为煤样初始时刻、t 时刻和实验终止时的质量。

设热解反应为一级反应模型，化学反应速率可表示为：

$$\frac{\mathrm{d}a}{\mathrm{d}t} = k(1-a) \tag{7-2}$$

式中，k 为反应速率常数，通常服从 Arrhenius 定律。

$$k = A \exp\left(-\frac{E}{RT}\right) \tag{7-3}$$

式中，A 为指前因子，又称频率因子；E 为反应活化能；R 为气体常数；T 为绝对温度。

因此化学反应速率方程可写为：

$$\frac{\mathrm{d}a}{\mathrm{d}t} = A \exp\left(-\frac{E}{RT}\right)(1-a) \tag{7-4}$$

对于恒定升温速率 $\beta = \dfrac{\mathrm{d}T}{\mathrm{d}t}$，将此式带入式（7-4），通过 Coats-Redfern 法对式（7-4）积分得：

$$\ln\left[\frac{-\ln(1-a)}{T^2}\right] = \ln\left[\frac{AT}{\beta E}\left(1 - \frac{2RT}{E}\right)\right] - \frac{E}{RT} \tag{7-5}$$

通过 $\ln\left[\dfrac{-\ln(1-a)}{T^2}\right]$ 对 $1/T$ 作图，可由直线斜率和截距分别求出活化能 E 和指前因子 A。

煤的热解平均表观活化能随煤化程度的增加而升高，一般来讲气煤的平均活化能为 148kJ/mol，而焦煤的平均活化能为 224kJ/mol。

7.5　煤热解脱硫

煤中含有大量的污染元素 S、N 等，这在煤炭利用过程中无论对设备还是对环境都有很大危害。我国 SO_2 的排放量 90% 来源于煤炭的直接燃烧。目前我国受酸雨影响的地区约占国土面积的 30%。因此如何有效控制 SO_2 的排放，减少环境污染，是人与自然和谐发展的关键。因此在利用煤炭的过程中脱硫非常必要。

7.5.1　煤脱硫方法

有关脱硫方法大体可分为：燃前脱硫、燃中固硫和燃后脱硫。燃前脱硫的方法又可分为：物理法、化学法和生物法。物理法是根据煤中有机质和黄铁矿的密度、表面性质、电和磁性质的差异，使用高频选择性加热煤，使非磁性的黄铁矿转化为磁黄铁矿，再用磁场分离，黄铁矿的脱除率达 60%～80%。此法只能脱除部分黄铁矿硫，不能脱除有机硫。微米级的硫铁矿、白铁矿晶体和亚微米级的黏土颗粒常常分散在整个煤基质中，用物理方法分离比较困难。

化学方法脱硫多数针对煤中有机硫，主要利用不同的化学反应，将煤中的硫转化为不同形态而使之分离。相对物理方法而言，化学脱硫法的效率较高，能除掉有机硫，如氯解法（Cl_2 分解）、Meyers 过程 ［$Fe_2(SO_4)_3$］和氧化法 KVB（NO_2 选择性氧化）等。多数的化学脱硫法在高温高压下进行，有的使用不同的氧化剂，操作费用和设备投资费用高。此外，由于反应条件也比较强烈，可能会导致煤质发生变化。

生物脱硫法是在 pH=2～3.5、室温 35℃ 下将煤粒在含有氧化铁硫杆菌的水中放置多天。此法只能脱除黄铁矿硫，对煤中的有机硫脱除率很低。且这种生物反应速率太慢，微生物对温度也很敏感。此外，煤不溶于水，为了增大反应界面，必须使煤粒非常细，这又增大了能耗。

燃后脱硫的方法也有很多种，如湿式石灰石/石膏法、烟气循环流化床干法、NID 干法、旋转喷雾半干法、炉内喷钙-尾部加湿活化法等。湿式石灰石/石膏法投资高，占地面积大；烟气循环流化床干法具有廉价、简单、可靠等优点，脱硫率至少可达 90%，但只适用于中等机组；NID 法具有投资低、方便可行的特点，但也只适用于中小型容量组，当煤中的硫含量低于 2% 时，脱硫效率至少可达 80%，且原料消耗和能耗都比喷雾干燥法大幅度下降；旋转喷雾半干法的特点是系统简单、投资较少、耗电少、无废水排放、占地较少。但是脱硫剂利用率低，脱硫效率一般在 70% 左右。炉内喷钙-尾部加湿活化法的特点也是系统简单投资较少，耗电少，无废水排放，占地较少，且锅炉效率提高，磨损积灰有一定的改善，但脱硫剂利用率低，脱硫效率一般在 75% 左右。燃中固硫投资少，运行费用低，不产生废气，但脱硫效率比较低，对炉膛温度也有一定的要求。

综上所述，目前虽然脱硫方法很多，但要选择技术上可行、经济上合理且脱硫率很高的方法还有很大困难。热解是煤燃烧、气化和液化等过程中一个重要的中间步骤，又由于在热解过程中，煤中的硫能随着挥发分的析出而析出，且能同时脱除无机硫和有机硫，因此近年来研究者对热解脱硫的研究工作仍坚持不懈。

7.5.2 煤中硫的存在形态

硫是煤中的一种杂质元素，根据其含量不同，煤可分为低硫煤（<1%）、中硫煤（1%～2%）和高硫煤（>2%）。一般海陆交替相沉积的煤含硫量高，陆相沉积的煤含硫量较低，北方地区的煤含硫量低，往南含硫量逐渐升高，即东北三省煤中的硫含量低，而西南区煤的平均硫含量最高（2.43%），贵州省大部分为高硫煤，较为典型的就是六枝矿区的煤，平均硫含量为 2%～6%。

煤中的硫大体上可分为无机硫和有机硫。无机硫又可分为硫化物、硫酸盐类硫及少量的元素硫，见表 7-1。其中硫化物的含量最高，主要以黄铁矿（FeS_2，正方晶系）为主，以少量的聚集或分散态的形式存在于煤中。另外白铁矿（FeS_2，斜方晶系）、磁铁矿（Fe_7S_8）、方铅矿（PbS）、闪锌矿（ZnS）和黄铜矿（$CuFeS_2$）也是煤中常见的硫化物类型，但含量较低。硫酸盐硫主要有石膏（$CaSO_4$）和硫酸亚铁（$FeSO_4$）两种形式，其含量不超过 0.1%。而元素硫的含量非常低，许多研究表明：元素硫是由黄铁矿在风化过程中氧化产生的，在煤中以 S_6、S_7 和 S_8 形式存在。

表 7-1　煤中硫的存在形态

分类		名称		化学式	分布情况
无机硫	不可燃硫	硫酸盐硫(S_S)	石膏	$CaSO_4 \cdot 2H_2O$	分布不均匀
			硫酸亚铁	$FeSO_4 \cdot 2H_2O$	
		元素硫(S_E)		S_6、S_7 和 S_8	
		硫化物硫(S_P)	黄铁矿	FeS_2（正方晶系）	
			白铁矿	FeS_2（斜方晶系）	
			磁铁矿	Fe_7S_8	
			方铅矿	PbS	
有机硫(S_O)	可燃硫	硫醇		$R—SH$	分布均匀
		硫醚类	硫醚	$R_1—S—R_2$	
			二硫醚	$R_1—S—S—R_2$	
			双硫醚	$R_1—S—CH_2—S—R_2$	
		硫杂环	噻吩类	单环和复杂稠环	
			硫醌		
		其他	硫酮		

有机硫与煤中的有机质结合在一起，来源于成煤植物且分布很均匀。有机硫的分类较为详细：脂肪和芳香硫醇（$R—SH$、$Ar—SH$）；脂肪、芳香和混合硫醚（$R—S—R'$、$Ar—S—Ar'$和 $R—S—Ar$）；脂肪、芳香和混合二硫化物（$R—S—S—R$、$Ar—S—S—Ar'$和 $R—S—S—Ar$）；噻吩类（单环和复杂稠环）；硫酮和硫醌等。煤中有机硫的含量与煤阶有着很大的关系，随着煤阶的升高，脂肪类硫的含量逐渐降低，噻吩类硫的含量逐渐升高。

煤的全硫、黄铁矿硫和有机硫含量有一定的依存关系：大部分高硫煤中黄铁矿硫占多数，而多数低硫煤中有机硫含量超过其他形式的硫含量。一般对于全硫含量在 0.5% 以下的煤来说，多数以有机硫为主，它们主要来自原始植物中的蛋白质。对于全硫大于 2% 的高硫煤来说，硫的赋存形态大部分为黄铁矿硫（约 60%～70%），一部分为有机硫（30%～40%），硫酸盐含量一般不超过 0.2%，且近于常数。

7.5.3　热解过程中硫的脱除进展

目前对于煤中的硫在热解过程中的迁移机理还没有一个统一的结论。部分学者认为在热解过程中，煤中含硫化合物首先裂解成含硫自由基，然后含硫自由基再与内部氢、外部氢或煤中的有机质等结合，通过进一步热解，使硫在各相中进行分配。也有学者认为煤中的含硫化合物在热解过程中首先裂解生成硫自由基，而随后的反应与前面所述类似。

基于煤在热解过程中的硫迁移机理的复杂性，很多研究者采用模型化合物进行硫迁移行为的研究，为深入了解硫在热解转化过程中的变迁规律奠定了一定的基础。表7-2 是含硫模型化合物在氢气气氛下的分解峰温。由于煤组成及结构的复杂性，煤中的硫不再是单独存在的模型化合物（无机硫除外），而是链接在煤大分子结构上的一些含硫官能团，因此煤中硫的分解峰温不仅与自身含硫官能团有关，还与煤的结构和煤中的一些矿物质有关。因此含硫模型化合物的热解峰温与煤中对应的含硫化合物的热解降温有一定差距，这些影响因素会使煤中硫化物热解峰温提前或者滞后，但仍能反映出煤中硫化物的相对稳定性。因此这对煤在各种操作条件下热解脱硫仍具有很强的指导意义。通常煤热解脱硫在不同的气氛下进行，下面讨论不同气氛下煤的热解脱硫情况。由于煤中的硫与有机质结合或者与其伴生，因此其在热解过程中迁移规律极其复杂，很难对其做出确切的解释。

表 7-2 煤中含硫化合物在氢气气氛下典型还原峰的位置

含硫模型化合物	热解峰温/℃
硫醇（Thiols）	180～400
硫酸（Sulphonic acids）	180～400
元素硫（Elemental sulphur）	250
二硫化物（Di-sulphides）	400～450
二烷基硫醚（Di-alkyl sulphides）	380～475
烷基-芳基硫醚（Aryl- alkyl sulphides）	440～550
烷基-芳基亚砜（Aryl- alkyl sulphoxides）	510
黄铁矿（Pyrite）	470～600
二芳基硫醚（Di-aryl sulphides）	500～630
烷基-芳基硫砜（Aryl-alkyl sulphones）	540
二芳基亚砜（Di-aryl sulphoxides）	580
二芳基硫砜（Di-aryl sulphones）	650
噻吩类（Thiophenic structures）	＞600
陨硫铁（Troilite(FeS)）	＞740
硫酸盐类（Sulphates）	＞800

7.5.3.1 惰性气氛下煤热解脱硫

早期对热解脱硫的研究主要集中在惰性气氛下，其中氮气又是用得最多的气氛。从热力学角度讲，氮气气氛对噻吩硫的分解不利，而对芳香硫醚、硫醇和环状硫醚的分解有利，但是需要较高的分解温度。因此这些难分解的有机硫经热解后仍残留在热解半焦或者焦油中，使得惰性气氛下的脱硫很不彻底。利用自由下落床研究煤在惰性气氛下的快速热解发现，煤中易分解的有机硫在 $500\sim800℃$ 内被脱除，其中超过一半的有机硫以有机物的形式转移到焦油中，同时黄铁矿在此区间内大量分解，煤中的有机质促进了黄铁矿硫分解。研究煤在氮气气氛下自由下落床中终温为 $980℃$ 的快速热解，利用 XANES 分析发现热解焦渣中含有大量的噻吩硫。对几个不同煤种在流化床中进行了惰性气氛下的热解脱硫的研究，发现在高温阶段，由于内部氢源的不足，使得生成的大量的含硫自由基不能与氢结合，只能相互聚合或与煤中的有机质结合生成新的有机硫，导致更难脱除，这也是煤中有机硫在高温阶段增加的一个原因。

总之，在惰性气氛下，热解脱硫很不彻底，脱硫率很低，只是煤中的不稳定有机硫和黄铁矿硫被脱除，而黄铁矿硫也只能转变为硫化亚铁，因为硫化亚铁分解需要更高的温度。随着煤阶的升高，煤中不稳定有机硫的含量下降，稳定有机硫的含量上升，所以在惰性气氛下，随着煤阶的升高，脱硫率下降。

目前关于惰性气氛下煤热解脱硫研究主要集中在其迁移行为上。通过热解与气相色谱（GC）、质谱（MS）、XPS、XANES 和 XAFS 等多种分析手段相结合，进行综合分析硫在煤热解过程中的迁移行为。利用 PY-MS 实验装置考察氢气气氛下煤热解过程中的硫迁移行为（见图 7-1 和图 7-2），发现无论对于六枝（LZ）原煤及其脱灰

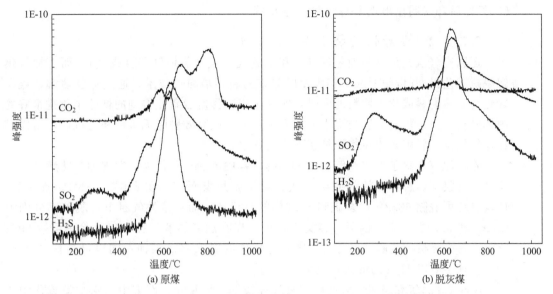

图 7-1 LZ 原煤、脱灰煤在氦气气氛下热解气体的逸出情况

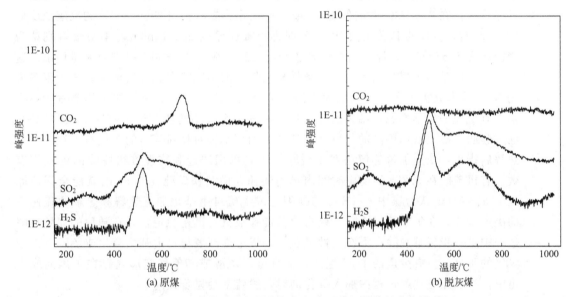

图 7-2 ZY 原煤、脱灰煤在氦气气氛下热解气体的逸出情况

煤（高黄铁矿煤），还是遵义（ZY）原煤及其脱灰煤（高有机硫煤），在热解过程中 SO_2 和 H_2S 逸出峰能同时达到最大，这说明在惰性气氛下煤中的含硫化合物热解产生的含硫自由基既可以与煤中内在氢结合，也可以与煤中的内在氧结合，使得两者的逸出峰同时达到最大。

其中 SO_2 在 200～400℃ 范围内的逸出峰属于有机黄酸盐的分解峰，此峰脱灰后仍存在；SO_2 在 400～500℃ 的肩峰属于无机硫的分解峰，脱灰后此峰消失；在 500℃ 到反应结束时仍逸出的 SO_2 峰也与煤中的有机质有关。ZY 煤中的矿物质对 H_2S 的逸出影响与 LZ 煤中的矿物质相似，脱灰煤中的 H_2S 起始逸出温度要比原煤的低 50℃ 左右，这可能是矿物质的固硫作用或矿物质影响煤的传热和传质造成的。且矿物质的固硫作用在高温时更强，在原煤中只有一个 H_2S 逸出峰，而在脱灰煤中，在

530℃以后却又明显出现了一个 H_2S 逸出峰。

7.5.3.2　还原性气氛下煤热解脱硫

还原性气氛又可分为纯氢气气氛和富氢气气氛（焦炉气和合成气）。而煤加氢热解脱硫工艺是 20 世纪七八十年代发展起来的新型洁净煤技术，通过加氢热解，煤在转化为液体燃料或化工原料的同时，实现了煤的深度脱硫，得到的低硫半焦是很好的固体燃料。由于氢气能够与煤中的硫发生反应，能高效脱除无机硫和有机硫，所以煤在氢气气氛下脱硫要比在惰性气氛下容易得多。

陈皓侃等考察了煤在热解和加氢热解过程中硫的迁移行为，发现加氢热解是一种比惰性气氛下热解更有效的脱硫方法。对于兖州煤而言，在 650℃、3MPa 条件下，加氢热解可脱除 68.2% 的全硫和 68.2% 的有机硫，而在惰性气氛下，脱硫率分别为 50.9% 和 53.7%。据他的另一篇文章报道，煤在加氢热解过程中硫脱除率可达 90% 以上，其中无机硫脱除率几乎 100%，有机硫的脱除率视煤种不同也可高达 70%～80%，且主要以 H_2S 的形式释放出来。

Attar 等的研究表明，黄铁矿在氢气气氛下更易脱除，而煤中的脂肪类硫化物几乎全部脱除。氢气气氛下，煤中黄铁矿与 H_2 发生还原反应，煤中的有机物能促进该还原反应，在 250～300℃ 的低温，FeS_2 可被还原成 FeS，比单纯 FeS_2 的反应温度低 200℃ 左右，生成的 FeS 在低于 700℃ 时即可被还原成 Fe。Libiano、Ibarra 等则认为当温度高于 550℃ 时，煤中的黄铁矿才开始分解，在 600～800℃ 范围内大量析出。这种差异可能是由于煤种的不同以及黄铁矿在煤中的不同赋存状态造成的。朱子彬等采用 XPS 技术分析了我国以烟煤为主的七种原煤样以及对应的快速加氢热解后所得半焦中有机硫的化学形态，结果表明：热解过程中全部脂肪硫和部分噻吩类硫被脱除，而且脂肪类硫表现出很高的加氢反应活性。刘德军等对阜新等地的煤进行了快速加氢热解后指出：快速加氢热解法对于脱除煤中难以用洗选和物理方法脱除的硫较为有效，有机硫能在 0.25s 的反应时间内迅速还原，而黄铁矿硫在 0.5s 内就能全部还原成 FeS。Attar 认为煤中 C—S 键的断裂生成含硫自由基是加氢热解和热解脱硫速率的决定步骤，在氢气气氛下，含硫自由基能够被氢气迅速稳定，并在随后的加氢热解过程中进一步裂解脱除；而在惰性气氛下，煤中内部氢与自由基结合生成硫醇。由于氢气的不足，只有少量的 H_2S 生成，大部分以硫醇或其他稳定形式存在于焦油或半焦中。当在加氢热解过程中加入催化剂时，脱硫率会显著提高。

由于制氢过程价格昂贵，成本高，加之气体净化、分离及循环过程设备费用高，投资大，使得煤加氢热解工艺在经济上阻力很大，因此寻求廉价的氢源是煤加氢热解工艺发展的基础。结合我国焦炭工业和化肥工业的实际情况，采用廉价易得而又富含氢气的焦炉煤气和合成气代替纯氢气进行加氢热解可大大降低成本和投资费用。廖洪强等采用焦炉煤气和合成气对煤的加氢热解特性进行了研究，结果表明用焦炉煤气和合成气代替纯氢进行加氢热解切实可行且具有相当的优越性。Braekman-Danheuxl 等在模拟焦炉气气氛下考察了温度及焦炉气组分对煤加氢热解产品收率及半焦特性的影响，结果也证实了用焦炉煤气代替纯氢的可行性。

李保庆等用焦炉气和合成气考察了煤在热解过程中的脱硫情况，在焦炉气气氛下，煤热解过程中有较高的液体产率和脱硫率，在 3MPa 的压力下，以 5K/min 的加热速率加热到 650℃，煤的脱硫率可达 86.4%，硫在固、液、气相中所占的比例分别为 20％、10％和 70％。在考察温度范围内，脱硫率随温度的升高而升高。在总压相同的情况下，焦炉气、合成气和氢气对脱硫率的影响基本相同；而在氢分压相同的情况下，脱硫率的顺序为：焦炉气＞合成气＞氢气。可见用焦炉气和合成气代替氢气作为反应气不仅可以得到低硫洁净半焦，还可以得到高质量的液体燃料。

利用 PY-MS 考察六枝（LZ）、遵义（ZY）煤在合成气气氛下热解过程中硫的迁移行为，如图 7-3 所示，先将煤在合成气气氛下程序升温热解，再对其半焦进行氢气气氛下 PY-MS 实验分析。从图 7-3 可看出，在合成气气氛下，两种煤中的黄铁矿硫在 500℃就能完全分解，这是由于与原煤相比在 500℃的峰消失；在 500℃时，合成气还能将 ZY 煤中部分稳定有机硫分解，第二个峰强度与原煤相比也显著下降；而在 700℃时，合成气能将煤中更稳定的有机硫及黄铁矿分解成的 FeS 分解，700℃时两种煤中 H_2S 的逸出峰更小。

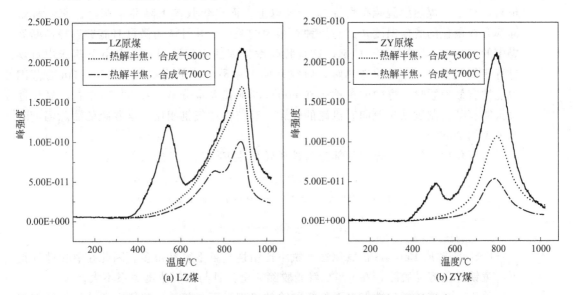

图 7-3　温度对 LZ、ZY 煤在合成气气氛下热解时硫迁移的影响

在还原性气氛下，不仅煤中的不稳定有机硫和黄铁矿可以分解，一些稳定的有机硫（部分噻吩类）和黄铁矿分解成的 FeS 也可以与 H_2 发生反应而分解，所以还原性气氛下的脱硫率比惰性气氛下的脱硫率提高了许多。

7.5.3.3　氧化性气氛下煤热解脱硫

氧化性气氛应属于最早被用作脱硫的气氛，早在 1884 年 Scheerer 就发现在炼焦工艺中煤经水蒸气处理后，煤中的硫含量降低。可是到目前为止，关于氧化性气氛下的热解脱硫理论仍不完善。应用于煤热解脱硫的氧化性气氛主要是空气和水蒸气、CO_2 等。用 CO_2 对土耳其褐煤进行了热解脱硫的研究，结果表明：在 CO_2 气氛下，有机硫的脱除率在 250～450℃随着温度的升高而升高，在 450～550℃随着温度的升高而下降，在 600℃以上有机硫的脱除率又随着温度的升高而上升，在 700℃和 800℃有机硫脱除率升高明显。在惰性气氛下，在 700℃和 800℃有机硫脱除率基本不变。在 800℃时 CO_2 气氛下，有机硫的脱除率可达 96％，而在惰性气氛下仅为 62％，可见 CO_2 对有机硫的脱除有很好的促进作用，并且认为 CO_2 能够脱去煤中噻吩硫或多聚噻吩类硫。煤用空气和水蒸气处理是最便宜的工艺，投资少，所用试剂无毒，又可以在常压进行，但是如果空气含量太高，不仅煤中的硫被氧化脱除，煤中有机质也被氧化，导致焦炭质量大大降低。

关于氧化性气氛下的热解脱硫国外的学者做得较多。Garcia 等将煤用三氧化钨处理后，在含氧10%的氩气流中程序升温至1000℃进行热解，测得 FeS_2 在430℃脱除，非芳香硫在320℃脱除，而芳香硫和噻吩硫在480℃就能脱除。Sydorovych 等对三种不同变质程度的煤在350~400℃、空气和水蒸气混合气（空气体积百分比为8%）下等温热解，测得脱硫率分别为58.2%、79.8%和81.4%，但 FeS_2 的脱除率很高，分别为96.8%、98.4%和99.4%，可见在氧化性气氛下，黄铁矿很容易脱除，且在较低的温度下就有较高的脱硫率。Sinha 等发现在400~600℃范围内对煤进行等温热解中，脱硫能力顺序为：空气>水蒸气+一氧化碳>一氧化碳>氮气。

近年来，国内的学者也对氧化性气氛下的热解脱硫进行了研究。结果表明，在微量氧存在下，煤热解脱硫率可提高30%以上，而半焦收率下降并不明显。每一种煤样都存在最佳的脱硫温度，这与煤种有很大的关系。并且认为微量氧能够选择性断裂煤中的 C—S 键而不是 C—C 键，这是脱硫率提高的主要原因。在自由下落床中对煤进行了氧化性气氛下的快速热解，研究表明煤中易分解的有机硫在550~700℃范围内能被有效地脱除，煤中的黄铁矿在600℃以下就大量分解，在600℃左右，氧化性气氛能有效控制黄铁矿硫向有机硫的转化。且与惰性气氛相比，这些硫的脱除温度降低了大约200℃。

在氧化性气氛下，煤中的部分黄铁矿转化成 Fe_3O_4，反应式如下：

$$(1-x)FeS_2 + (1-2x)O_2 \longrightarrow Fe_{1-x}S + (1-2x)SO_2$$

$$2Fe_{1-x}S + (3-x)O_2 \longrightarrow 2(1-x)FeO + 2SO_2$$

$$3FeO + \frac{1}{2}O_2 \longrightarrow Fe_3O_4$$

FeS_2 分解成 $Fe_{1-x}S$ 在氧化性气氛下比惰性气氛下容易得多。因此在氧化性气氛下，黄铁矿很容易脱除，在600℃就能脱除完全，且与氧气浓度关系不大。

关于有机硫在氧化性气氛下热解脱除的机理尚不清楚，一些研究者认为氧气在较低的温度下能够选择性地断裂煤中的 C—S 键，对 C—C 键影响不大。因此在氧化性气氛下，相对于惰性气氛和还原性气氛，在较低温度可得到较高的脱硫率。

7.6 煤热解及热解脱硫的影响因素

由于煤组成的复杂多样性，煤热解既与其自身性质有关，又与外部操作条件有关。煤的自身性质包括煤化程度、粒度和矿物质含量、岩相组成等，外部操作条件包括升温速率、热解终温、压力、气氛、反应器类型等。这些因素同时影响着煤中硫的析出与迁移行为。

(1) 煤化程度

煤化程度是影响煤热解的重要因素之一，它直接影响着煤的热解开始温度、热解产物、热解反应活性和黏结性、结焦性等。随着煤化程度的增加，热解反应活化能也随之增加。因此煤化程度越高，热解开始温度也越高，且热解时煤气、焦油和热解水产率越低。

同时随着煤化程度的增加，硫的脱除率降低，这是由于煤中有机硫的含量与煤阶有着很大的关系，随着煤阶的升高，脂肪类硫的含量逐渐降低，难脱除的噻吩类硫的含量逐渐升高。由于中等变质程度烟煤的黏结性和结焦性阻止了含硫气体的逸出，因此对于高黏结性煤种高温时煤的黏结性和孔结构塌陷使脱硫率下降。对于年轻煤种，热解时煤气、焦油和热解水产率高。随着这些挥发分的析出，煤中的硫也很容易脱除。对于高变质程度的煤种，由于挥发分含量低，且煤中的有机硫主要是以噻吩硫形式存在，因而更难脱除。

（2）粒度

随着煤粒度的降低，其收缩度增加；煤开始软化的温度和胶质体固化的温度降低，胶质体温度范围也随着缩小；煤热解脱挥发分的速率也有所提高，产物二次热解的机会相应减少。

（3）矿物质含量

因为煤中矿物质直接影响着煤的黏结性，对热解造成不利的影响，所以应尽可能减少矿物质在煤中的含量。

煤中含有丰富的矿物质，按照与硫化物的反应能力，可分为以下三种：

① 惰性矿物质，如石英等；

② 有催化活性的矿物质，如高岭土、蒙脱石等；

③ 能与硫反应的矿物质，如方解石、白云石等。

其中后两种对煤热解脱硫的影响很大。一般人们通过脱除矿物质（HCl-HF、HNO_3）或加入矿物质的方法考察矿物质对煤热解脱硫的影响。

有研究表明煤中矿物质的碱性组分具有在热解过程中减少 H_2S 气体逸出的固硫作用，酸性组分则能催化煤中的有机硫分解释放出更多的 H_2S；另外煤中矿物质还可以降低 COS 的生成，也可以促进 CH_3SH 进一步分解。碳酸盐类（主要是 $CaCO_3$、$FeCO_3$、$MgCO_3$）对有机硫的脱除有着催化作用。这表明铁、钙、镁阳离子对有机硫的热解脱除有一定的催化作用。硅酸类矿物质能使易脱除的有机硫化物转化为稳定的、不易脱除的有机硫化物，如噻吩或多聚噻吩化合物。

碱土金属矿物质能与煤中含硫化合物热解生成的 H_2S 气体在 700℃ 以上发生反应，把煤中的硫固定下来，使脱硫率下降。主要反应如下：

$$MgCO_3 + H_2S \longrightarrow MgS + CO_2 + H_2O \qquad （>500℃ 热力学有利）$$
$$CaCO_3 + H_2S \longrightarrow CaS + CO_2 + H_2O \qquad （>480℃ 热力学有利）$$
$$CaO + H_2S \longrightarrow CaS + H_2O \qquad （室温至 1200℃ 热力学有利）$$
$$MgO + H_2S \longrightarrow MgS + H_2O \qquad （<1200℃ 热力学不利）$$

另外碱性矿物质不仅能与气相中的 H_2S 反应生成金属硫化物滞留在半焦中，而且能够降低硫在焦油中的含量。

（4）岩相组成

煤岩组分的差异可以导致煤的热解产物产率的不同。其中丝质组和矿物组为惰性组分，镜质组和稳定组为活性组分。

（5）升温速率

通常提高升温速率会使煤的黏结性明显改善，特别是弱黏结性煤表现得更明显。但是如果升温速率过快，部分产物来不及挥发，煤的部分结构来不及分解，从而产生滞后现象，同时在一定时间内液体产物生成速率就会显著高于挥发和分解的速率。

加热速率影响有机硫之间、有机硫与黄铁矿硫之间的相互作用以及气相中的二次反应，较快的加热速率可以减少接触时间，在一定程度上避免气相中的二次反应。快速升温热解过程中硫的逸出总量稍大于或等于程序升温热解（慢速热解）硫的逸出总量，但含硫气体的种类有所不同。在快速热解过程中有大量的 CH_3SH、C_2H_5SH 生成，这是由于气相中二次反应被减弱。在程序升温热解气相中产生的 SO_2 是 H_2S 被热解产生的 H_2O、CO_2 氧化所形成的。

(6) 热解终温

热解终温不同，热解反应深度也有所不同。通常随着热解终温的升高，焦炭和焦油的产率会下降，煤气产率则会增加，但煤气中氢气含量增加，烃类产品由于在较高温度下能发生二次反应而降低，因而煤气的发热量降低；焦油中芳烃和沥青增加，酚类和脂肪烃含量降低；煤气中氢气成分增加，烃类减少。由此可看出随着终温的不同，所得各产品组成与含量也不同，因此为了获取不同的产品，工业上可采取不同的热解终温，如低温热解主要目的是制取焦油、中温慢速热解以生产中热值煤气为主，而高温热解主要用于生产高强度的冶金焦。

一般来说，随着热解温度的升高，煤的脱硫率也随着升高，不同温度下的热解产物也不尽相同。在低温热解条件下，只有小部分不稳定有机硫分解，大部分有机硫滞留在固相中，在较高温度下才有利于稳定有机硫的析出。热解温度和煤种、不同气氛对无机硫和有机硫的脱除也有影响，除了影响脱硫率外，还会影响硫的分解温度。温度是影响煤热解脱硫的重要因素，不同煤种有最佳的脱硫温度，且因煤种而异。不同煤种中不同的形态硫，对于温度表现出不同的逸出规律，所以温度只是其中一个影响因素，还有许多其他因素共同影响着煤中硫的变迁行为。

(7) 压力

煤加氢热解时，增加氢压能使煤的黏结性得到一定的改善，胶质层厚度会有所增加，膨胀度也会提高。这是由于增加压力时，能够阻止煤热解过程中产物的挥发和抑止小分子气体的生成，使得液体产物增加。

氢气压力的增高对加氢热解脱硫有两方面的影响：一方面，压力的升高有利于黄铁矿、难分解噻吩类有机硫加氢反应的发生，提高了脱硫率；另一方面，压力的升高也使生成的 H_2S 与半焦之间的反应加强，增加了硫被固定在半焦中的概率，从而影响脱硫率。当氢气压力高于3MPa时，前者就成为影响加氢脱硫的主导因素，黄铁矿和难分解的噻吩类有机硫加氢分解的趋势超过热解产生的 H_2S 与半焦之间反应的趋势，因此脱硫率随压力的升高而增加。

(8) 气氛

在众多影响因素中，气氛也是影响煤热解脱硫的重要因素之一。气氛可分为惰性气氛、还原性气氛和氧化性气氛三种。不同气氛下，煤的热解脱硫机理不同，其热解产物和脱硫效果也大不相同。

在惰性气氛下，热解脱硫很不彻底，脱硫率很低，只是煤中不稳定有机硫和黄铁矿硫被脱除，而黄铁矿硫也只转变为硫化亚铁，因为硫化亚铁分解需要更高的温度。随着煤阶的升高，煤中不稳定有机硫含量下降，稳定有机硫的含量增加，所以在惰性气氛下，随着煤阶的升高，脱硫率下降。

在还原性气氛下，相对于惰性气氛，不仅煤中的不稳定有机硫和黄铁矿可以分解，一些稳定有机硫（部分噻吩类）和黄铁矿分解成的 FeS 也可以与 H_2 发生反应而分解，所以，还原性气氛下的脱硫率比惰性气氛下的脱硫率提高了许多。

在氧化性气氛下，黄铁矿硫和有机硫都较易脱除。可能由于氧气在较低的温度下能够选择性地断裂煤中的C—S键，而不是C—C键，因此在氧化性气氛下，相对于惰性气氛和还原性气氛，在较低的温度下就有较高的脱硫率。

(9) 反应器类型

根据加热速率不同，研究者们一般采用固定床、流化床、自由下落床等反应器类型对煤热解脱硫进行研究。由于固定床具有加热速率较慢、传热和传质效果不好等缺点，使得逸出的气体与煤半焦发生二次反应生成稳定有机硫，导致脱硫率下降，因此在实际应用中，主要应用流化床来进行处理。与固定床相比，流化床克服了这些缺点，使得脱硫率提高。但是对于黏结性强的煤种，在温度较高时（700℃以上），由于煤的黏结性而影响流化床操作，所以对于黏结性很强的煤种，不适宜进行流化床操作。如果要进行操作，需要进行预氧化破黏处理。自由下落床可以控制热解温度、加热段长度和气体流速，因此可控制半焦的产率和脱硫率。

7.7　煤热解脱硫的意义及应用前景

目前虽然脱硫方法很多，但满足技术上可行、经济上合理且脱硫率很高的方法还很少，因此开发成熟、经济的脱硫工艺势在必行。热解作为燃前脱硫的一种方法，是燃烧、气化和液化等煤利用过程中的一个重要中间步骤。由于在热解过程中，煤中的硫能随着挥发分的析出而析出，且可同时脱除无机硫和有机硫，因而关于煤热解脱硫的研究至今仍是研究的热点。

在工业生产中，气化、燃烧都会用到氧气，而热解与气化、燃烧相比，用气量小，且所需氧气浓度低，因此可利用气化、燃烧后的烟气作为热解气进行脱硫，使成本大大降低。

煤燃烧过程所产生的烟气中约含6%的氧气、大量的氮气和10%～12%的二氧化碳，可利用该烟气进行高效热解预脱硫。如把该脱硫过程与燃烧过程耦合，可极大地减轻燃烧系统的脱硫负荷。且由于热解气量小，硫浓度高，从煤中转移到热解气中的硫更易回收利用。因此低氧气浓度气氛下煤热解脱硫-气化、煤热解预脱硫-燃烧等多联产技术具有广阔的应用前景。

思考题

1　煤热解的定义是什么？简述热解各阶段固、液、气三相组成的变化。
2　煤热解的分类有哪些？
3　影响煤热解及热解脱硫的因素有哪些？

第8章

新型煤化工技术

8.1 煤制烯烃

乙烯、丙烯作为主要的化工原料，其产量的高低往往被视为一个国家石化工业发达程度的标志。传统生产乙烯、丙烯的工艺是通过石脑油（石油轻馏分）裂解制取乙烯和催化裂化副产丙烯。其缺点是过分地依赖石油，特别是在石油资源日益匮乏的今天，其前景堪忧。2010年中国乙烯产量达到1418万吨，超过日本跃居世界第二位；丙烯产量约1380万吨，占世界总产量的16.8%。而2010年中国的原油消耗量为4.42亿吨，其中进口2.39亿吨，进口量同比2009年增长17.4%，占到全部原油消费的54.1%。由此可见，中国的石油资源越来越无法满足国内石化工业的发展。国民经济的持续健康发展要求我国企业必须依托本国资源优势发展化工基础原料。煤制烯烃技术是继煤替代石油生产甲醇后，进而再向乙烯、丙烯、聚烯烃等产业链下游方向发展。国际油价的节节攀升使煤制烯烃项目的经济性更具竞争力。采用煤制烯烃替代石油制烯烃，可以减少我国对石油资源的过度依赖，而且对推动贫油地区的工业发展及均衡合理利用我国资源都具有重要的意义。

8.1.1 煤制烯烃的工艺流程及基本原理

以煤为原料经甲醇制取低碳烯烃的基本生产步骤包括：原料煤与来自空分单元的纯氧在煤气化炉中发生反应生产粗合成气，粗合成气经CO变换后进入气体净化单元，回收硫黄捕获CO_2气体。脱除粗合成气中的H_2S和CO_2等气体后的合成气，进入甲醇合成单元生产甲醇。煤制烯烃生产技术基本流程如图8-1所示。

在甲醇制烯烃（MTO）装置中发生如下转化反应：

$$2CH_3OH \Longrightarrow C_2H_4 + 2H_2O \qquad (\Delta H = 11.72kJ/mol, 427℃)$$
$$3CH_3OH \Longrightarrow C_3H_6 + 3H_2O \qquad (\Delta H = 30.98kJ/mol, 427℃)$$

生产出的富含低碳烯烃的混合气体，进入烯烃分离单元，分离出主产品乙烯、丙烯和

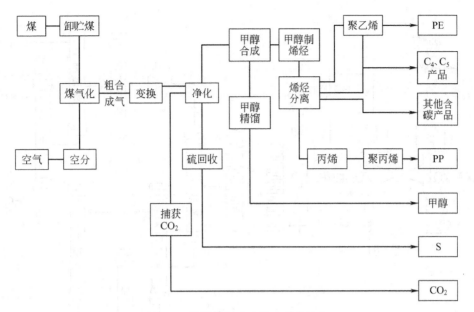

图 8-1　煤制烯烃生产技术基本流程

副产混合物 C_4 和 C_{5+} 等。乙烯、丙烯进一步聚合生成聚乙烯、聚丙烯。

目前，国外具有代表性的煤制烯烃工艺技术主要有美国环球石油公司（UOP）和挪威海德鲁公司（Norsk Hydro）1995 年合作开发的 MTO（Methanol-to-olefin）技术。

MTO 基本工艺流程是液态粗甲醇经加热变成气相，进入流化床反应器进行转化反应。在催化剂的作用下，生成目标产物，反应热则通过产生蒸汽移出塔外。反应器设置催化剂溢出侧线，溢出的催化剂通过气力输送进入再生反应器，经空气再生完成的催化剂重新返回转化反应器。如此循环往复，从而保持了催化剂床层的稳定。转化反应器的流出物再经过热回收装置冷却，大部分的冷凝水从产物中分离出来。产物加压，送入碱脱除系统，然后再干燥脱水。脱水后的产物流入回收段，该段由脱乙烷塔、乙炔饱和器、脱甲烷塔、乙烯分离器、脱丙烷塔、丙烯分离器和脱丁烷塔等七部分组成。在此，根据沸点不同将产物逐一分离出来，同时反应过程中通过使用不同的催化剂控制产物中乙烯和丙烯的比例，以达到高产乙烯或丙烯的目的，基本工艺流程如图 8-2 所示。

MTO 工艺采用优点很多的流化床反应器。部分待生催化剂经过空气烧焦连续再生，可以保持催化剂活性和产品组成不变。工业规模生产的催化剂已经通过示范试验，选择性、长期稳定性和抗磨性都符合要求。流化床反应器还具有可调节操作条件和较好回收反应热的特点。这种反应器早已广泛用于炼油厂的催化裂化装置，特别是催化剂再生。反应器的操作条件可以根据目的产品的需要进行调节。压力通常决定于机械设计的考虑，较低的甲醇分压有利于得到较高的轻烯烃，特别是乙烯。因此，采用粗甲醇（含 20% 左右的水）作为原料，其优点是某些产品产率较高。温度是一个重要的控制参数，较高的温度有利于得到较高的乙烯收率。但如果温度太高，由于生焦过量，会降低轻烯烃的总收率。第一代 MTO 工艺甲醇或二甲醚转化为乙烯和丙烯的选择性约为 75%～80%，乙烯/丙烯产出比在 0.5～1.5 之间。可以用最少的甲醇

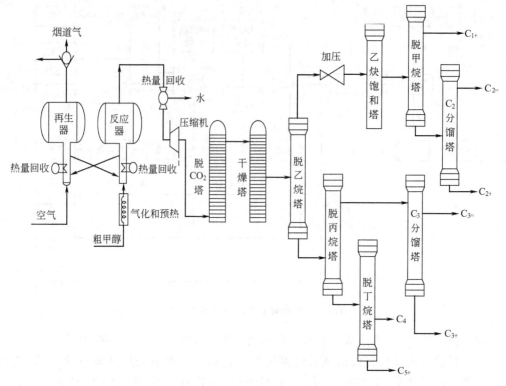

图 8-2 MTO 基本工艺流程

得到最高收率的轻烯烃，但乙烯/丙烯产出比可以根据市场需求和乙烯与丙烯的价格进行调节。已经证实，用传统的处理方法可以除去副产品，使乙烯/丙烯达到烯烃聚合工艺要求的规格。

中科院大连化物所、中国石油大学、中国石油化工科学研究院等开展了类似工作。其中中科院大连化物所开发的煤制低碳烯烃的工艺路线（DMTO）具有独创性，与传统的 MTO 相比，CO 转化率高，达 90% 以上，建设投资和操作费用节省 50%～80%。当采用 D0123 催化剂时产品以乙烯为主，当使用 D0300 催化剂时产品以丙烯为主。DMTO 技术工艺流程如图 8-3 所示。DMTO 工艺主要由原料气化部分、反应-再生部分、产品急冷及预分离部分、污水汽提部分、主风机组部分、蒸汽发生部分等组成。原料气化部分的主要作用是将液体甲醇原料按要求加热到进料要求温度，以气相形式进入反应器。反应-再生部分是 DMTO 技术的核心，采用循环流化床的反应-再生型式，反应器和再生器内需设置催化剂回收系统、原料及主风分配设施、取热设施、催化剂汽提设施，能够满足反应操作条件要求的催化剂输送系统。产品急冷及预分离部分的主要作用是将产生的反应混合气体在该部分进行冷却。通过急冷进一步洗涤反应气中携带的催化剂细粉，经过水洗将反应气中的大部分水进行分离。污水汽提部分是将产品急冷及预分离部分分离出的水，含有少量甲醇、二甲醚等物质，由污水汽提部分提浓回用，并使排放水达到排放要求。主风机组部分是为再生器烧焦提供必要的空气而设置的。蒸汽发生部分的作用是将装置内所有可发生蒸汽的热能尽量发生蒸汽。相对于 MTO 传统工艺而言，DMTO 工艺具有以下优点：对低碳烯烃的选择性较高，能够得到大量的乙烯和丙烯；转化率高，反应压力较低；反应速率较快，在

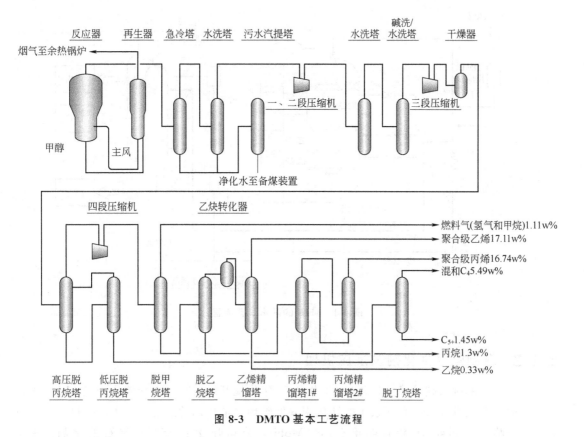

图8-3　DMTO基本工艺流程

反应接触0.04s后，便可达到甲醇100％转化，这可以有效避免烯烃进行二次反应，提高低碳烯烃的选择性。

　　丙烯是仅次于乙烯的重要有机化工原料。目前，丙烯需求以年增长5.6％速率递增，超过乙烯增长率。因此，由甲醇制丙烯的MTP工艺也是非常重要的新型煤化工技术之一。目前，世界上由甲醇制丙烯的方法主要有以下两种MTP技术，一种MTP技术是由甲醇直接转化为乙烯、丙烯和丁烯混合物的工艺，从中分离丙烯。即由甲醇首先转化成二甲醚，然后将二甲醚直接转化为丙烯的工艺即MTO技术。另外一种MTP技术是德国鲁奇公司（Lurgi）开发的甲醇制丙烯MTP工艺。该工艺主要包括甲醇生产、MTP反应、催化剂再生、气体冷却和分离碳氢压缩和精制等工艺部分。

　　鲁奇MTP工艺是首先将甲醇脱水为二甲醚。然后将甲醇、水、二甲醚混合进入第一个MTP反应器，同时还补充水蒸气，工艺流程如图8-4所示。反应在400～450℃、0.13～0.16MPa下进行，水蒸气补充量为0.5～1.0kg/kg甲醇。此时甲醇和二甲醚的转化率为99％以上，丙烯为主要产物。为获得最大的丙烯收率，还附加了第二和第三MTP反应器。反应器出口物料经冷却后，将气体、有机液体和水分离。其中气体先经压缩，并通过常用方法将痕量水、CO_2和二甲醚分离。然后，清洁气体经进一步加工得到纯度大于97％的化学级丙烯。不同烯烃含量的物料返至合成回路作为附加的丙烯来源。为避免惰性物料的累积，需将少量轻烃和C_4/C_5馏分适当放空。汽油也是本工艺的副产物，水可作为工艺发生蒸汽，而过量水则可在处理后供农业生产使用。

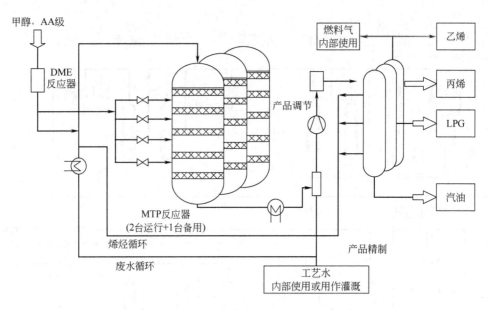

图 8-4　MTP 的基本工艺流程

8.1.2　煤制烯烃催化剂及反应机理

　　甲醇制低碳烯烃催化剂自 20 世纪 70 年代就开始研究。选择催化剂是 MTO 工艺的一个关键环节，在探索甲醇转化制取低碳烯烃催化剂的过程中，人们尝试过各种分子筛。20 世纪 70 年代美孚石油（Mobil）公司开发了 ZSM-5 沸石催化剂，用于 MTG 工艺，随后 Mobil、BASF 等公司开始用 Co、Mg、Mn、B、Ti、Zr、Fe、Zn、Sb 等改性 ZSM-5；同时尝试用丝光沸石、ZSM-34 或 ZSM-45 作为 MTO 催化剂。20 世纪 80 年代，BASF 公司开发出两段 MTO 生产工艺，催化剂为硅酸硼沸石或硅铝沸石。20 世纪 90 年代，DICP 公司采用廉价的双模板剂合成了 SAPO-34 分子筛，开始用于合成气经二甲醚（DME）制烯烃工艺（SDTO）。由于 SAPO-34 分子筛具有中等酸性，同时其孔径（0.43nm）较小，这样从空间上限制了大分子化合物的生成。此外，该分子筛内无直通道，又无较大的笼，这样不会因形成稠环化合物而引起失活。因此在产物中未出现大分子化合物，选择性明显高于现有其他催化剂，其产物容易分离，具有进一步开发应用的前景。与 ZSM-5 分子筛相比较，SAPO-34 具有三维通道，且孔径较小，孔隙率较高，可以利用的表面也多。研究证明甲醇制烯烃脱水反应是在弱酸中心上进行的，而 SAPO-34 弱酸中心酸脱附温度更低，故其低温活性较好，实验也证明的确如此。此外 SAPO-34 具有良好的热稳定性和水热稳定性，以及较好的抗积碳性能等。值得指出的是中国科学院大连化学物理所研制出了具有我国特色和廉价的新一代微球小孔磷硅铝分子筛型催化剂（DO123 型）。该催化剂已成功地应用于神华包头煤制烯烃示范工程中，因对 MTO 反应具良好的催化性能而被广泛认可。

　　通常认为 MTO 的反应机理是甲醇先脱水生成二甲醚（DME），然后 DME 与原料甲醇的平衡混合物脱水继续转化为以乙烯、丙烯为主的低碳烯烃。

$$2CH_3OH \longrightarrow CH_3OCH_3(DME) + H_2O + Q$$

$$nCH_3OCH_3 \longrightarrow 2C_nH_{2n} + nH_2O + Q(n=2,3,4,\cdots)$$

少量的 $C_2 \sim C_5$ 低碳烯烃进一步环化、脱氢、氢转移、缩合、烷基化等生成分子量不同的饱和烃和芳烃 C_{6+} 烯烃及焦炭等。目前 MTO 反应详细机理研究也比较活跃，但由于不同学者所采用的催化剂和实验条件不同，对甲醇制烯烃（MTO）反应机理的认识也不尽相同，且存在一定的争议。目前较为认可的机理有卡宾机理、碳正离子机理和烃池机理，下面对此作一简单介绍。

（1）卡宾机理

甲醇分子经过 α-消去反应脱水生成卡宾，卡宾通过多聚反应生成烯烃，或者卡宾通过 SP3 插入甲醇或二甲醚继续反应。迄今为止，关于过渡态卡宾的试验证据都是间接的。卡宾机理的能垒太高，会导致反应速度很慢，而实际的反应速度远高于卡宾机理得出的反应速率，从而表明卡宾机理有其不合理性。

（2）碳正离子机理

甲醇首先在分子筛酸中心脱水形成甲基正离子 CH^+，甲基正离子插入二甲醚的 C—H 键形成具有 5 价的碳正离子的过渡态——三甲氧基阳离子 $[CH_3CH_2OCH_3]^+$，三甲氧基阳离子不稳定，减去 CH_3OH 而形成 C—C 键并生成乙烯。烯烃生成后，甲基正离子可以和烯烃进一步反应。例如，乙烯与甲基碳正离子反应生成 1-丙基碳正离子，再通过质子转移至表面而得到丙烯。

（3）烃池机理（Hydrocarbon Pool mechanism）

甲醇首先生成一些较大相对分子质量的烃类物质并吸附在分子筛孔道内，这些活性物质既可与甲醇反应引入其甲基基团，又可进行脱烷基化反应，生成乙烯和丙烯等低碳烯烃。由于烃池机理避免了复杂的中间产物，被较多地应用于反应动力学和失活动力学研究当中。

8.1.3　MTO 与 MTP 技术比较

MTO 和 MTP 技术均属于利用甲醇制烯烃的范畴。主要区别在于 MTO 技术是利用甲醇生产乙烯、丙烯和丁二烯产品；MTP 技术是利用甲醇生产单一的丙烯产品。MTO 技术专利商主要是 UOP/Hydro 公司，近年国内中科院大连化物所也在此方面取得了非常好的成果。MTP 专利商主要是德国的鲁奇（LURGI）公司。

MTO 与 MTP 是两种相似但不完全相同的技术。MTO 与 MTP 的最大区别还在于催化剂不同，进而使反应器和床层不同，以及工艺流程不同和产物不同。MTO 有两种产物，催化剂是 SAPO-34 分子筛，而 MTP 只有一种主产物，催化剂是 ZSM-5 分子筛，两者各有优点。MTP 工艺的风险在于催化剂的寿命，MTP 的风险要小于 MTO。两种工艺都是解决烯烃生产问题，但是结果是不同的。MTP 工艺的优点是主要产品仅仅只是丙烯，便于聚烯烃规模化生产，少量副产品汽油和 LPG 是地方的畅销产品，同等规模总烯烃产量的投资比 MTO 要小。MTO 与 MTP 一些主要指标比较见表 8-1。另外，MTP 采用固定床反应器，结构简单，投资相对 MTO 较低。MTP 反应器较大，反应结焦少，催化剂无磨损，可就地再生，反应温度控制比流化床难。而 MTO 采用流化床反应器，结构复杂，投资较大，反应有结焦，催化剂存在磨损，并需要设置催化剂再生反应器，但反应温度控制较 MTP 容易。MTO 产品为乙烯和丙烯，并副产 LPG、丁烯、碳五及以上产品。值得指出的是中国中科院大连化物所开发的 DMTO 工艺产品为乙烯和丙烯，并且烯烃选择性比 UOP 公司的 MTO

技术好,特别是乙烯的选择性在 50％以上,而 UOP 公司的 MTO 技术乙烯的选择性在 34％～46％之间。中科院大连化物所 DMTO 工艺采用的自主研究开发的国产催化剂 D0123 比 UOP 公司的 MTO-100 成本低很多,并副产 LPG 和汽油,原料单耗相对较少。DMTO 基本工艺流程如图 8-3 所示。

表 8-1　MTO 与 MTP 工艺一些主要指标比较

项目	MTO 工艺	MTP 工艺
反应器	流化床	固定床
催化剂	SAPO-34 磷酸硅铝分子筛	ZSM-5 沸石催化剂或 HZSM-5 沸石催化剂
反应压力/MPa	0.1～0.3	0.13～0.16
反应温度/℃	400～450	420～490
目标产品	乙烯:丙烯=(0.75～1.5)∶1	丙烯
应用情况代表	神华集团包头煤化工分公司煤制烯烃工厂,年产 60 万吨煤制烯烃项目	大唐国际内蒙古多伦煤化工有限责任公司,年产 46 万吨煤制烯烃项目
原料单耗	<3.02t 甲醇/t(乙烯＋丙烯)	3.21t 甲醇/t(丙烯)
主要副产品	丁烯,碳五以上烯烃,低碳饱和烃	液化石油气,汽油
主要专利商	UOP/Hydro 公司,中国科学院大连化物所	德国鲁奇公司

另外,鲁奇 MTP 工艺技术特点是丙烯收率较高,专有的 ZSM-5 沸石催化剂,低磨损的固定床反应器,典型的产物体积组成:乙烯 1.6％、丙烯 71.0％、丙烷 1.6％,由于副产物相对较少,所以分离提纯流程也较 MTO 更为简单。而 MTO 工艺高产乙烯情况是乙烯 46％、丙烯 30％、其他副产物 24％;高产丙烯情况是乙烯 34％、丙烯 45％、其他副产物 21％。因此,MTO 分离提纯流程更为复杂。

8.1.4　MTO 和 MTP 产物特点

MTO 和 MTP 副产 C_4 物料与催化裂解和烃类裂解副产 C_4 物料有显著的不同。首先是杂质分布不同,MTO 和 MTP 副产 C_4 物料含有大量的有机含氧化合物杂质,如甲醇、二甲醚等,并且几乎不含有硫和砷。其次是 MTO 和 MTP 副产 C_4 物料中的丁烯含量高,如 MTO 副产 C_4 物料中丁烯含量高达 90％以上,因而对于 C_4 物料催化裂解制乙烯和丙烯催化剂有着特殊的要求。

石脑油裂解气中氢气和甲烷含量在 38％左右,而 MTO 产品气中氢气和甲烷含量少于 10％,有利于乙烯的分离。另外,MTO 产品气中乙烯、丙烯含量高,一般乙烯、丙烯含量在 75％以上,炔烃含量少,不含 H_2S,在混合 C_{4+} 中不含丁二烯、苯、甲苯和二甲苯等芳烃。产物中含有少量的甲醇、二甲醚等含氧化合物。根据煤制烯烃产物分布特点,需选择适宜的产品气分离技术,得到聚合级的乙烯、丙烯以及 C_4、C_5 等产品,为下游产品后加工提供原料。

8.1.5　MTO 与 MTP 技术发展与应用情况

20 世纪 80 年代美国联碳公司的科学家发现 SAPO 分子筛催化剂对于甲醇转化为乙烯和丙烯具有很高的选择性,1992 年 UOP 公司和海德鲁公司开始联合开发 MTO 工艺,对催化剂的制备、性能试验和再生以及反应条件对产品分布的影响、能量利用、工程化等问题进行了深入研究。此后,应用 MTO 工艺在挪威建立了小型工业演示装置。1995 年 11 月，UOP 公司和海德鲁公司宣布可对外转让 MTO 技术。之后欧洲化学技术公司采用 UOP/Hydro 公司的 MTO 技术在尼日利亚建设 7500t/d 生产装置（按原料甲醇计），甲醇用作 MTO 装置进料，MTO 装置乙烯和丙烯设计生产能力均为 40 万吨/年。

目前世界上从事 MTP 技术开发的公司主要是鲁奇公司。2002 年 1 月，鲁奇公司在挪威建设了 1 套 MTP 中试装置，到 2003 年 9 月连续运行了 8000h，该中试装置采用了德国 Sud-Chemie AG 公司的 MTP 催化剂，该催化剂具有低结焦性、丙烷生成量极低的特点，并已实现工业化生产。目前 MTP 技术已经完成了工业化装置的工艺设计。目前鲁奇公司 MTP 反应器有两种形式，即固定床反应器（只生产丙烯）和流化床反应器（可联产乙烯/丙烯）。21 世纪初，鲁奇公司与中国大唐国际集团签订了技术转让协议。大唐国际投资 195 亿元，在内蒙古多伦县以褐煤为原料，建设了一个年产 46 万吨煤制烯烃项目，其技术来源于荷兰壳牌、德国鲁奇、美国陶氏等当时先进的工艺技术，由褐煤预干燥、煤气化、变换、净化及硫回收、甲醇、MTP（甲醇制丙烯）、PP（聚丙烯）等 7 套主生产装置组成，同时配套建设空分及动力装置，生产聚丙烯及硫黄、汽油、LPG（液化石油气）等副产品。项目具有上下游一体化的特点，体现了规模经济效应，其中德国鲁奇 MTP 技术属国际首例大型工业化应用工程。该项集成了 Shell 干煤粉气化、部分变换、鲁奇低温甲醇洗、鲁奇低压甲醇合成、鲁奇 MTP 丙烯生产工艺、Spheripol 聚丙烯生产工艺等技术，该联合装置主要包括煤气化装置、甲醇装置、丙烯装置、聚丙烯装置。

中科院大连化物所早在"八五"期间就完成了 MTO 中试，2005 年由中科院大连化物所、陕西新兴煤化工科技发展有限责任公司和中国石化集团洛阳石化工程公司合作在陕西建设了生产规模 15000 吨/年（以原料甲醇计）的 DMTO 工业化试验装置。该装置 2005 年 12 月投料试车，2006 年 8 月 23 日通过了国家科技成果鉴定，认定此项目自主创新的工业化技术处于国际领先水平。1996 年，这一成果曾获得中国科学院科技进步特等奖和"八五"重大科技成果奖。这项技术为进一步工业放大奠定了基础。

2004 年 8 月，由大连化物所、陕西新兴煤化工公司、洛阳石化工程公司三方合作，共同开发 DMTO 工业化成套技术正式启动。在大连化物所 DMTO 技术中试研究成果的基础上，利用洛阳石化工程公司的工程技术经验，建设一套年加工 1.67 万吨甲醇的工业化试验装置。2006 年 2 月 20 日开始投料试车，打通全部试验流程，投料试车一次成功。2006 年 6 月 17 日至 20 日，国家发改委委托中国石油化工协会组织的专家组，对 DMTO 开发项目进行了现场考核。专家组认为：该工业化试验装置是具有自主知识产权的创新技术，装置运行稳定、安全可靠、技术指标先进，是目前世界上唯一的万吨级甲醇制取低碳烯烃的工业化试验装置，装置规模和技术指标均达到了世界领先水平。2006 年 12 月经国家发改委核准，世界首套煤制烯烃工厂、国家现代煤化工示范工程，于 2007 年 3 月在内蒙古包头市开工，2010 年 5 月项目建成，2010 年 8 月，投料试车一次成功，2010 年 8 月 12 日，烯烃分离乙烯和丙烯合格，乙烯纯度 99.95%，丙烯 99.99%；8 月 15 日，生产出合格的聚丙烯产品；8 月 21 日生产出合格的聚乙烯产品。目前 DMTO 装置运行平稳，甲醇单程转化率 100.00%，乙烯＋丙烯选择性大于 80%，超过了预期指标。

神华包头煤化工项目总体工程包括 180 万吨/年煤制甲醇装置和 60 万吨下游产品装置、22.4 万立方米（氧气）/小时空分装置等。神华包头煤制烯烃项目为神华集团投资建设的世界首套、全球最大的煤制烯烃项目，主要生产装置包括 4×60000 立方米/小时制氧空分装置、(5＋2)×1500 吨/日投煤量煤气化装置、180 万吨/年甲醇装置、60 万吨/年甲醇制烯烃及烯烃分离装置、30 万吨/年聚乙烯装置、30 万吨/年聚丙烯装置，以及配套的 3×480 吨/小时产气量锅炉、2×50 兆瓦发电机组自备热电站等公用工程、辅助设施、厂外工程等。项目投资约 170 亿元人民币，项目占地约 250 公顷，年消耗原料煤 345 万吨，燃料煤 128 万吨。煤制烯烃工厂消耗、"三废"排放量基本情况见图 8-5。

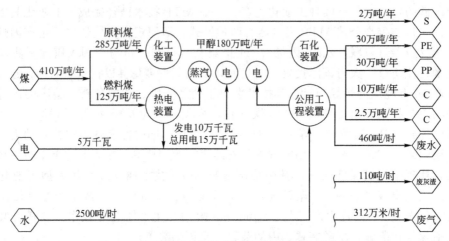

图 8-5　煤制烯烃工厂消耗、产量"三废"排放量

项目以神华自产煤炭为原料，采用美国 GE 公司水煤浆气化技术、德国 Linde 公司低温甲醇洗净技术、英国 Davy 公司甲醇合成技术、中科院大连物化所 DMTO 甲醇制低碳烯烃技术、美国 ABB Lummus 公司烯烃分离技术、美国 Univation 公司聚乙烯技术、美国 Dow 公司聚丙烯技术，通过煤气化制甲醇、甲醇转化制烯烃、烯烃聚合生产聚烯烃石化产品。2011 年 1 月神华包头煤制烯烃工厂开始商业化生产。

8.2　煤制乙二醇

乙二醇（ethylene glycol，EG），又名甘醇、亚乙基二醇，分子式 $HOCH_2CH_2OH$，是一种非常重要的化工基础原料，其主要用途是制造聚酯树脂和防冻剂等。随着聚酯产业和汽车工业的迅猛发展，带动了乙二醇需求量大幅攀升。目前全球乙二醇总消费量为 2200 万吨/年，其中用于聚酯纤维占 50％以上，聚对苯二甲酸乙二醇酯（PET，聚酯树脂）瓶子占 25％，抗冻剂占 12％，工业用乙二醇占 5％，PET 薄膜占 4％，其他产品占 3％。以中国为首的亚洲地区需求量增长尤其迅猛。据统计，在 2000～2008 年，我国乙二醇消费量年均增长率为 18.4％；同期国内乙二醇供给量年均增长率为 12.3％，国内产量远不足以满足需求。2008 年我国乙二醇的生产能力仅 200 多万吨，而需求量却在 700 万吨以上，因此，进口量接近 500 万吨。2009 年中国的乙二醇进口量超过 580 万吨，比 2008 年增加 12％。随我国经济的迅猛发展，乙二醇需求量逐年提高，预计 2015 年我国乙二醇需求量将达到 1120 万吨，生产能力约 500 万吨，供需缺口仍达 620 万吨。因此，我国乙二醇生产新技术的开发应用具有很好的市场前景。

8.2.1　乙二醇合成路线选择及应用介绍

乙二醇生产技术主要分为石化路线、生物质资源路线、煤化工路线。

(1) 石化路线

目前石化路线乙二醇的生产基本上是以乙烯为原料，在贵金属银催化剂作用下，乙烯氧化制环氧乙烷，通过环氧乙烷直接水合生产乙二醇。通过对环氧乙烷生产成本的分析表明，原料乙烯的消耗占生产成本的 70%，所以工业上环氧乙烷生产技术的进展很大程度上取决于环氧乙烷催化剂选择性的进一步提高，以便更有效地节约乙烯，提高经济效益。

总的来说，石化路线合成乙二醇的基础是以乙烯氧化生产环氧乙烷为前提，尽管人们对提高催化剂活性，改进水合效率进行了大量工作，但仍存在着下列问题。

① 乙烯氧化制环氧乙烷的选择性较低，理论选择性为 85.7%，而且不可避免地有大量副产物二氧化碳生成，工业上以乙烯计的乙二醇收率在 70% 左右。

② 环氧乙烷水合还会生成大量二乙二醇、三乙二醇等副产物，为了得到高收率的乙二醇，水合反应必须在较高的水和环氧乙烷比例下进行，导致生成物中乙二醇浓度很低，分离精制工艺复杂，能耗大。这是现行石化路线乙二醇工业生产方法的主要缺点。目前，该方法的技术发展趋势是开发新的催化工艺，降低水的用量。

③ 乙烯是以石油为原料生产的，目前原油面临不足的趋势，价格逐渐上涨，经济性会逐渐降低。

至今该法仍是世界上工业生产乙二醇普遍采用的一种方法，产品总收率约为 90%。目前我国乙二醇主要生产企业有十几家，几乎全部采用石化路线生产乙二醇工艺。

(2) 生物质资源路线

生物质资源路线主要以玉米淀粉为原料生产多元醇，多元醇加氢合成二元醇。

目前核心技术路线是以玉米淀粉为原料生产山梨醇，山梨醇加氢生产二元醇。其主要反应为：

$$C_6H_{14}O_6 + 2H_2 \longrightarrow 3C_2H_6O_2(乙二醇)$$
$$C_6H_{14}O_6 + 3H_2 \longrightarrow 2C_3H_8O_2(丙二醇) + 2H_2O$$
$$C_6H_{14}O_6 + H_2 \longrightarrow 2C_3H_8O_3(丙三醇)$$
$$C_6H_{14}O_6 + 3H_2 \longrightarrow C_4H_{10}O_2(丁二醇) + C_2H_6O_2 + 2H_2O$$

由于国家粮食政策的保护，目前仅有长春金宝特生物化工开发有限公司以玉米淀粉为原料生产乙二醇。目前的主要问题是，反应产物的后续分离仍有一定问题。

(3) 煤化工路线

20 世纪 70 年代在世界石油危机的冲击，使人们认识到石油资源的有限性，各国纷纷开始研究以煤和天然气为初级原料来生产化工产品。在这种情况下，人们开始探索碳一路线合成乙二醇的新方法。我国煤炭资源十分丰富，而石油资源不足，原油较重，裂解生产乙烯耗油量大，而且乙烯又是塑料及许多重要石化产品的基本原料。从今后我国石油资源日趋减少考虑，开辟非石油路线的碳一路线制乙二醇，在我国具有重要意义。因此从原料选择的经济合理性及我国的能源结构组成考虑，采用煤化工路线制备乙二醇最适合也较有发展前景。

以煤为原料制备乙二醇，目前主要有三条工艺路线。

① 以煤气化制取合成气，再由合成气一步直接合成乙二醇。合成气（主要为 CO 与 H_2）生产乙二醇是通过羰化、加氢间接合成。合成气由煤气化制备。除煤之外，焦炭、天然气、炼厂气、石脑油、渣油、焦炉气和乙炔尾气等均可用来制造合成气，作为合成乙二醇的原料。目前煤为原料制取合成气合成乙二醇的碳一原料路线可归纳为直接合成法和间接合成法。合成气直接合成乙二醇的反应为：

$$2CO+3H_2 \longrightarrow HOCH_2CH_2OH$$

直接法的反应条件较苛刻，需要高温高压，而且用昂贵的铑作催化剂，同时副产大量的甲酸酯，反应的转化率和选择性都较低。今后的研究方向主要是通过改进催化剂和助剂，使反应在比较温和的条件下进行。由于此技术在开发高性能催化剂及缓和反应条件、催化剂的连续循环使用及与产品分离的研究上受阻，目前，合成气直接合成乙二醇技术仍处于实验室阶段。

② 以煤气化制取合成气，由合成气制甲醇，甲醇制乙烯，乙烯氧化得环氧乙烷，最后环氧乙烷水合制乙二醇。由于煤制烯烃示范装置才刚刚建设，估计此路线还需要经过几年才能成为成熟的合成乙二醇路线。

③ 以煤气化制取合成气，CO 催化偶联合成草酸酯，再加氢生成乙二醇，此法称为合成气间接法合成乙二醇。即从 CO 出发，偶联得到草酸二酯，然后经草酸二酯催化加氢制乙二醇，是近来被公认为较好的一种乙二醇合成路线。

1966 年，美国 UOP 公司的 Fenton 公布了 CO、醇在 Cu-Pd-Cl 液相催化体系中直接偶联合成草酸二烷基酯的专利。

日本宇部兴产和美国联碳公司合作开发了通过草酸二烷基酯由合成气间接合成乙二醇的工艺路线。该工艺以 CO 和丁醇为原料，Pd/C 为催化剂，在 90℃、9.8MPa 下，通过液相反应合成草酸二丁酯，即

$$2C_4H_9OH+2CO+\frac{1}{2}O_2 \longrightarrow (COOC_4H_9)_2+H_2O$$

然后再在 20MPa 下液相加氢合成乙二醇。日本宇部兴产公司和意大利蒙特爱迪生公司于 1978 年相继开展了气相法的研究，气相法反应过程分为两步。第一步为一氧化碳在负载型 Pd/α-Al_2O_3 催化剂的作用下，常压下与亚硝酸甲酯偶联反应生成草酸二甲酯和一氧化氮，反应式为

$$2CH_3ONO+2CO \longrightarrow (COOCH_3)_2+2NO$$

第二步为偶联反应生成的一氧化氮与产品分离后进入填料塔，常温下与甲醇和氧气反应生成亚硝酸甲酯，反应式为

$$2NO+2CH_3OH+\frac{1}{2}O_2 \longrightarrow 2CH_3ONO+H_2O$$

生成的亚硝酸乙酯返回偶联过程循环使用。总反应式为

$$2CH_3OH+2CO+\frac{1}{2}O_2 \longrightarrow (COOCH_3)_2+H_2O$$

随着国际 CO 气相偶联制草酸酯、草酸工艺路线的提出，大大促进了国内研究者对气相法的研究开发。从 20 世纪 80 年代初开始，中国科学院福建物理结构研究所、西南化工研究院、天津大学、中科院成都有机所、浙江大学、华东理工大学、南开大学等单位均开展了这方面的研究。其中，中国科学院福建物质结构研究所成绩显著，他们从 1982 年开始，小试研究开发出的 CO 气相催化合成草酸二酯催化剂，其活性达到了 $891g(CH_3OCO)_2/(L \cdot h)$ （$SV=3000h^{-1}$）和 $1411g(CH_3OCO)_2/(L \cdot h)$

（$SV = 5025h^{-1}$），并完成了 1004h 的连续寿命试验。1993 年，成功通过了国家"八五"攻关项目 200mL 催化剂规模、1000 多小时催化剂寿命的考察，打通了新工艺路线全过程，催化剂寿命达标。2005 年中国科学院福建物理结构研究所与上海金煤化工新技术有限公司合作，对 3 种关键催化剂技术进行了技术集成和催化性能提升，2006 年完成了"CO 气相催化合成草酸酯（300t/a）和乙二醇（100t/a）"项目的中试，达到日产 900kg 草酸甲酯的能力。

2007 年 8 月，由上海金煤化工新技术有限公司投资 1.5 亿元，在江苏丹阳组织万吨级乙二醇的工业实验装置，并于 2008 年 6 月完成了全部的试验工作，实现了预期各项技术指标，生产出的乙二醇产品质量完全达到国际国内同等水平，乙二醇产品各项理化指标均达到 GB 4649—1993 优级品标准。中国科学院福建物质结构研究所在万吨级乙二醇工业实验装置中的氨氧化技术、高浓度 CO 气体脱氢催化剂及脱氢净化的工艺技术、高活性 CO 气相催化合成草酸酯催化剂和工艺技术、高活性草酸酯催化加氢合成乙二醇催化剂和工艺技术、NO 氧化酯化技术、排放气体中消除 NO 污染等核心工艺技术方面取得了自主创新的科研成果。2009 年 3 月，万吨级煤制乙二醇成套工艺技术通过了由中国科学院主持的成果鉴定。2007 年 8 月，中国科学院福建物理结构研究所与上海金煤化工新技术有限公司在内蒙古自治区通辽市启动了 120 万吨/年规模（首期 20 万吨工业示范）的乙二醇工业大装置，2009 年 12 月，20 万吨工业示范装置全部建设完成，试车成功，打通了全套工艺流程，生产出合格的乙二醇产品。随后，通过对原有设计进行调整，使整套装置具备联产 10 万吨/年草酸的能力，经过联动试车，于 2010 年 5 月试产出合格的草酸产品。2011 年 11 月，该装置日产草酸突破 400 吨，负荷率达到 80%。

8.2.2　煤制乙二醇的基本原理及工艺流程

8.2.2.1　基本原理及主要反应

煤制乙二醇工业化技术和新型催化剂的应用研究以及采用工业 CO、工业 NO、工业 H_2、工业 O_2 和工业醇类作为原料制备乙二醇的具体原理如下所述。

(1) 氨氧化和合成气的制备

$$4NH_3 + 5O_2 \longrightarrow 4NO + 6H_2O$$
$$C + H_2O \longrightarrow CO + H_2$$

(2) 羰基合成反应和 NO 循环利用的氧化酯化反应

$$2CO + 2RONO \longrightarrow (COOR)_2 + 2NO$$
$$2NO + \frac{1}{2}O_2 \longrightarrow N_2O_3$$
$$N_2O_3 + 2ROH \longrightarrow 2RONO + H_2O$$

(3) CO 催化偶联合成草酸酯的总反应

$$2CO + 2ROH + \frac{1}{2}O_2 \longrightarrow (COOR)_2 + H_2O$$

(4) 草酸酯加氢制乙二醇

$$(COOR)_2 + 4H_2 \longrightarrow (CH_2OH)_2 + 2ROH$$

(5) 煤制乙二醇的总反应

$$2C + 2H_2 + H_2O + \frac{1}{2}O_2 \longrightarrow (CH_2OH)_2$$

技术路线总反应：

$$煤炭 + 空气 + 水 \longrightarrow 乙二醇$$

8.2.2.2 主要过程反应原理和基本工艺流程

基本工艺流程是以 CO 和氢为原料，通过羰化、加氢两个步骤生成乙二醇。第一步由 CO 进行气相反应生成草酸酯，第二步草酸酯加氢生成乙二醇，如图 8-6 所示。

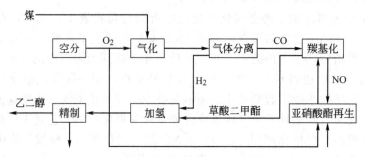

图 8-6 煤制乙二醇基本工艺流程

(1) 羰化合成草酸二甲酯（DOM 合成）

① 反应原理

由 CO 加氧和醇类合成草酸二甲酯，反应方程式如下：

$$4NH_3 + 5O_2 \longrightarrow 4NO + 6H_2O$$

$$4NO + O_2 + 4CH_3OH \longrightarrow 4CH_3ONO + 2H_2O$$

$$2CO + 2CH_3ONO \longrightarrow (COOCH_3)_2 + 2NO$$

② 工艺流程简述

羰化合成草酸二甲酯工艺过程分为：亚硝酸酯合成、CO 气体净化、草酸二甲酯合成三个单元。

亚硝酸酯合成　一定量液氨经换热汽化后与压缩空气混合进入氨氧化炉，在催化剂的作用下 800℃ 左右反应得到氮氧化物。氮氧化物与氧气、甲醇反应得到亚硝酸甲酯。反应尾气经冷却及甲醇吸收后，送入加氢单元加热炉做燃料。

CO 气体净化　从煤制合成气装置来的一氧化碳与空分装置来的氧气，经计量配比后一起通过管道送入由热水保温的脱氢反应器，原料一氧化碳中少量氢气与氧气反应生成水，送冷却器冷凝后经气液分离器排出。脱氢后的 CO 气体进入分子筛干燥塔，除去气体中微量的水分后送入羰化单元。

草酸二甲酯合成　干燥合格的 CO 气体由管道送入反应预热器，预热到 140℃ 后进入羰化反应器，与酯化单元管道送来的亚硝酸甲酯在 0.5MPa 下反应生成草酸二甲酯和 NO。羰化反应物经气液分离后，反应气相产物 NO 由管道送入酯化单元循环使用；反应液相产物送入分离净化单元。

反应液相产物进入草酸二甲酯/碳酸二甲酯分馏塔系统，碳酸二甲酯等副反应产物酯类从系统采出；净化提纯后的草酸二甲酯进入草酸二甲酯加氢单元。

(2) 草酸酯加氢合成乙二醇

① 反应原理

草酸二甲酯催化加氢生成乙二醇，反应方程式如下：

$$(COOCH_3)_2 + 4H_2 \longrightarrow (CH_2OH)_2 + 2CH_3OH$$

②　工艺流程简述

将羰化工序来的草酸二甲酯用泵送入加热炉，并通入从煤制合成气装置来的新鲜氢气及循环氢气混合气，一起经加热炉加热至 210℃ 后去加氢反应器进行加氢反应，生成乙二醇及甲醇。反应产物经气液分离后，反应液相产物经泵送入脱醇塔回收甲醇，返回到酯化单元循环利用；回收甲醇后的物料再经泵进入脱脂塔，先后分离出混合醇酯、混合二元醇等副反应产物；最后经精馏塔精馏得到产品乙二醇。

反应气相产物大部分循环利用，少量不凝气送入系统加热炉做燃料使用。

8.2.3　煤制乙二醇的产品检验与经济效益分析

乙二醇是一种重要的有机化工原料，目前最主要的用途是生产聚酯。目前，全球乙二醇总消费量大约为 2200 万吨，用于聚酯纤维大约占 50％ 以上。然而只有具有较高纯度的乙二醇才能够用于制造聚酯树脂，因此要对乙二醇粗产品进行纯度检测，纯度无法满足要求的乙二醇粗产品需进行提纯处理。

乙二醇粗产品中的杂质会很大程度上影响该乙二醇产品的紫外透光率（UV 值），因此紫外透光率可以作为灵敏反映乙二醇质量状况的综合性指标。目前国际上普遍利用该性质，即通过检测乙二醇粗产品的紫外透光率来检测其纯度，通用方法是测定乙二醇产品对 220～350nm 波长的紫外透光率来检测乙二醇产品中乙二醇的纯度及杂质含量。纯度比较高的乙二醇产品对 220nm 波长的紫外透光率至少应为 70％，对 275nm 波长的紫外透光率至少应该为 90％，对 350nm 波长的紫外透光率至少应该为 95％。紫外透光率不合格的乙二醇产品制得的聚对苯二甲酸乙二醇酯在用于制备聚酯纤维和聚酯塑料时，将严重影响产品的质量，如产品的光泽、色度、着色、强度等。

草酸酯合成法是煤经过气化得到 CO、氢气，再经羰基化生成草酸酯并进一步加氢制得乙二醇的过程。该方法工艺条件要求不高，反应条件相对温和，成本低廉。目前，全世界用石油制乙烯路线生产的乙二醇年产量多达 2000 万吨，若都以煤为原料进行生产，节省下来的石油相当于新开发一个 5000 万吨/年原油的油田。与煤制油、煤制天然气相比，煤制乙二醇不仅具有更高的附加值，而且在环保方面，由于采用了洁净煤技术，煤制乙二醇不存在高污染问题，采用工业 CO、NO、H_2、O_2 和醇类为原料，在生产过程中不会产生二氧化硫和二氧化氮。另外，煤制乙二醇技术路线是以煤、水、氧气为反应原料的原子经济反应，CO 和 H_2 中的 C、O、H 元素全部转化成乙二醇。

在经济效益方面，据有关专业人士分析报道，在江苏丹化集团以优质块煤（以 1200 元/吨计算）为原料，在万吨级工业示范装置上每生产 1t 乙二醇的成本是 6444 元，与石油路线的成本（7000 元/吨，石油价格为 90 美元/桶）不相上下。根据通辽金煤公司公布的实验数据，该公司 20 万吨/年煤制乙二醇示范装置总成本在 4000 元/吨左右，若煤价不高于 750 元/吨，当石油价格不低于 67 美元/桶时，煤制乙二醇将具有成本优势。乙二醇价格与国际原油价格基本呈相同的变化趋势，国际原油价格和煤价将直接影响煤制乙二醇的经济性。

8.3　煤制天然气

我国能源的资源禀赋是"富煤、贫油、少气"，煤炭占一次能源消费比重的 70％

左右，是世界上为数不多的几个以煤炭为主要能源的国家。随着我国工业化、城镇化进程的加快以及节能减排政策的实施，天然气等清洁能源的消费比例将会越来越大。相关数据表明，我国天然气的供应量不能满足工业和民用的需求，供不应求的局面将会长期存在。我国天然气储量和产量均不能满足经济发展的要求，解决未来的天然气需求，除加强我国陆地、近海天然气勘探开发以及从国外购买管道天然气及液化天然气外，发展煤制天然气是缓解我国天然气供求矛盾的一条有效途径。通过煤炭的清洁转化生产工业和民用天然气，补充我国常规天然气产量的不足，对于缓解我国天然气资源短缺，保障国家能源安全，减少温室气体排放，保护地球生态环境都具有重要的现实意义。

8.3.1 煤制天然气反应原理与基本工艺流程

煤制天然气主要过程是煤气化生产合成气，合成气再在甲烷化催化剂作用下反应生成甲烷，主要反应式为：

$$CO + 3H_2 \Longrightarrow CH_4 + H_2O \qquad \Delta H = -206.2 kJ/mol$$

$$CO_2 + 4H_2 \Longrightarrow CH_4 + 2H_2O \qquad \Delta H = -165.0 kJ/mol$$

目前，普遍使用 M-349 甲烷化催化剂，其物性参数、操作条件、性能指标见表 8-2。

表 8-2　M-349 甲烷化催化剂的性能

性　能		数　值
物性参数	外观	淡绿色球状颗粒
	粒度/mm	3～4、5～6
	强度/(N/粒)	≥50、100
	破碎率/%	≤0.5
	堆密度/(g/L)	0.95±0.05
	使用寿命/a	≥1
操作条件	还原温度/℃	400～600
	操作温度/℃	280～400
	操作压力/MPa	0.1～6.0
	操作空速/h^{-1}	1500～6000
性能指标	CO、CO$_2$ 转化率/%	95～98

煤制天然气主要分六个工序：煤气化制取合成气（CO+H$_2$）；空分制取 O$_2$；变换调整 H$_2$/CO；低温甲醇洗（净化）脱除 H$_2$S、CO$_2$；硫回收；甲烷化合成 CH$_4$。其中脱硫工艺及硫回收见第 3 章 3.3.2.3 煤气脱硫。煤制天然气基本工艺流程如图 8-7 所示，详细的生产流程如图 8-8 所示。

8.3.1.1 煤气化工艺选择

煤气化技术的选择要兼顾原料煤的性质和条件、目的产品的要求、技术经济指标等多种因素，在技术的先进性和经济性之间寻求平衡。气化炉型式、气化温度和压力以及原料煤性质不同，所产生的粗煤气的组成也不相同。例如，在固定床的鲁奇炉气化生成的粗煤气中，甲烷含量可达 8%～12%（体积分数）；气流床水煤浆气化炉，

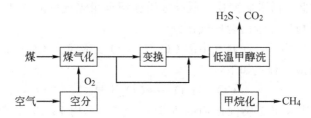

图 8-7　煤制天然气基本工艺流程

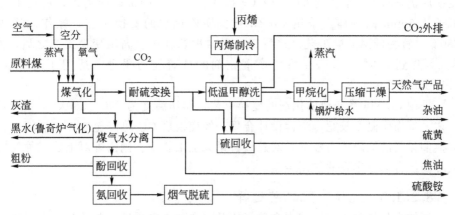

图 8-8　煤制天然气生产流程

气化压力 6.5MPa，气化温度 1300℃，粗煤气中甲烷含量为 0.15％（体积分数）；而属于加压气流床气化的西门子 GSP 炉，气化压力 2.5～4.0MPa，气化温度 1300～1700℃，其各种气化原料生成的粗煤气中，甲烷含量均小于 0.1％（体积分数），具体数据见表 8-3。由表 8-3 可见，固定床鲁奇炉气化的粗煤气中含甲烷 10.57％，水煤浆加压气化炉的粗煤气中含甲烷 0.15％，GSP 炉的粗煤气中甲烷含量小于 0.1％，而甲烷正是煤制天然气的有效组分。GSP 炉的粗煤气中 CO 含量是鲁奇炉 CO 含量的 2.74 倍，其变换单元和甲烷化单元的催化剂量和设备负荷就要比鲁奇炉气化技术大，导致投资增加。可见，采用固定床鲁奇炉气化生产天然气是比较好的选择。有人认为，碎煤固定床加压气化是实现多联产的气化工艺，其投资仅为气流床气化的一半，电耗仅为气流床气化的 5％～10％。

表 8-3　不同气化炉对气化产物的影响

气化炉型式	H_2	CO	CO_2	CH_4	N_2	O_2	NH_3	H_2S	COS
固定床鲁奇炉气化	34.02	23.35	30.95	10.57	0.26	0.30	0.24	0.31	无
气流床水煤浆气化	15.17	19.49	6.64	0.15	0.05(Ar)	58.40(H_2O)	0.03	0.04	0.03(HCl)
气流床 GSP 炉气化	27.00	64.00	3.00	<0.1	1.5～5.5	无		0.46	0.04

8.3.1.2　变换工艺选择

　　甲烷化合成反应按照 $H_2/CO=3$、$H_2/CO_2=4$ 的反应体积比进行，在 CO、CO_2 同时参加反应时，生产中采用氢碳比≥3（主要考虑 CO）作为合成原料气的控制指标。因粗煤气的氢碳比低于甲烷合成原料气的控制指标，即粗煤气中 CO 含量偏高，

而 H_2 含量过低,需采取变换、脱碳等措施调整粗煤气中 CO 和 H_2 的比例,使其满足甲烷合成反应所要求的合成气比例。

在催化剂作用下,原料气中的 CO 与 H_2O 反应生成 CO_2 和 H_2,并放出大量反应热。变换反应方程式如下:

$$CO + H_2O \longrightarrow CO_2 + H_2 \qquad +Q$$

CO 变换技术随变换催化剂的进步而发展。采用 Fe-Cr 系变换催化剂的变换工艺,操作温度为 350~550℃,称为中、高温变换工艺。其操作温度较高,原料气经变换后仍含有 3% 左右的 CO。Fe-Cr 系变换催化剂的抗硫能力差,适用于总硫含量低于 100ppm 的气体。采用 Cu-Zn 系变换催化剂的变换工艺,操作温度为 200~280℃,称为低温变换工艺。这种工艺通常串联在中、高温变换工艺之后,能将 CO 从 3% 降到 0.3%。Cu-Zn 系变换催化剂的抗硫能力更差,适用于总硫含量低于 0.1ppm 的气体。

采用 Co-Mo 系变换催化剂的变换工艺,操作温度为 200~550℃,称为宽温变换工艺。其操作温度较宽,流程设计合理,经变换后 CO 可降至 0.3% 左右。Co-Mo 系变换催化剂的抗硫能力极强,对总硫含量无上限要求。国内外对上述三种变换工艺及其不同组合均有丰富的使用经验。

8.3.1.3　气体净化工艺选择

气体净化是脱除变换气中含硫气体及多余的二氧化碳。脱硫分干法脱硫和湿法脱硫两大类。干法脱硫一般采用固体脱硫剂脱除气体中低浓度硫,属精脱硫范畴,有活性炭、改性活性炭和氧化锌等方法。湿法脱硫可分为物理吸收和化学吸收两种,常用的物理吸收方法有低温甲醇洗、NHD 工艺等;化学吸收方法有栲胶、ADA、MDEA 工艺等,都属粗脱硫范畴(第 3 章详细介绍过)。除了栲胶、ADA 法外,其他湿法脱硫工艺同时也能脱碳。

目前,世界上的脱碳工艺,根据操作过程的特点和机理,可分为化学吸收法、物理吸收法、物理化学吸收法三大类。

① 化学吸收法是利用气体中的 CO_2 与吸收剂中的活性组分发生化学反应生成不稳定化合物,热再生时不稳定化合物又分解为活性组分和 CO_2。常用的工艺有 MDEA 法、热钾碱法等。

② 物理吸收法是利用溶剂吸收气体中的 CO_2,且在不同分压下溶解度差异较大这一机理来脱除 CO_2。吸收溶剂一般为非电解质、有机溶剂或其他溶液。再生采用减压闪蒸及气提法。常用的工艺有碳丙法、Selexol 法(国内称为 NHD 法)、低温甲醇洗法、NMP 法等。

③ 物理化学吸收法是利用某些溶剂对 CO_2 的吸收具有化学反应和物理吸收两种机理来脱除 CO_2。再生除减压闪蒸、气提外,还需热再生才能将酸性气体彻底释放出来。常用的工艺有 MDEA 法等。

目前,在国内外大型工业化装置中脱硫、脱碳的工艺方法很多,通常将脱硫和脱碳合并考虑,常采用的方法有:MDEA 脱硫脱碳、NHD(Selexol)脱硫脱碳、低温甲醇洗脱硫脱碳。其中 MDEA 脱硫脱碳属于化学吸收法,后两种属于物理吸收法。脱除 CO_2 气体采用物理吸收比较有利,这是由于化学吸收法中溶剂的循环量与酸性气体含量成正比,CO_2 含量高会使溶剂循环量急剧增加,这将造成系统的操作能耗大大增加，经济上不合理；物理吸收法中溶剂的循环量与原料气中被吸收气体的分压有关，且较高的操作分压有利于物理吸收。对于大型工业装置，减少溶剂循环量对降低能耗和操作费用十分重要，因此适合采用物理吸收法。

物理吸收法中按照吸收温度的不同，一般分为热法和冷法。热法中以 Selexol 工艺最为著名，冷法则以低温甲醇洗（通常称 Rectisol）为代表，二者的技术说明如下。

(1) NHD（Selexol）脱硫、脱碳工艺

用聚乙二醇二甲醚溶液作吸收剂的气体净化过程，称为 Selexol 法。Selexol 工艺是由 Allied 化学公司于 20 世纪 60 年代开发的，1993 年 UOP 公司取得 Selexol 技术许可证。Selexol 于 20 世纪 80 年代初开始从合成气中脱除 CO_2，以后发展为从气体中选择性脱除酸性气体。国内南京化工研究院于 20 世纪 80 年代经过研究，获得了物化性质与 Selexol 相似的吸收溶剂组成，称之为 NHD 溶剂，1984 年经化工部鉴定，确定为 NHD 净化工艺。1993 年建成第一套以 Texaco 造气、NHD 脱硫、脱碳，年产 8 万吨合成氨的工业化示范装置，变换气经 NHD 脱硫、脱碳后，净化气 $CO_2 <$ 0.2%，总硫小于 50ppm。目前，国内已广泛采用该工艺。由于 NHD 是国内技术，装置投资相对低一些，但受工艺自身的限制，装置的运行费用相对较高。

NHD（Selexol）脱硫、脱碳工艺技术特点如下：

① 溶剂对 CO_2、H_2S 等酸性气体吸收能力强；

② 溶剂的蒸气压低，挥发性小，溶剂不氧化、不降解，有很好的化学和热稳定性，对碳钢等金属材料无腐蚀性，溶剂本身不起泡；

③ 具有选择性吸收 H_2S 的特性，并且可以吸收部分 COS 等有机溶剂；

④ 溶剂无臭、无味、无毒，但价格较贵；

⑤ 溶剂在常温下吸收，脱硫采用热再生，脱碳采用气提再生，热耗较低。

(2) 低温甲醇洗脱硫、脱碳工艺

低温甲醇洗是 20 世纪 50 年代初德国林德公司和鲁奇公司联合开发的一种气体净化工艺。该工艺以冷甲醇为吸收溶剂，利用甲醇在低温下对酸性气体溶解度极大的特点，脱除原料气中的酸性气体。该工艺气体净化度高，选择性好，气体的脱硫和脱碳可在同一个塔内分段、选择性地进行。低温甲醇洗工艺技术成熟，在工业上有着很好的应用业绩，被广泛应用于国内外合成氨、合成甲醇和其他羰基合成、城市煤气、工业制氢和天然气脱硫等气体净化装置中。低温甲醇洗脱硫、脱碳技术特点如下：

① 溶剂在低温下对 CO_2、H_2S、COS 等酸性气体吸收能力极强，溶液循环量小，功耗少；

② 溶剂不氧化、不降解，有很好的化学和热稳定性；

③ 净化气质量好，净化度高，CO_2 含量<20ppm，H_2S 含量<0.1ppm；

④ 具有选择性吸收 H_2S、COS 和 CO_2 的特性，可分开脱除和再生；

⑤ 溶剂不起泡，且廉价易得；

⑥ 溶剂甲醇有毒，对操作和维修要求严格；

⑦ 该工艺技术成熟，目前全世界约有 87 套大中型工业化装置；该工艺需从国外引进；由于操作温度低，设备、管道需低温材料，且有部分设备需国外引进，所以投资较高；

⑧ 低温甲醇洗溶剂在低温下吸收，含硫酸性气体采用热再生，回收 CO_2 采用降

压解吸，脱碳采用气提再生，热耗很低。

通过上面介绍，现将 NHD 工艺和低温甲醇洗工艺进行比较，各项技术指标见表 8-4。

表 8-4 NHD 工艺和低温甲醇洗工艺对比

工艺方法	名称	低温甲醇洗	NHD
		Lurgi 5 塔流程，分步脱除工艺气中的 H_2S 和 CO_2	中国技术，采用聚乙二醇二甲醚溶剂，分步脱除工艺气中的 H_2S 和 CO_2
工艺指标	处理气量/(Nm³/h)	78000	78000
	吸收压力/MPa	3.1	3.1
	吸收温度/℃	−26～−51	0～−5
	原料气中 CO_2 含量/%（摩尔分数）	约 40	约 40
	总硫含量/%（摩尔分数）	约 0.9	约 0.9
	净化气中 CO_2 含量	≤20ppm	≤0.1%
	总硫含量	≤0.1ppm	<1ppm
	溶液吸收能力/(Nm³CO_2/m³)	160～180	40～55
	CO_2 纯度/%（摩尔分数）	>99	>98.5
占地面积/m²		3000	2800
主要设备		5 个塔、6 个罐、21 台换热器、1 台压缩机、14 台泵	5 个塔、13 个罐、12 台换热器、2 台压缩机、14 台泵、2 套透平机组
气体损失		净化损失约占总 H_2 量的 0.12%	净化损失约占总 H_2 量的 0.4%
溶剂循环量		贫甲醇循环量在 370m³/h 左右	贫 NHD 循环量在 1150m³/h 左右
溶剂一次充填量		甲醇一次充填量350m³ 左右	NHD 一次充填量 320m³ 左右
公用工程消耗	新鲜水/m³/h	—	15
	冷却水/m³/h	308	374
	电/kW·h	776	1600
	蒸汽(0.4MPa)/t/h	9	19
	蒸汽(1.3MPa)/t/h	1.5	—
	氮气/(Nm³/h)	7000	7000
	氨冷量/(kcal/h)	$3×10^6$	$1.7×10^6$
	甲醇或 NHD 消耗/(kg/h)	约 44	约 8.3
	总投资/万元	约 6300	约 5500

虽然低温甲醇洗工艺投资较高，但电耗、蒸汽消耗低，且溶剂价格便宜，因此操作费用低。由以上两种工艺技术特点及技术经济比较可以看出，从技术先进及公用工程消耗上低温甲醇洗明显优于 NHD 工艺。

8.3.1.4 甲烷化工艺选择

甲烷化技术成熟可靠，在化肥行业广泛用于脱除 CO；在城市煤气行业用于提高煤气热值。目前世界上比较先进、成熟的甲烷化技术有托普索甲烷化循环技术、DAVY公司甲烷化技术和鲁奇公司的甲烷化技术。甲烷化工艺也可分为绝热甲烷化和等温甲烷化。

（1）托普索甲烷化循环技术（绝热甲烷化）

托普索公司开发甲烷化技术可以追溯至20世纪70年代后期，该公司开发的甲烷化循环工艺技术具有丰富的操作经验。在托普索甲烷化循环工艺中，反应在绝热条件下进行，反应产生的热量导致体系温度升高，所以通过循环来控制第一甲烷化反应器的温度。MCR-2X催化剂无论在低温（250℃）还是高温（700℃）都能稳定运行。反应器在高绝热温升下运行可使循环气体量减少，降低循环机功耗。

由于反应强度较大，单纯的一个绝热反应器是不能实现这个目的，因此要用多段的反应器串联才行，即可以将甲烷化反应分成几段来进行，分段用废热锅炉回收反应热。在工业化生产中，一般采用的是三级甲烷化流程，并且采用稀释的办法。图8-9是三级甲烷化加稀释流程，甲烷化反应器是三个串联的，第一级反应器的温度为650～700℃，第二级反应器的温度为500℃，最后一级的温度为350℃。全程CO的转化率为100%，H_2的转化率为99%，CO_2的转化率为98%。

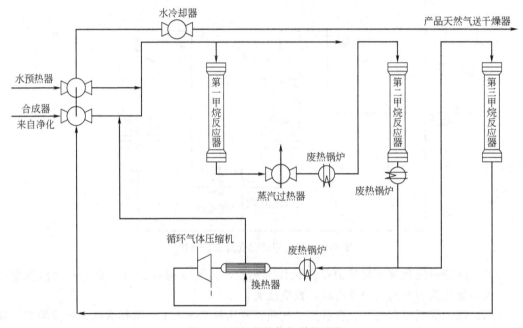

图8-9　三级甲烷化加稀释流程

除了核心技术外，由于生产甲烷过程要放出大量的热，如何利用和回收热量也是这项技术的关键。托普索公司将这些热量再次利用，在生产天然气的同时，将产出高压过热蒸汽用于驱动空分透平。

托普索工艺的特点如下。

① 单线生产能力大，根据煤气化工艺不同，单线能力在 $10 \times 10^4 \sim 20 \times 10^4 \, \mathrm{Nm^3/h}$ 天然气之间。

② MCR-2X催化剂活性好，转化率高，副产物少，消耗量低。

③ MCR-2X催化剂使用温度范围很宽，在250～700℃温度范围内都具有很高且稳定的活性。催化剂允许的温升越高，循环比就越低，设备尺寸和压缩机能力就越

小，能耗就越低。托普索甲烷化循环工艺循环气量是其他工艺的十分之一。

④ MCR-2X 催化剂在高压情况下可以避免羰基形成，保持高活性，寿命长。

⑤ 可以产出高压过热蒸汽（8.6～12.0MPa，535℃），用于驱动大型压缩机，能量利用效率高。

⑥ 冷却水消耗量低。

⑦ 高品质的替代天然气，甲烷含量可达 98%，低位热值约 8500kcal/Nm³（1cal＝4.184J），产品中其他组分很少，完全可以满足国家天然气标准以及管道输送的要求。

⑧ 甲烷化进料气的压力可高达 8.0MPa，以减少设备尺寸。

(2) 等温甲烷化合成技术

等温甲烷化合成技术为两级甲烷化反应器，温度均为 300～400℃，工艺流程如图 8-10 所示，此工艺也能生产出合格的城市燃气。等温甲烷化合成技术为我国自主专利技术，甲烷化反应器及催化剂在国内均可买到。

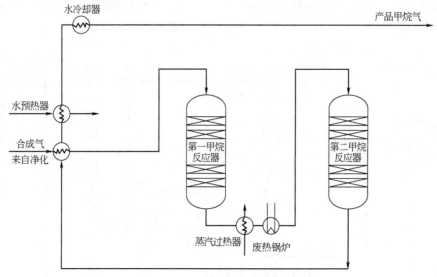

图 8-10 等温甲烷化合成工艺流程

绝热甲烷化技术与等温甲烷化技术比较，工艺专利费较高，设备一次性投资较大，催化剂需长期从国外进口，投资较大。

因此煤制城市燃气、合成天然气项目要从各工序入手，选择成熟、经济的工艺流程，且需从设备费和操作费两方面综合考虑。此外气化炉的选择与煤种有很大关系，要选择适合项目用煤的气化工艺，如恩德炉气化工艺适合褐煤气化。

8.3.2 煤制天然气的应用情况

城市燃气是城镇居民生活用气和工业生产的洁净能源，大力发展城市燃气，是减少污染、节能降耗、提高人民生活质量、改善群众生存环境的公益性事业。对于煤炭资源丰富、人口密集的城市来说，煤制天然气是一项洁净环保、方便生活、利国利民的"造福工程"。

2009 年 8 月，大唐国际发电股份有限公司内蒙古煤制天然气项目获批，这是全国第一个大型煤制天然气示范工程。该项目建设规模为年产 40 亿立方米，副产焦油

50.9 万吨、硫黄 11.4 万吨、硫铵 19.2 万吨。配套建设克什克腾达日罕乌拉苏木至北京市密云的 359 公里天然气输送管路，主要向北京供气。该工程项目落址内蒙古赤峰市该项目利用锡林郭勒胜利煤田褐煤资源，选用目前国际上先进的鲁奇碎煤加压技术、空风技术、气体净化技术、甲烷化技术、LNG 调峰方案、天然气灌输技术。项目设计中采用了多项节水措施，不仅可以减少水资源的耗量，同时也减少了污染物排放量，生产工艺流程见图 8-11。工程分三期建设，项目主要建设内容包括碎煤加压气化炉 48 台，低温甲醇洗装置 6 套，甲烷合成装置 6 套；7 台 470 吨/时高压锅炉，2 台 100 兆瓦抽凝式直接空冷汽轮发电机组和 3 台 45 兆瓦抽气背压机组。2012 年建成后每年可向北京提供 40 亿立方米天然气，成为北京第二大气源，可弥补北京天然气供应不足的现状。

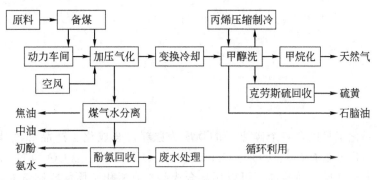

图 8-11　煤制天然气生产流程

另外，大唐国际发电股份有限公司由所属企业辽宁大唐国际阜新煤制天然气有限责任公司在阜新市建设阜新煤制天然气项目，本项目也是以锡林浩特胜利煤田的褐煤为主要原料生产天然气，生产能力为日产 1200 万立方米天然气，制成代用天然气（SNG），供沈阳、铁岭、本溪、抚顺和阜新等城市使用。

因此利用丰富的煤炭资源建设城市燃气工程符合我国"能源多元化"发展战略部署，具有保护环境、解决民生等重要的社会效益和经济效益。

思考题

1　煤制烯烃的工艺有哪些？

2　煤制乙二醇的工艺有哪些？

3　煤制天然气主要包括哪几个工序，并对各工序进行分析？

第9章

碳一化工主要产品

碳一化工是以含一个碳原子的物质为原料，合成化工产品和液体燃料的生产过程。碳一化合物有 CO、CO_2、CH_4、CH_3OH 等，其中以 CO 和 H_2 为主要成分的合成气，由于其反应活性高，可以用来合成基本有机化工原料或制备液体燃料。

当前全球能源紧张导致基础有机化工原料的发展正面临石油资源短缺、环保要求日益严格这两大难题。因此发展碳一化工产品，生产合成燃料及基础有机原料，逐步替代或补充石油资源已迫在眉睫。采用碳一化学技术进行生产的碳一化工产品主要有甲醇、甲醇转汽油、二甲醚、乙酸、乙酐、甲醛等。

9.1 甲醇合成

甲醇最早是从木材干馏中获得的，因此又称木醇，是饱和醇中最简单的代表。甲醇在常温常压下是易挥发、易燃烧的无色透明液体，甲醇有很强的毒性，略带有类似乙醇的气味，甲醇燃烧时火焰呈蓝色，在空气中的爆炸极限为 $6.0\% \sim 36.5\%$（体积分数）。甲醇的沸点是 $64.5 \sim 64.7℃$（1atm），甲醇能和水以任何比例互溶，但不与其形成共沸混合物，因此可以用精馏的方法来分离甲醇和水的混合物。甲醇含有一个甲基和一个羟基，所以具有醇类的典型反应，同时又能进行甲基化反应，因此甲醇在工业上有着广泛的应用。甲醇不具有酸性，其分子组成虽有可作为碱性特征的羟基，但不呈碱性，对酚酞及石蕊均呈中性。甲醇不仅是重要的化工原料，可以合成出多种化工产品，同时也可以做燃料使用。甲醇具有良好的燃料性能，无烟，且辛烷值高，抗爆性能好，因此甲醇作为发动机替代燃料的可行性得到了人们的广泛重视。将甲醇掺混到汽油中是最早的开发手段，由于甲醇和汽油的可溶性差，受温度影响较大，需要加入助溶剂，如乙醇、乙丁醇、甲基叔丁基醚（MTBE）等。

9.1.1 合成原理

20 世纪初,人们发现一氧化碳和氢气在铁系催化剂作用下合成的液体油中,有甲醇存在,其后,经过研究开发出了镉锌(Cr_2O_3-ZnO)为催化剂的高压合成甲醇技术。其反应条件为:压力 25～35MPa,温度 320～400℃。基本原理用下式表示:

$$CO + 2H_2 \longrightarrow CH_3OH \quad -Q$$

在合成气中如果有 CO_2 存在,则还会发生以下反应:

$$CO_2 + 3H_2 \longrightarrow CH_3OH + H_2O \quad -Q$$

高压合成甲醇的工艺流程比较简单,主要是由煤气化、合成气净化、合成甲醇和甲醇精馏四部分组成。此法经过多年的发展,技术已经很成熟。但除了条件苛刻外,其最大的问题是副反应多,甲醇产率低。

在高压合成甲醇的反应中,还会发生以下一些副反应:

$$2CO + 4H_2 \longrightarrow (CH_3)_2O + H_2O$$
$$CO + 3H_2 \longrightarrow CH_4 + H_2O$$
$$4CO + 8H_2 \longrightarrow C_4H_9OH + 3H_2O$$
$$CO_2 + 4H_2 \longrightarrow CH_4 + 2H_2O$$
$$2CO \longrightarrow CO_2 + C$$

此外还可能生成少量的高级醇和微量醛、酮、酯等副产物。通过热力学分析,合成甲醇的反应温度可以降低,所需的压力也可以降低,但由于速度太慢,所以必须寻找能够抑制副反应的有较好活性的新催化剂。

9.1.2 煤制甲醇工艺技术

煤制甲醇工艺技术主要是水煤浆与氧气在一定的温度和压力下,发生部分氧化和气化反应,产生以($CO+H_2$)为主的粗煤气,经两级文丘里洗涤器和旋风分离器分离,除去煤气中的飞灰、氨等杂质。再经部分冷凝器进一步冷凝脱除其中的氨、碳黑等杂质后,送入 CO 变换装置,通过变换和脱碳将 H_2、CO、CO_2 调整到合适的比例。然后进入净化气脱硫装置,进行有机硫水解及无机硫脱除,将净化气中总硫脱至 0.1ppm 以下,以满足甲醇合成催化剂对原料气中硫含量的要求。脱硫后的净化气经合成气压缩机提压后进行甲醇合成,生成的粗甲醇进入甲醇精馏制得符合国标 GB 338—92 的优等品级精甲醇。合成甲醇的弛放气送备煤系统和锅炉房作燃料。每个化学过程所涉及的主要化学反应如下。

① 水煤浆气化反应

$$C_m H_n S_r + \frac{m}{2}O_2 =\!\!=\!\!= mCO + (n/2 - r)H_2 + rH_2S$$

② 水煤气变换反应

$$CO + H_2O =\!\!=\!\!= CO_2 + H_2$$

③ 甲醇合成反应

$$CO + 2H_2 =\!\!=\!\!= CH_3OH$$
$$CO_2 + 3H_2 =\!\!=\!\!= CH_3OH + H_2O$$

④ 硫回收反应

$$2H_2S+2O_2 \Longrightarrow S+SO_2+2H_2O$$
$$2H_2S+3O_2 \Longrightarrow 2SO_2+2H_2O$$
$$2H_2S+SO_2 \Longrightarrow 3S+2H_2O$$

基本工艺流程如图 9-1 所示。

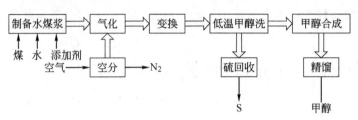

图 9-1　煤制甲醇工艺流程

从反应式可知，对于 CO 合成甲醇，$H_2/CO=2$ 时，理论上合成的甲醇量多。对于 CO_2 合成甲醇，$H_2/CO_2=3$ 时合成的甲醇量多。实际生产中，这两个反应同时进行，而且 CO_2 的含量低，为了保证足够的甲醇合成率，甲醇合成时 $(H_2-CO_2)/(CO+CO_2)$ 的比值控制在 $2.05\sim2.15$ 之间。气化工序产生的原料气中 H_2 的含量低，CO 的含量高，为了控制 $(H_2-CO_2)/(CO+CO_2)=2.05\sim2.15$ 的比值，控制 CO_2 的含量，设置了变换工序。

用煤气化生成 CO、H_2 等原料气，而煤中不仅含有 C，而且含有硫和其他物质。硫在气化时转化为 H_2S 进入煤气。如果 H_2S 在进甲醇合成塔前不除去会使甲醇催化剂中毒，无法生产。因此，H_2S 气体也应该除去。而脱除 CO_2 的工序使用的是甲醇，甲醇正好可以洗掉原料气中的 H_2S，这样 H_2S 的脱除和 CO_2 的脱除合并为一个工序，即低温甲醇洗工序。

目前国内外主要甲醇合成器有 ICI 合成塔、Lurgi 列管等温合成塔、Casale 轴径混合流合成塔、Linde 等温合成塔、MRF 合成塔、卡萨利板式换热 IMC 合成塔、Topsoe 径向合成塔等。几种国际上的主要甲醇合成塔的比较见表 9-1。

表 9-1　国际主要甲醇合成塔的比较

合成塔类型	ICI冷激 合成塔	Lurgi 合成塔	Casale 合成塔	Linde 合成塔	Topsoe 合成塔	MRF 合成塔
气体流动方式	轴向方式	轴向方式	轴径方式	轴向方式	轴向方式	轴向方式
控温方式	冷激	回收热量	气气换热	螺旋蛇管 回收热量	外部换热	回收热量 (内冷)
生产能力/(t/d)	2300	1250	5000	750	5000	＞10000
碳效率/%	98.3	—	99.3	—	—	—
催化剂相对体积	1	—	0.8	—	0.8	0.8

国内开发的甲醇合成塔主要有 JJD 低压恒温水管式甲醇合成塔、华东理工大学的绝热管壳复合式合成塔以及杭州林达均温甲醇合成塔等。

粗甲醇中含有易挥发的低沸点组分（如 H_2、CO、CO_2、二甲醚、乙醛和丙酮等）和难挥发的高沸点组分（如乙醇、高级醇和水等），所以需要通过精馏去除杂质得到精甲醇。甲醇精馏工艺目前主要分为两种即甲醇双塔精馏工艺（见图 9-2）和三塔精馏工艺（见图 9-3）。双塔精馏工艺技术由于具有投资少、建设周期短、操作简单等优点，被我国众多中小企业所采用，尤其是在联醇装置中得到了迅速推广。三塔精馏工艺是为了减少甲醇在精馏中的损耗和提高热利用率而开发的一种先进、高效、能耗低工艺流程，近年来在大中型企业中推广和应用。甲醇精馏塔按内件不同可分为板式精馏塔和填料式精馏塔。

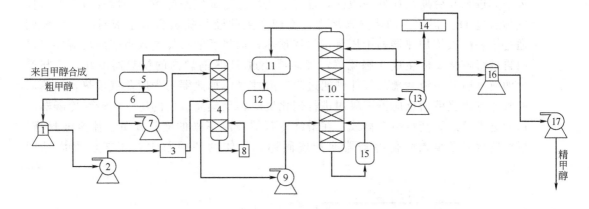

图 9-2 煤制甲醇双塔精馏工艺

1—粗甲醇贮槽；2—预塔给料泵；3—粗甲醇预热器；4—预精馏塔；5—预塔冷凝器；
6—预塔汇流槽；7—预塔汇流泵；8—预塔再沸器；9—主塔给料泵；10—主精馏塔；
11—主塔冷凝器；12—主塔回流槽；13—主塔回流泵；14—精甲醇冷却器；
15—主塔再沸器；16—精甲醇贮槽；17—精甲醇泵

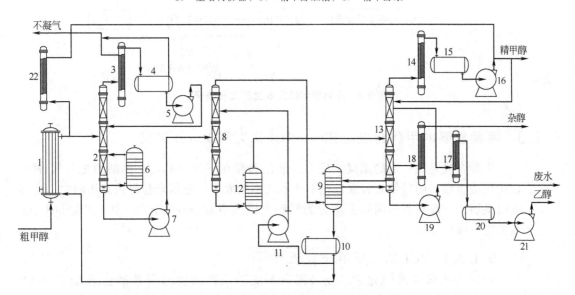

图 9-3 煤制甲醇三塔精馏工艺

1—粗甲醇预热器；2—预精馏塔；3—预塔冷凝器；4—预塔回流槽；5—预塔回流泵；
6—预塔再沸器；7—加压塔给料泵；8—加压精馏塔；9—常压塔再沸器；10—常压
塔回流槽；11—加压塔回流泵；12—预塔再沸器；13—常压精馏塔；14—常压塔冷凝器；
15—常压塔回流槽；16—常压塔回流泵；17—乙醇采出冷却器；18—杂醇油冷却器；
19—废水泵；20—乙醇采出槽；21—乙醇采出泵；22—精甲醇冷却器

硫回收工段主要指来自低温甲醇洗单元的酸性气体进入气分离罐分离出夹带的液体后，气体经控制阀调节分别进入 H_2S 锅炉和克劳斯反应器一段。酸性气体在 H_2S 锅炉内和来自罗茨鼓风机的空气进行燃烧，生成 SO_2。燃烧反应中空气流量的控制，是通过对进口酸性气体的 H_2S 成分分析和最终冷凝器出口尾气中的 H_2S 成分分析来实现，并且相应地控制燃料气的流量。

部分酸性气体经燃烧后成为含 SO_2 的气体，与来自低温甲醇洗的含 H_2S 的气体一起进入克劳斯反应器一段内，进行催化反应生成气态硫黄。一段反应后的酸性气体通过 H_2S 锅炉内的换热器冷却，冷却产生的液相硫黄自流至液封槽。气体则通过第一酸气体加热器的中压蒸汽间壁预热，加热后的气体进入克劳斯反应器二段内再进行催化反应生成气态硫黄，气体再经过 H_2S 锅炉内的换热器冷却，冷却产生的液体硫黄去液封槽。气体则通过第二酸性气体加热器的中压蒸汽预热，加热后的气体进入克劳斯反应器三段内进行催化反应，反应完成后的尾气经最终冷凝器冷却后进入焚烧炉焚烧高空排放。在最终冷凝器冷凝下来的液相硫黄自流至液封槽，再经硫黄泵送至硫固化冷却器冷却成固体。具体的硫回收生产工艺流程详见图 9-4。

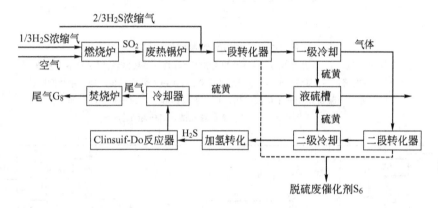

图 9-4　煤制甲醇硫回收生产工艺流程

9.1.3　两种重要的甲醇合成工艺——ICI 工艺和 Lurgi 工艺

甲醇合成是在一定的温度、压力、催化剂存在下进行的，是典型的复合气-固相催化反应过程。随着甲醇合成催化剂技术的不断发展，总的趋势是由高压向中、低压方向发展。下面对目前国际上流行的两种重要的甲醇合成工艺——ICI 工艺和 Lurgi 工艺进行简单介绍。

9.1.3.1　ICI 低压甲醇合成流程

1966 年英国卡内门化学工业公司研制成功了高活性的铜系催化剂 $CuO-ZnO-Al_2O_3$，并以此开发了低压合成甲醇工艺，简称 ICI 法。ICI 低压甲醇合成工艺流程如图 9-5 所示，反应温度降低到 $230\sim270℃$，压力降低到 $5\sim10MPa$。压力太低会增大反应器体积，所以一般选择 $10MPa$ 左右。

由 H_2、CO、CO_2 及少量 CH_4 组成的合成气经变换反应调节 CO/CO_2 比例后，由离心压缩机升压到 $5.0MPa$ 以上，送入温度为 $270℃$ 冷激式反应器，反应后的气体经冷却分离出甲醇，未反应的气体经压缩升压与新鲜原料气混合再次进入反应器，反应中所积累的甲烷气可以返回转化炉制取合成气。低压操作意味着出口气体中的甲醇浓度低，因而合成气的循环量增加。但是，要提高系统压力，设备的压力等级也要相应提高，这样将造成设备投资加大和压缩机的功耗提高。

ICI 低压法合成甲醇的特点：

① 合成反应塔结构简单，ICI 工艺采用多段冷激式合成反应塔，结构简单，催化剂装卸方便，通过直接通入冷激气调节催化剂床层温度；

② 粗甲醇中杂质含量低，由于采用了低温、活性高的铜基催化剂，合成反应温度降低到 230～270℃，压力降低到 5MPa，低温低压的条件抑制了强放热的甲烷化反应及其他副反应，因此，粗甲醇中杂质含量低，减轻了精馏负荷；

③ 合成压力低；

④ 能耗低。

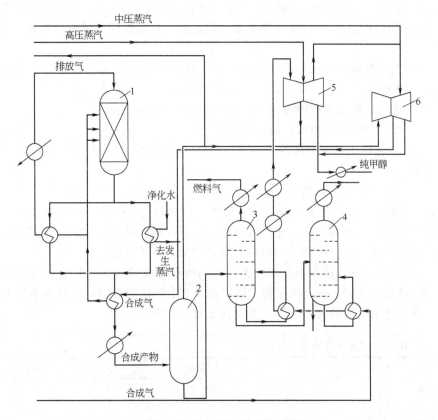

图 9-5　ICI 低压甲醇合成工艺
1—合成反应塔；2—分离器；3—精馏塔；4—甲醇塔；5—压缩机；6—循环压缩机

日本三菱瓦斯公司（Mitsubishi Gas Chemical）也提出了与 ICI 类似的 MGC 低压合成工艺，使用的也是铜基催化剂，操作温度和压力分别为 200～280℃ 与 5～15MPa。反应器为冷激式，外串一台中间锅炉以回收反应热。该流程以碳氢化合物为原料，脱硫后进入 500℃ 的蒸汽转化炉，生成的合成气冷却后经离心压缩与循环气体混合进入反应器。分段冷激虽然可使反应器内的催化剂床温度趋于均匀，避免了反应中局部温度过高烧坏催化剂，但同时也降低了反应器单位体积的转化率，造成循环气量增加，压缩功耗加大，反应热回收利用效率也降低。

9.1.3.2 Lurgi 低压甲醇合成工艺

20 世纪 60 年代末，德国 Lurgi 公司在 Union Kraftstoff Wesseliong 工厂建立了一套年生产 4000t 的低压甲醇合成示范装置。在获得了必要的数据及经验后，1972 年底，Lurgi 公司建立了 3 套总产量超过 $30 \times 10^4 t/a$ 的工业装置。Lurgi 低压甲醇合成工艺流程如图 9-6 所示。Lurgi 低压甲醇合成工艺与 ICI 的最大区别是，它采用列管式反应器。CuO/ZnO 基催化剂装填在列管式固定床中，反应热供给壳程中的循环水以产生高压蒸汽，反应温度由控制反应器壳程中沸水的压力来调节，操作温度和压力分别为 $250 \sim 260℃$ 和 $5 \sim 6MPa$。合成气与循环气一起压缩，预热后进入反应器。Lurgi 工艺可以利用反应热副产一部分蒸汽，能较好地回收能量，其经济性和操作可靠程度要好一些。

Lurgi 低压法合成甲醇的特点：

① 采用壳式合成塔，这种合成塔温度容易控制，同时，由于换热方式好，催化剂床温度分布均匀，可以防止铜基催化剂过热，对延长催化剂寿命有利，且副反应大大减少；

② 无需专设开工加热炉，开车方便，开工时直接将蒸汽送入甲醇合成塔，将催化剂加热升温；

③ 合成塔可以副产中压蒸汽，合理地利用了反应热；

④ 投资和操作费用低，操作简便。

Lurgi 低压法合成甲醇的不足之处是合成塔结构复杂，材质要求高，填充催化剂不方便。

Lurgi 管壳型反应器外形像一个列管式换热器，催化剂填装于管内，管外为 4MPa 的沸水。反应气流经反应管，放出的热量通过管壁传给沸水，使其汽化，转变为同温度蒸汽。其特点为：床层温度平稳；能准确、灵敏地控制反应温度；以较高位能回收反应热；出口甲醇含量较高；设备紧凑，开工方便。

ICI 和 Lurgi 低压甲醇合成工艺的共同特点是以煤炭为原料制得的合成气，都是含铜锌催化剂。但 Lurgi 催化剂含铜锌量与 ICI 催化剂不同，而且还含钒和锰，不含铬。低压合成甲醇装置的技术指标对比如表 9-2 所示。

表 9-2 ICI 法和 Lurgi 法工艺指标对比

指　　标		ICI 法			Lurgi 法		
生产能力/（t/d）		100000			100000		
反应压力/MPa		$5 \sim 10$			$5 \sim 10$		
反应温度/℃		$200 \sim 300$			$240 \sim 270$		
原料类别		重油	石脑油	天然气	煤	重渣油	天然气
每吨甲醇消耗	原料和燃料/GJ	32.6	32.2	30.6	40.8	38.3	29.7
	原料水/m³	0.75	1.15	1.15	3.8	2.5	3.1
	电力/kW·h	88	35	35	—	—	—

9.1.4 甲醇车用燃料应用

甲醇不仅是重要的化工原料，也是性能优良的能源和车用燃料。甲醇是易燃液

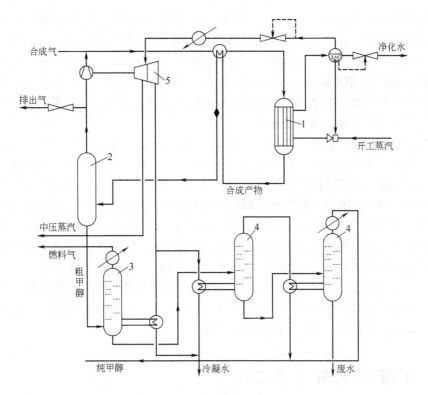

图 9-6　Lurgi 低压甲醇合成工艺
1—反应器；2—分离器；3—底沸物塔；4—甲醇精馏塔；5—压缩机

体，燃烧性能良好，辛烷值高，抗爆性能好，是一种比较理想的汽油（添加）替代燃料。

甲醇作为内燃机燃料，在汽车上的应用主要有掺烧和纯甲醇替代两种。掺烧是指将甲醇以不同的比例（如 M3、M5、M15、M30 等）掺入汽油中，作为发动机的燃料（一般称为甲醇汽油）。使用 M3、M5 甲醇汽油，发动机无需做任何改动，使用 M15、M30 甲醇汽油，则需加入助溶剂，汽车发动机应作相应调整。纯甲醇替代是指将高比例甲醇（如 M85、M100）直接用作汽车燃料，由于受甲醇燃烧特性限制，需要对发动机进行改造以达到最佳性能。

在国外，甲醇汽油开发及应用开始于 20 世纪 70 年代的第二次石油危机，从替代能源的角度考虑，美国、日本、德国等国先后投入了人力进行甲醇燃料及甲醇汽车配套技术的研究开发。1987 年美国福特汽车公司及美洲银行，改装了 500 辆福特车，试用 M85 甲醇燃油，总行程 3380 万千米，时间长达 3 年，取得甲醇汽车改装生产的经验。1995 年美国 DOE 能源研究中心投入 12700 辆甲醇车试用 M85。

日本汽车研究所 1993 年用大型公共汽车、载货车使用 M85、M100 燃料，进行了 6 万千米的道路试验，以检验发动机的耐久性、可靠性。1994 年，日本制造了奥托甲醇型汽车，并用 7 年时间进行了道路试验。1996 年，日本本田技研工业株式会社，试用汽油、甲醇自由混合双燃料车，已完成确保与汽油大致相同耐久、可靠、灵活的燃料车，并使成本降低，有利于批量生产。

在欧洲，瑞典 1975 年首先提出甲醇可以成为汽车代用燃料，并随即成立国家级

的瑞典甲醇开发公司（SMAB）。德国在 20 世纪 70 年代开始研制甲醇发动机，1979
年制定了《用于公路交通运输的醇类燃料》的研究规划，将 M15 汽油用于汽车，其
间组织过由 6 家汽车厂生产的一千多辆燃醇汽车投入试运行，并在全国主要大、中城
市建立 M15 汽车加油站，形成全国供应甲醇汽油的网络。在 20 世纪七八十年代，德
国大众汽车公司还在中国建立了 M100 甲醇汽车示范车队。可以说，德国是至今世界
上发展甲醇汽车最有成效的国家。

另外，瑞典、新西兰已推广使用 M15 汽油，意大利计划用含甲醇 80% 的混合醇
代替汽油。大多数国家计划加甲醇 15%，并正在进一步的推广或成批使用中。

我国对甲醇燃料的研究起步于 20 世纪 80 年代。"九五"期间，原经贸委"新能
源专项计划"批准山西省实施甲醇燃料示范工程，试验示范 55 辆使用 M85 电喷甲醇
发动机的中巴汽车，2001 年该项目通过竣工验收。安装在中巴车上的多点电喷甲醇
发动机经全速全负荷可靠性试验验收和投产验收表明，性能大大优于化油器式的同型
汽油发动机。"十一五"期间，科学技术部国家攻关项目"甲醇燃料汽车（M85～
M100）示范工程"在山西省对 55 辆 M85～M100 甲醇车进行示范运营。2009 年 7 月
我国《车用甲醇汽油（M85）》（GB/T 23799—2009）标准正式颁布。因此，甲醇作
为补充或替代燃料，其应用前景非常广阔。

9.2 甲醇转汽油（MTG）

将煤气化成合成气，然后将合成气通过在高压或低压环境下合成甲醇，将得到
的甲醇进行催化转化得到高辛烷汽油，是煤制油的另外一种途径，称 MTG（meth-
anol to gasoline）。其典型的工艺核心是使用由美孚（Mobil）公司开发的沸石催化
剂 ZSM-5，并于 1986 年在新西兰实现商业生产，年产汽油 57 万吨，辛烷值
为 93.7。

甲醇转化成汽油的原理并不复杂，可以简单看成是甲醇脱水，示意方程式如下。

$$n\mathrm{CH_3OH} \longrightarrow n(\mathrm{CH_2})_n + n\mathrm{H_2O}$$

MTG 机理一般认为是首先甲醇发生放热反应，生成二甲醚和水，然后二甲醚和水又
转化为轻烯烃，然后至重烯烃。示意方程式如下

$$2\mathrm{CH_3OH} \longrightarrow \mathrm{CH_3OCH_3} \longrightarrow 轻烯烃(\mathrm{C_3}) \longrightarrow 重烯烃(大于\ \mathrm{C_5})$$

在催化剂选择作用下，烯烃可以重整得到脂肪烃、环烷烃和芳香烃，但一般所得烃的
碳原子数不会超过 10。甲醇转化得到的汽油不含杂质原子，也不含有机氧化物。其
沸点范围如同优质汽油，但其中含有较多的均四甲苯，约为 3%～6%，而在一般汽
油中只有 0.2%～0.3%，另外其辛烷值高。

在 Mobil 开发的 MTG 工艺中，催化剂为沸石催化剂 ZSM-5，转化反应发生在固
定床反应器内，工艺采用两段反应器，一段为二甲醚反应器，另一段为转化反应器，
此时反应器温度在 340～407℃，压力 2MPa。其原理和固定床工艺流程如图 9-7 和图
9-8 所示。

来自甲醇厂的原料甲醇首先被加热至 300℃，进入二甲醚反应器，在沸石催化剂

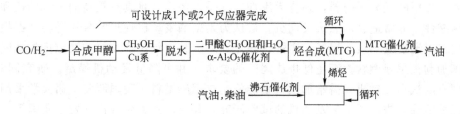

图 9-7　MTG 工艺原理示意

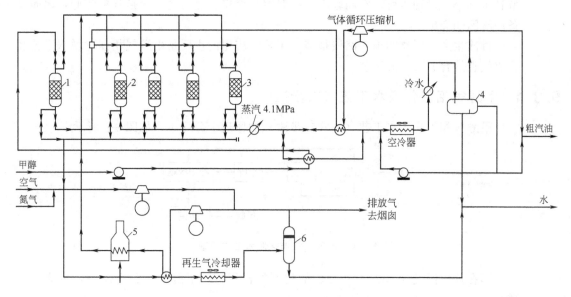

图 9-8　MTG 固定床工艺流程

1—二甲醚反应器；2—转化反应器；3—再生反应器；4—产品分离器；

5—开工、再生炉；6—气液分离器

ZSM-5 催化剂作用下得到二甲醚和水蒸气，离开二甲醚反应器后生成产物与循环气体混合进入二段转化反应器，生成烯烃、芳烃和脂肪烃。离开转化反应器的产品气经过换热冷却，水分离后得到粗汽油，此间分离出的气体作为循环气体重新进入反应器。

甲醇转化得到的汽油不含杂质原子，也不含有机氧化物。其沸点范围如同优质汽油，但其中含有较多的均四甲苯，约为 3%～6%，而在一般汽油中只有 0.2%～0.3%，另外其辛烷值高。但据文献介绍，经过煤气化、合成甲醇及 MTG 工艺将煤转化为油的总热效率低于其他的煤液化工艺。

9.3　二甲醚生产

二甲醚（DME）又称甲醚，其英文名称为 dimethyl ether，缩写为 DME。其分子式为 CH_3OCH_3。二甲醚因其特有的分子结构和理化性质，用途十分广泛。目前主要用途是做气雾剂的抛射剂、合成硫酸二甲酯等的化工原料。近些年来由于其具有的无色、无毒以及良好的燃料性能，使其备受关注。

二甲醚是易燃燃料,燃烧无黑烟,几乎无污染,且具有较高的十六烷值和优良的压缩性,非常适合压燃式发动机,被认为是柴油发动机理想的替代燃料。据报道,使用二甲醚的发动机,尾气无需催化转化处理,其氮氧化物及黑烟微粒排放就能满足美国加利福尼亚燃料汽车超低排放尾气的要求,并可降低发动机噪声。研究同时表明,现有的汽车发动机只需略加改造就能使用二甲醚燃料。我国西安交通大学采用二甲醚代替柴油,进行了柴油发动机的试验研究,并与一汽集团合作开发了我国第一辆改用二甲醚的柴油发动机汽车。但是以二甲醚做燃料同样也存在着许多问题,由于其热值低且密度小、发动机所需空间较大,同时容易泄露。更为重要的是其黏度低,因而设备润滑问题突出。

目前生产二甲醚的工艺路线很多,工艺上应用的主要是甲醇气相催化脱水工艺和合成气直接合成二甲醚工艺。

9.3.1 甲醇气相催化脱水工艺(二步法)

甲醇气相催化脱水工艺(也称二步法)的原理十分简单,如图 9-9 所示。

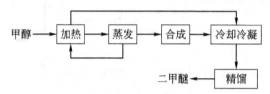

图 9-9 甲醇气相催化脱水工艺原理

即在反应温度为 250~330℃、催化剂的作用下,甲醇发生脱水反应,生成二甲醚和水

$$2CH_3OH \longrightarrow CH_3OCH_3 + H_2O$$

在目前的工艺中,催化剂一般选择为氧化铝或是硅酸铝。在甲醇脱水过程中,一般要经历三个阶段:二甲醚形成,轻烃的生成和芳构化。因此对于实际工艺来讲,除了第一个阶段,其余轻烃和芳烃的生成均属于副反应。此工艺甲醇单程的转化率一般在 70%~80% 之间,二甲醚的选择性高于 90%,制得的二甲醚的纯度可达到 99.9%。

甲醇气相转化法具体工艺流程如图 9-10。首先原料甲醇由进料泵加压到 0.9MPa左右,经预热器 (2) 预热到沸点,进入汽化器 (3) 被加热汽化,再进入进出料换热器 (4) 用反应出料气体加热至反应温度,然后进入反应器(5)中,在反应器 (5) 的催化剂床层内进行气相催化脱水反应,再通过二甲醚精馏塔 (6)、脱烃塔 (7) 进行分离得二甲醚成品;精馏塔底部出来液体进入二甲醚回收塔 (9) 回收二甲醚,回收后顶部得粗二甲醚,再精馏可得精二甲醚。二甲醚回收塔 (9) 塔底部采出进入甲醇回收塔 (10),回收甲醇从塔顶部返回原料缓冲罐 (1) 中。

甲醇脱水生成二甲醚是放热反应,为了避免反应区域温度急剧升高,加剧副反应发生,反应器 (5) 采用列管式固定床反应器,固体颗粒状催化剂装填入管内,管外用载热油强制循环移走反应热。反应初期温度控制在 280℃ 左右,反应压力为0.8MPa,该反应转化率可达 60%~70%,选择性大于 99%;然后逐渐升高温度,反应末期温度可达到 330℃,这样可维持稳定转化率。

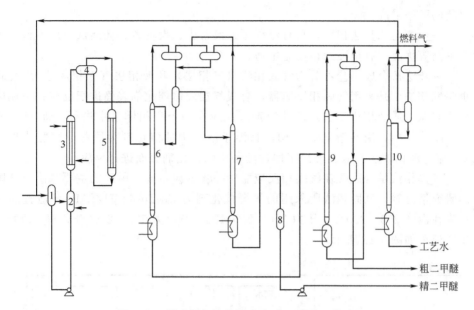

图 9-10　甲醇气相催化脱水合成二甲醚工艺流程

1—原料缓冲罐；2—预热器；3—汽化器；4—进出料换热器；

5—反应器；6—二甲醚精馏塔；7—脱烃塔；8—成品中间罐；

9—二甲醚回收塔；10—甲醇回收塔

从总体看，气相甲醇脱水法生产工艺，要经过甲醇合成、甲醇精馏、甲醇脱水、二甲醚精馏等工艺，流程较长，因而设备投资大，生产成本较高。但甲醇脱水法生产二甲醚具有生产工艺成熟，装置适应性广，后处理简单等特点。

9.3.2　合成气直接合成二甲醚工艺（一步法）

在甲醇脱水工艺过程中，由于涉及过多中间环节，使得热效应降低，同时不利于大规模生产二甲醚，因此合成气直接合成二甲醚法（也称一步法）工艺受到了广泛关注。其基本原理如图 9-11 所示。合成器经压缩、净化和加热后进入合成反应器内，从顶部出来的气体与合成器换热冷却后，进入吸收塔内，通过精馏得到二甲醚。

合成气 → 换热 → 换热 → 合成 → 吸收 → 精馏 → 二甲醚

图 9-11　合成气一步法合成二甲醚基本原理

合成气一步法工艺实际上是把甲醇合成和甲醇脱水两步反应合在一个反应器中进行，避免了多步合成反应受平衡条件的影响，使得单程转化率得到提高。从化学反应角度来看，一步法工艺也包括与甲醇脱水类似的几个反应：

$$CO_2 + 3H_2 \longrightarrow CH_3OH + H_2O$$
$$H_2O + CO \longrightarrow H_2 + CO_2$$
$$2CH_3OH \longrightarrow CH_3OCH_3 + H_2O$$

在甲醇生产中，希望通过催化剂选择性地促进前两个反应，而抑制副产物二甲醚的生成，而在合成气一步法中，则希望所选的催化剂能同时促进这三个反应，并使二甲醚的产率最高。

一步法与二步法相比，具有流程短、设备少、投资省、耗能低、成本低、单程转化率高等优点，有很强的市场竞争力。

一步法按合成工艺可分为气固相法（二相法）和液相法（三相床法）。气固相法也叫气相法，是采用气固相反应器，合成气在固体催化剂表面进行反应；三相床法又称浆态床法或液相法，引入惰性溶剂，反应在一个三相体系中进行，即 H_2、CO 和二甲醚为气相，惰性溶剂为液相，悬浮于溶剂中的催化剂为固相。气相中的 H_2 和 CO 穿过液相油层扩散至悬浮于惰性溶剂中的催化剂表面进行反应。

气固相法是合成气在气固相反应器中一步反应生成二甲醚的主要方法。从国内外的研究情况看，气固相法所采用的复合催化剂为 Cu-Zn-Al/HZSM-5，适宜的反应条件为在温度 250～280℃，压力 2.0～5.0MPa，空速为 500～2000/h，$H_2/CO=2$。其生产流程如图 9-12 所示。

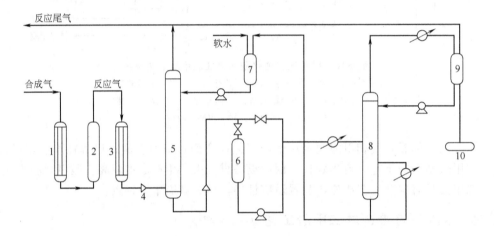

图 9-12　一步法合成二甲醚生产流程

1,3—换热器；2—反应器；4—定压器；5—吸收塔；6,7—中间储罐；
8—精馏塔；9—回流罐；10—产品储罐

首先合成气在换热器（1）加热到 280℃ 左右进入气固相反应器（2）进行反应，反应气从反应器顶部出来经换热器（3）冷却进入吸收塔（5）用软水吸收二甲醚，再进入精馏塔制取高纯度二甲醚。该流程 CO 转化率大于 85%，选择性大于 99%。

合成气一步气相法工艺技术灵活，可以根据市场需求，通过调节催化剂组成（合成催化剂与脱水催化剂比例）、原料气组成、操作条件等改变产物中醚/醇比率。但气固催化法必须使用富氢合成气 $[V(H_2):V(CO) \geqslant 2]$，只能在转化率较低的情况下操作。

目前一步法合成二甲醚技术关键是研究开发性能优异的浆态床反应器，使其具有良好的移热和控温能力，强化相际传质，充分利用合成反应热，研发适合于浆态体系的双功能催化剂，提高催化剂的反应活性、选择性及稳定性。

近年 Air Product 公司开发成功了液相二甲醚新工艺 LPDME™，该工艺的主要特点是放弃了传统的气相固定床反应器而使用了浆液鼓泡塔反应器。催化剂颗粒呈细粉状，用惰性矿物油与其形成浆液。高压合成气原料从塔底喷入、鼓泡。固体催化剂颗粒与气体进料达到充分混合。其典型的反应器操作参数为：压力 2.76～

10.34MPa，温度为200～350℃。目前工程示范结构令人满意。

9.3.3　二甲醚的应用

二甲醚，又称木醚、氧二甲，习惯上简称甲醚，在常温常压下为无色的具有轻微醚味的可燃气体，具有一般醚类的性质，无腐蚀性，毒性很弱，其物理性质见表9-3。

表9-3　二甲醚的物理性质

分子式	凝固点	沸点	着火点	自燃点	液体密度
CH_3OCH_3	−141.5℃	−24.5℃	−27℃	350℃	0.66g/ml
摩尔质量	蒸气压	临界温度	临界压力	折射率	燃烧热值
46.07g/mol	$5.31×10^5Pa$	126.9℃	5.44MPa	1.3411	$1.4×10^3kJ/mol$

二甲醚具有优良的混溶性，能与大多数极性和非极性有机溶剂混溶。在100mL水中可溶解3700mL二甲醚气体，二甲醚也易溶于乙醇、乙醚、氯仿、汽油、四氯化碳、丙酮、氯苯和乙酸甲酯等有机溶剂。二甲醚燃烧时火焰略带亮光。常温下二甲醚稳定，但长期储存或受日光直接照射，可以形成不稳定的过氧化物，这种过氧化物能自发地爆炸或受热后爆炸。二甲醚的主要用途如下。

(1) 二甲醚用作燃料

二甲醚自身含氧，组分单一，碳链短，燃烧性能良好，热效率高，燃烧过程中无残液，无黑烟，是一种优质、清洁的燃料。二甲醚具有液化石油气相似的蒸气压，在高压下二甲醚变为液体，在常温、常压下为气态，易燃、毒性很低，在37.8℃时，蒸气压低于1380kPa，符合液化气要求（GB 11174—89）。对燃用二甲醚燃具进行燃烧、环境卫生、卫生防疫检测，结果表明，在着火性能、燃烧状况、热效率、烟气成分等方面符合煤气灶 CJ 4—83 的技术指标。二甲醚燃料及其配套燃具在正常使用条件下对人体不会造成伤害，对空气不构成污染等特点。该燃料在使用配套的燃具中燃烧后，室内空气中甲醇、甲醛及一氧化碳残留量均符合国家居住区大气卫生标准及居室空气质量标准。

常规发动机代用燃料液化石油气、天然气、甲醇，它们的十六烷值都小于10，只适合于点燃式发动机。二甲醚的十六烷值（约55）高于普通柴油，可直接压燃，同时燃烧过程可实现低氮氧化物排放、无硫和无烟排放，并可降低噪声，是柴油理想的替代燃料。国内外大量实验研究表明，二甲醚液化后可直接用作汽车燃料，其燃烧效果优于甲醇燃料，除具有甲醇燃料所有优点外，还克服了甲醇低温启动性能和加速性能差的缺点。此外，用二甲醚作为汽油添加剂比其他醚类化合物具有更高的 O/CH 值。由于二甲醚的含氧量高，可使汽油燃烧更完全，在某种程度上可以提高汽油的汽化效率，降低汽油的凝固点。

(2) 二甲醚用作化工原料

为了解决石油化工原料乙烯来源问题，二甲醚可用作化工原料开发下游产品，国外正积极从甲醇或二甲醚制备乙烯和丙烯、丁烯的混合烃的研究，前苏联 B. 马秋谢恩斯基等曾用铝-钛催化剂在常压或 $1.5×10^5Pa$ 下，温度100～150℃，用二甲醚制得试剂级乙烯，乙烯产率大于85%。美国杜邦公司以沸石（浸渍 B）为催化剂，二甲醚脱水成为低碳烯烃，反应温度为450℃时，转化率为87%，乙烯和丙烯的收率分别为 60% 和 25%。而 Mobil 公司则是以 ZSM-34、ZSM-5 沸石为催化剂，反应温度为 370℃，其产品也主要是乙烯和丙烯。中国科学院大连化物所用合成气经二甲醚制低碳烯烃的研究取得了较好的成绩。另外，二甲醚可合成多种化学品、能参与多种化学反应：与 SO_3 反应可制得硫酸二甲酯；与 HCl 反应可合成烷基卤化物；与苯胺反应可合成 N,N-二甲基苯胺；与 CO 反应可羰基合成乙酸甲酯、醋酐，水解后生成乙酸；与合成气在催化剂存在下反应生成乙酸乙烯；氧化羰化制碳酸二甲酯；与 H_2O 反应制备二甲基硫醚等。因此，探索以二甲醚为原料生产新型化工产品对于化学工业的发展具有重要意义。

（3）二甲醚用作气雾剂、制冷剂及发泡剂

随着世界各国环保意识日益增强，在气雾剂中的氯氟烃逐步被其他无害物质所代替。从 1998 年起，中国禁止在气雾剂中使用氯氟烃（医疗用品除外）作抛射剂。二甲醚替代氯氟烃作抛射剂具有以下优点：①不污染环境，不对臭氧层产生破坏；②二甲醚与各种树脂和溶剂具有良好的互溶性，尤其是良好的水溶性和醇溶性使其作气雾剂时除具有推进剂功能外，还兼具有溶剂功能；③毒性很微弱；④当用于水基气雾剂如空气清新剂时，还具有良好的喷雾性能。所以，在气雾剂产品开发迅速的今天，二甲醚替代氯氟烃作抛射剂前景美好。

由于二甲醚的沸点较低，汽化热大，汽化效果好，其冷凝和蒸发特性接近氯氟烃，因此，二甲醚作制冷剂非常有前途。国内外正积极开发二甲醚在冰箱、空调、食品保鲜剂等方面的应用，以替代氟里昂。

二甲醚也可作发泡剂，国外已相继开发出利用二甲醚作聚氨基甲酯、聚苯乙烯、热塑聚酯泡沫的发泡剂。发泡后的产品，孔的大小均匀，柔韧性、耐压性、抗裂性等性能都有所增强。

9.4 醋酸生产

醋酸在有机酸中的产量最大，是一种重要的有机化工原料，主要用于化工、医药、合成纤维等十多个行业部门，其中最大用途是生产醋酸乙烯。

醋酸生产的历史悠久、原料路线多。最初从粮食发酵、木材干馏生产，逐渐发展到以石油、煤和天然气为原料。目前国内所采用的生产工艺有乙醇氧化法、乙烯氧化法、丁烷和轻质油氧化以及甲醇羰基化法。与其他方法相比，甲醇羰基化法具有成本低、反应条件缓和、副产物少、产品收率高、纯度高等优点而备受关注，成为目前世界上生产醋酸的主要方法，其产量占总醋酸产量的 65%。随着生产工艺的不断改进，甲醇羰基化法还出现了多种新工艺。本节只介绍 Monsanto 法。它属于低压法（压力为 2.7MPa，而高压法的压力达 70MPa），反应温度也不高，为 180℃。本法具有醋酸产率高、质量好等特点。

9.4.1 合成原理

甲醇羰基化制醋酸的反应如下：

$$CH_3OH + CO \longrightarrow CH_3COOH - 137.9kJ/mol$$
$$CH_3COOH + CH_3OH \longrightarrow CH_3COOCH_3 + H_2O$$

$$CH_3COOCH_3 + CO \longrightarrow (CH_3CO)_2O$$
$$CH_3CH_2OH + CO \longrightarrow CH_3CH_2COOH$$
$$CO + H_2O \longrightarrow CO_2 + H_2$$

上述反应的后两个为副反应，杂质乙醇来自甲醇，部分来自醋酸与氢的反应。主要反应是放热的，所以低温对反应有利。从主反应式看，增加压力可以提高羰基合成的转化率。在 Monsanto 法中，采用的温度是 180℃，压力为 2.7MPa，催化剂是铑的配合物在碘甲烷-碘化氢中形成的可溶性催化剂，在机械搅拌下完成气液相催化羰基合成反应。

9.4.2 工艺流程

此法的合成流程主要分为醋酸反应、醋酸精制和轻组分回收三部分，具体见图 9-13。

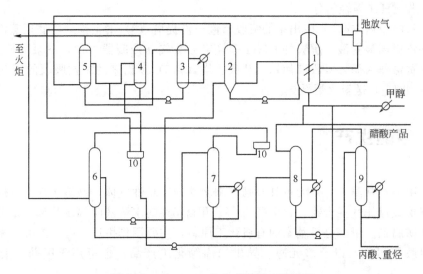

图 9-13 Monsanto 法合成醋酸工艺流程

1—反应器；2—闪蒸槽；3—汽提塔；4—低压吸收塔；5—高压吸收塔；6—轻组分塔；
7—干燥塔；8—重组分塔；9—废酸汽提塔；10—冷凝器

(1) 醋酸反应部分

预热至 180℃的甲醇，与来自压缩机的 CO 在 2.7MPa 下喷入醋酸反应器 (1) 的底部，在催化剂作用下发生羰基合成醋酸的反应。从反应器顶部出来的气体（CO_2、H_2、CO、CH_3I）→冷凝器 (10)，冷凝液返回反应器 (1)，而不凝气作为弛放气进入轻组分回收工序。从反应器侧面经由阀门出来的反应混合物→闪蒸槽 (2)（压力降低到 0.2MPa），在闪蒸槽分出含有催化剂的液体，经过泵循环打回反应器 (1)；从闪蒸槽顶部出来的含醋酸气体（还有水蒸气、CH_3I 和 HI 蒸气）→醋酸精制工序。

(2) 醋酸精制部分

上述从闪蒸槽 (2) 出来的气体→轻组分塔 (6) 的底部。从塔顶出来的 CH_3I 经冷凝器 (10) 后，由泵打入反应器 (1)，而不凝气→低压吸收塔 (4) 中；从轻组分塔 (6) 的底部出来的物料（为 HI、H_2O 和醋酸结合而生成的高沸点混合物及少量的铑催化剂）→闪蒸槽 (2)；从轻组分塔 (6) 侧线排出的产物，即含水醋酸→泵→干燥塔（7）（用蒸汽间接加热）。塔顶排出蒸发的 CH_3I、水分和轻质烃类（并夹带部分醋酸），经过冷凝后返回反应器（1），而不凝气进低压吸收塔（4）；从干燥塔（7）底部出来的含重组分的醋酸物料→重组分塔（8）（用蒸汽再沸器加热）。从塔顶出来的轻质烃返回反应器（1）；从塔侧线出来的醋酸产品（含丙酸小于 $50mg/m^3$、水分小于 $1500mg/m^3$、总碘小于 $50mg/m^3$），经过冷却后送入产品槽；从塔底部出来的丙酸及重质烃→废酸汽提塔（9）（由上而下流动，被塔底加热而来的醋酸蒸气加热并汽提）。从废酸汽提塔（9）顶部出来的含醋酸的物料返回重组分塔（8）的底部；从废酸汽提塔（9）排出的废料（丙酸和重质烃）去处理。

（3）轻组分回收部分

以醋酸为吸收剂回收 CH_3I 等轻组分。反应器（1）出来的弛放气→高压吸收塔（5）（2.74MPa）底部，与醋酸逆流接触，CH_3I 等轻组分被吸收。从精制工序轻组分塔（6）顶部出来的、经冷凝后的不凝尾气→低压吸收塔（4）中，用经过水冷却的醋酸吸收 CH_3I 等轻组分。

从吸收塔（4,5）底出来的吸收富液→汽提塔（3）的上部，塔底用蒸汽再沸器加热并汽提醋酸富液，解吸的 CH_3I 等轻组分蒸气→冷凝器（10）→泵→反应器底部；醋酸贫液作为循环吸收液使用；从吸收塔（4,5）顶出来的未被吸收的废气（含 CO、CO_2 和 H_2）送至火炬燃烧。

9.5 甲醛生产

甲醛在常温下，是无色具有强烈刺激性的窒息性气体，易溶于水，可燃烧，能与空气形成爆炸性混合物，含甲醛 40%、甲醇 8% 的水溶液叫福尔马林，是常用的杀菌剂和防腐剂。甲醛是最基本的有机化工原料，主要用作生产脲醛、酚醛、聚甲醛和三聚氰胺等树脂，以及多元醇、异戊二烯等化工产品，也可用于医药、染料和农药生产。

9.5.1 甲醛的生产原理

制备甲醛的方法有多种，如甲烷氧化、甲醇脱氢氧化、乙烯氧化等。其中甲醇脱氢氧化又分为银法和铁钼法。银法的优点是工艺成熟、设备和动力消耗比铁钼法小，但产率较铁钼法低。我国绝大多数的厂家采用银法生产甲醛。以甲醇、空气和水蒸气为原料，其中甲醇过量，超过它在混合气中的爆炸上限（36%），在银催化剂上发生甲醇脱氢和氧化反应：

$$CH_3OH + \frac{1}{2}O_2 \longrightarrow HCHO + H_2O \quad -156.6kJ/mol \qquad (1)$$

$$CH_3OH \longrightarrow HCHO + H_2 \quad +85.3kJ/mol \qquad (2)$$

$$H_2 + \frac{1}{2}O_2 \longrightarrow H_2O \quad -241.8kJ/mol \qquad (3)$$

9.5.2 甲醛生产的工艺条件

（1）温度

从反应的平衡转化率考虑，反应（1）的转化率一般情况下都很高，而反应（2）的转化率则随着温度的升高而增大，见表 9-4。由于反应（3）的存在，可促使反应（2）向右进行，提高甲醛的转化率。

表 9-4　甲醛的平衡转化率与温度的关系

温度/℃	425	525	625	725	825
转化率/%	54.3	85.4	95.8	98.3	99.4

从化学反应的速率看，提高温度有利于加快反应的进行。对反应（1）来说，需要预热原料至 200℃ 以上，反应（2）在温度小于 600℃ 时，几乎不发生反应。综合各种因素，实际反应温度宜控制在 600～700℃。

（2）原料气的氧醇比

从实验得知，若控制反应温度为 630℃，原料气空速约为 $6.0 \times 10^4 /h$，氧醇比为 0.4 的条件下，能得到较高的产率。氧醇比越大，反应的转化率越高，但当氧醇比增大到一定程度时，反应产率反而稍有下降，而且随着氧醇比的增大，尾气中碳化物所消耗的甲醇量也增多。

（3）水蒸气的量

在一定的反应温度下，增加原料中水蒸气的比例，能使催化反应在较高的氧醇比下进行，并迅速带走反应热。但过多的水蒸气会阻碍甲醇在催化剂表面的吸附，影响甲醛的生成量。一般水蒸气的适宜用量，应控制配料浓度 [甲醇质量/（甲醇质量＋水的质量）] 在 59%～62% 的范围。

（4）接触时间

接触时间直接影响反应的产率。接触时间过长，容易使副产物增大；太短则反应不完全。一般接触时间控制在 0.03～0.1s，此时的产率达 80% 以上。

9.5.3　工艺流程

基本工艺流程是经过滤后的浓度为 98.5% 的甲醇，与空气一起在蒸发器中汽化，汽化后的二元混合气中加入少量蒸汽，形成三元混合原料气，经过加热器加热后过滤，进入氧化器中反应，反应后的气体，经过急冷和二次吸收，即得甲醛溶液。具体甲醛生产工艺流程如图 9-14 所示。

首先，98.5% 甲醇经甲醇过滤器（1）和甲醇加料泵（11）与经空气过滤器（2）过滤后的空气一起进入甲醇蒸发器（3），在蒸发器（3）中汽化，然后加入少量蒸汽混合，组成三元气体，同时进入过热器（4）加热，经阻火器（5）、三元气体过滤器（6）进入氧化器（7）氧化，反应后的气体经急冷进入第一吸收塔（8），第一吸收塔底部采出为成品甲醛，进入成品储槽（10），第一吸收塔顶部未被吸收的反应气体进入第二吸收塔（9），用软水吸收，第二吸收塔底部吸收液用泵输入第一吸收塔作吸收液，顶部未吸收气体放空或循环。

世界著名的结构化学家乔治奥拉教授从化学结构理论精辟地称"甲醇是未来物质之本"，因此我们认为完全可以运用当代或正在不断发展的科学技术及手段采取分子设计和定向催化技术与工程，将甲醇以最节能降耗和最经济的方式及方法衍生得到一切需要的目标有机物，这正是碳有效利用的方向。

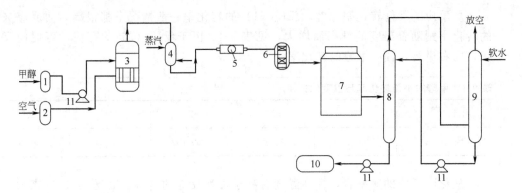

图 9-14　甲醇氧化生产甲醛工艺流程

1—甲醇过滤器；2—空气过滤器；3—蒸发器；4—过热器；5—阻火器；6—三元气体过滤器；
7—氧化器；8—第一吸收塔；9—第二吸收塔；10—成品储槽；11—泵

思考题

1　什么是碳一化工，其主要用途和发展趋势有哪些？

2　简述甲醇、二甲醚的生产原理和主要工艺过程。

3　试述 Monsanto 低压法羰基合成制醋酸的原理、主要工艺过程。

4　生产甲醛的工艺条件是如何选择的？

第10章

煤化工安全与环保

10.1 煤化工管理与安全生产技术

煤化工生产除了具有化工生产共有的特点之外，还具有以下特殊性。

(1) 易燃、易爆、易中毒的物质多

如生产中的煤气、氨气、粗苯等与氧气或空气混合达到一定比例时，遇到火源或足够高的温度，就可能引起燃烧和爆炸。另外当焦粉或煤粉在空气中的比例达到一定值时，遇明火也会发生爆炸。因此，在煤仓、焦仓、焦炭转运站和振动筛等空气中漂浮着煤粉、焦粉的区域，是重点防火防爆区域。

引起火灾、爆炸的原因如下：

① 产生或使用的易燃（可燃）物品在设备、管道、阀门、法兰等处发生泄漏、冲料，遇到火源或触发能源时着火或爆炸；

② 生产工艺过程中存在工艺控制不严、工艺失控、违反操作规程或安全装置失效、缺损等问题；

③ 含有易燃物品的设备不防爆（如电机、开关、照明灯等），使用易产生火花的工具或遇火源；

④ 生产车间检修违反规定，如安全动火制度执行不严，或在厂区内违章用火；

⑤ 库房或生产车间内危险化学品储存违反规定，如禁忌危险化学品混存或使用、管理不当；

⑥ 生产过程存在因冷却系统故障或冷却失效，不能及时移走反应热，而引发装置爆炸；

⑦ 生产车间、危险化学品库房等处避雷装置不完善或失效，遇雷击可发生火灾、爆炸；

⑧ 特种设备中的承压容器，如存在设计、制造、安装缺陷，或使用、管理不当，有可能发生承压容器爆炸（或超压爆炸）；

⑨ 电器设备长期超负荷运行、装置老化短路等；

⑩ 盛装易燃危险化学品的包装物泄漏。

在煤气化和炼焦生产过程的煤气中含有大量 CO 气体，CO 可使人中毒窒息和死亡。当空气中的 CO 含量达到 0.20% 时，使人昏迷；达到 0.40% 时，使人立即死亡。焦炉煤气中 CO 的含量为 8%。焦炉地下室为重点防毒区域。中毒的原因如下。

① 生产过程中在运输、加料、储存、保管、检修、排放等环节，因使用防护不当、管理不善、设备泄漏、包装物破损等导致中毒。

② 化工生产项目因密闭通风设备效果不好、设备检修或抢修不及时等而导致中毒。

（2）高温漏天作业粉尘多

若工作时不小心碰到高温设备或裸露的高温管线，或因设备故障、管道阀门泄漏、操作不当而引起高温物料喷出、飞溅等，均能引起高温灼烫事故。如焦炉立火道内的温度约 1300℃，炼焦车间多数岗位及操作人员的作业区域均处在高温、明火环境中，极易导致烧伤、烫伤。熄焦水和除尘水的水温都高达 100℃，也极易导致烧伤、烫伤。

另外，焦炉和气化炉的生产过程中都会产生大量的粉尘和烟气，烟气中含有大量的有害物质，如苯并芘、SO_2、NO_x、H_2S、CO 和 NH_3 等。这些有害物质附着在烟尘上一同吸入肺部，有害物质与颗粒物的协同作用对人体的危害更大。

（3）生产过程的条件苛刻

如炼焦在高温 950～1050℃ 下进行；在化学产品的回收过程中，设备和压力容器多，当防护装置失灵或操作失误，都有可能引起严重的后果；煤的气化要在高温下进行，有的还需要加压；煤的液化在高温（400～450℃）、高压（30MPa）和加氢的条件下进行。

另外，在煤化工生产过程中还会发生碰撞、挤压、坠落、滑跌和砸伤等事故。如炼焦生产过程主要是通过焦炉机械运行和部分人工操作来完成的。五大车、移动捣固机、液压换向机、皮带机运行频繁，设备笨重且视线不良，机械声音嘈杂，机焦两侧操作台狭窄，极易造成碰伤、撞伤、挤伤、压伤、绞伤等事故。炼焦、气化许多岗位均系高空作业，极易导致滑跌、坠落和砸伤事故。

由此可见，煤化工生产比其他生产部门具有更大的危险性，所以确保生产的安全具有特殊的重要性。为了保证职工的安全与健康，防止各类事故的发生，保证生产装置连续、正常地运转，使企业财产不受损失，就必须加强安全生产。

安全生产工作包括安全技术和安全管理两方面。

10.1.1 生产安全技术

生产安全技术的基本内容如下。

① 预防工伤事故和其他各类事故的安全技术，如防火、防爆、化学危险品储运、锅炉压力容器、电气设备、人体防护等的安全技术，以及装置安全评价、事故数理统计等。

② 预防职业性伤害的安全技术，如防尘、防毒、通风采暖、照明采光、噪声治理、震动消除、放射性维护、现场急救等。

③ 制定和完善安全技术规定、规范及标准。目前已有如下规范标准：《建筑设计

防火规范》（GB 50016—2006）、《建筑灭火器配置设计规范》（GB 50140—2005）、《建筑物防雷设计规范》（GB 50057—1994）、《工业企业劳动卫生标准》（GB 11791-11726—89）、《工业企业噪声卫生标准》（GB 3096—82）、《工业企业噪声控制设计标准》（GB 87—85）、《工业企业采暖通风和空气调节设计标准》（GBJ 19—87）、《生活饮用水卫生标准》（GB 5749—85）、《污水综合排放标准》（GB 8978—96）。

10. 1. 2　安全生产管理

10. 1. 2. 1　安全生产管理的基本原则

（1）生产必须安全

企业生产的最终目的是造福于人民，实现安全生产、保护劳动者的安全、健康，不仅是我国实现现代化建设的客观要求，同时也是关心、爱护群众的具体体现。实现安全生产，更有利于调动职工的积极性，充分发挥他们的聪明才智，促进生产力的发展。

（2）安全生产、人人有责

安全生产是一项综合性的工作，必须贯彻专业管理和群众管理相结合的原则。一方面充分发挥专职安全管理人员的骨干作用，另一方面充分调动和发挥广大职工的安全生产积极性。实现"全员、全过程、全方位、全天候"的安全管理和监督。同时还要建立各种安全生产责任制、岗位安全技术操作规程等，加强思想政治工作和经常性的监督检查。

（3）安全生产、重在预防

这是对安全生产提出的更高层次的要求。现代化的化工生产及高度发达的科学技术，要求而且能够做到防患于未然。为此要加强对职工的安全教育和技术培训。组织各种安全检查，完善各种检测手段，及时发现隐患，防止事故的发生。

10. 1. 2. 2　安全生产的管理措施

（1）严格执行安全生产法律、法规

国家和行业安全监测部门颁布的安全生产的法律、法规标准，如《中华人民共和国安全生产法》、《中华人民共和国消防法》、《中华人民共和国职业病防治法》、《焦化安全规程》、《工业企业煤气安全规程》、《化工企业安全卫生设计规定》、《生产设备安全卫生设计总则》、《安全生产四十条禁令》等，各生产部门一定要严格贯彻执行。

（2）制定并贯彻执行各项安全管理制度

根据国家颁布的有关安全规定，结合本单位的生产特点，建立安全生产责任制并认真执行。

（3）搞好安全文明检修

机械设备检修时，必须严格执行各项安全技术规程，办理检修任务书、许可证、动火证、工作票等手续。做到器具齐全、安全可靠、文明检修。

（4）加强防火防爆、防毒防尘及危险品的管理

除了大力开展相关的教育和培训外，应该配置先进的劳动保护和安全卫生设施，加强各项检查和管理。对于危险品，还应严格执行《爆炸物品管理规则》、《化学危险品储存管理暂行办法》、《化学易燃品防火规则》、《危险货物运输规则》等规定。对于三废污染物的排放，必须符合国家《工业企业设计卫生标准》、和《三废排放标准》

等规定。

（5）配制安全装置和加强防护器具的管理

在现代化生产中的安全装置有温度、压力、液面超限的报警、安全连锁、事故停车、高压设备的防爆泄压、低压真空的密闭、防止火焰传播隔绝、事故照明安全疏散、静电和避雷防护、电气设备的过载保护及机械运转的防护装置等。对于上述安全装置必须加强维护，保证灵敏好用。对于个人防护品，也需要妥善保管并会正确使用。

10.1.2.3　安全生产的管理制度

煤化工企业的安全生产管理制度是其生产经验教训的积累和总结，是生产中必须遵守的法规。

（1）安全生产责任制度

基于"安全生产、人人有责"的原则，即有岗必有责。要求每一位职工都必须在自己的岗位上认真履行各自的安全职责，实现全员安全生产责任制。特别是各层的领导，要做到"为官一方，保一方平安"。

（2）安全教育制度

根据国家《劳动法》和原劳动部《企业职工职业安全卫生教育管理规定》，企业必须对全体职工经常开展职业安全卫生教育。对于新入厂的职工，包括学徒工、外单位调入职工、合同工、代培人员和大中专院校实习生，在上岗前必须进行厂级、车间级和班级的三级安全教育。对于从事电气、锅炉、放射、压力容器、金属焊接、起重、车辆驾驶、爆破等特殊工种的作业人员，必须由企业有关部门与当地政府主管部门组织进行专业安全技术教育，经过考试合格，取得特殊作业操作证，才可上岗工作。

（3）安全检查制度

安全检查制度是安全管理的重要手段。各级安全管理部门和监督、监察机构，依据国家及行业有关安全生产方针政策、法律法规、标准规范等规章制度，组织有关人员对企业的安全工作进行安全检查。通过查领导、查思想、查制度、查管理、查隐患等"五查"督促企业做好安全工作。

（4）安全技术措施计划管理制度

为了安全生产，国家要求企业在编制生产、技术、财务计划的同时，必须编制安全技术措施计划。其内容与安全管理的各项内容对应，如防火防爆、防毒等的防护装置和监测报警信号；防尘、防毒、防暑降温；编写安全技术教材、办安全展览等措施。

（5）事故管理制度

为了防止生产中发生人身伤害、生产中断或财产损失等事故，要有健全的管理制度。主要包括事故的报告、统一调查、分析处理和结案等一系列管理工作。

10.2　煤化工废水污染和治理

10.2.1　煤化工废水的来源及特点

（1）焦化废水

焦化废水来自生产中用的大量洗涤水和冷却水，COD 特别高，主要污染物是酚、氨、氰、硫化氢和油等，表 10-1 是宝钢焦化厂的废水水质和水量。

表 10-1 宝钢焦化厂的废水水质和水量

废 水	水量 / (m³/d)	水质/ (mg/L)						
		总 NH₃	酚	CN⁻	SCN⁻	S²⁻	油	COD
氨水	830	4000	2000	150	700	75	320	6300
粗苯废水	100	4500	400	150	600	—	140	5700
焦油废水	20	5500	3600	300	145	1600	110	15000
苯加氢废水	50	2500	30	20	20	3800	1000	3000
酚精制废水	65	—	2600	—	—	—	85	12700
古马隆废水	5	—	6000	—	—	—	140	1100
吡啶精制废水	—	—	—	300	—	—	5	600
沥青焦废水	195	1340	1200	120	120	960	210	5540
混合氨水	1265	3370	1750	130	530	370	300	6450
溶剂脱酚后废水	1265	3370	70	130	530	370	90	2250
蒸氨后废水	1385	270	64	36	480	7	58	1750

（2）气化废水

煤气发生站废水主要来自发生炉煤气的洗涤和冷却过程。其主要污染物见表 10-2。

表 10-2 气化废水中的污染物浓度 (mg/L)

污染物	无烟煤		烟煤		褐煤
	水不循环	水循环	水不循环	水循环	
悬浮物	—	1200	<100	200～3000	400～1500
总固体	150～500	5000～10000	700～1000	1700～15000	1500～11000
酚类	10～100	250～1800	90～3500	1300～6300	500～6000
焦油	—		703～00	200～3200	多
氨	5～250	50～1000	104～80	500～2600	700～10000
硫化物	2040	<200	—	—	少量
氰化物和硫	5～10	50～500	<10	<25	<10
COD	20～150	500～5003	400～700	2800～20000	1200～23000

由表 10-2 可见，气化废水中的主要污染物的数量随着原料煤、操作条件和废水系统的不同而变化。在用烟煤或褐煤为原料时，废水中含有大量的酚、焦油和氨等，水质相当差。

此外，气化废水的水质还与气化工艺有关，见表 10-3。由此可见，由于气化工艺不同，废水中的杂质浓度大不相同，与固定床相比，流化床和气流床工艺的废水质量较好。

（3）煤液化废水

煤直接液化产生的废水（及废气）数量不多，主要来自煤的间接液化。煤间接液化包括煤气化和气体合成，前者已经介绍，气体合成部分的主要污染物是产品分离过程产生的废水，主要有醇、酸、酮、醛及酯等有机氧化物。

表 10-3　三种气化工艺的废水中污染物的浓度 　　　　　　　　　　　　　　（mg/L）

污染物	固定床（鲁奇炉）	流化床（温克勒炉）	气流床（德士古炉）
焦油	<500	10～20	无
苯酚	1500～5500	20	10
甲酸化合物	无	无	100～1200
氨	3500～9000	9000	1300～2700
氰化物	1～40	5	10～30
COD	3500～23000	200～300	200～760

10.2.2　煤化工废水的治理

煤化工废水的共同特点是含有大量的酚类污染物，其次是氰化物、氨、硫化物和焦油等。本节以宝钢废水处理系统为例，主要讨论含酚废水的处理。在此之前，先简要介绍工业废水的一般处理方法。

10.2.2.1　工业废水处理的一般方法

工业污水的处理方法，按其处理的原理，可分为物理、化学、物理化学和生物化学法；按其处理的深度来分，有一级、二级和三级处理法。

废水的一级处理，即初级处理，实质是二级处理的预处理。主要去除废水中的悬浮固体、油类等污染物，并调节其酸碱度；二级处理，是废水处理的主体部分，主要有生化法，近年来化学法和物理化学法也正在不断发展；三级处理，也叫深度处理，主要去除微生物难以降解的有机物，从而使水质达到回用或排放的要求。一般多用活性炭吸附法等，也能用其他的化学或物理化学法处理，当废水处理量不大时，可用臭氧氧化法处理。废水处理的方法及其处理对象见表 10-4。

表 10-4　工业废水处理的一般方法

处理方法	主要方法种类	主要去除污染物	主要处理级别
物理法	重力分离、离心分离、过滤	不溶解于水的漂浮、悬浮的油和固体	一级、补充处理
化学法	中和、混凝、氧化还原、电解	溶解或胶体物质或将其无害化	深度、二级
物理化学法	吸附、浮选、电渗析、反渗透	细小的悬浮和溶解的有机物	深度、二级
生化法	活性污泥、生物膜、厌氧生化	使各种状态的有机物稳定或无害化	二级

10.2.2.2　含酚废水的一级处理

含酚废水的一级处理包括溶剂萃取脱酚、蒸氨等工序。

（1）溶剂萃取脱酚

这是大中型焦化厂常用的处理含酚废水的方法，所用的萃取剂要求是：分配系数高，与水易分层，毒性低，损失少，容易反萃取，安全可靠等。几种萃取剂及其性能见表 10-5，国内普遍采用的萃取剂为重苯溶剂油。

萃取设备主要有脉冲筛板塔，是国内多用的一种，还有箱式萃取器、转盘萃取塔和离心萃取机等。脉冲萃取塔以筛板代替填料可以减少塔的尺寸，附加脉冲，可以提高萃取效率。此塔在结构上分三部分。中间为工作区，上下为两个扩大部分为分离区。

表 10-5　脱酚溶剂及其性能

溶　剂	分配系数	密度/(g/cm³)	馏程/℃	性　能　说　明
重苯溶剂油	2.47	0.885	140～190	不易乳化和挥发,萃取效率大于 90%,对水有二次污染
二甲苯溶剂油	2～5	0.845	130～153	油水易分离,毒性大,二次污染严重
粗苯	2～3	0.875～0.88	180℃前馏出物大于 93%	萃取效率 85%～90%,易挥发,有二次污染
焦油洗油	14～16	1.03～1.07	230～330	萃取效率高,操作安全,但不易分层
异丙醚	20	0.728	67.8	萃取效率大于 99%,不需用碱反萃取

在工作区内有一根纵向轴,轴上装有若干块筛板,筛板与塔体内壁之间保持一定的间隙,筛板上的孔径约 7mm。中心轴在塔顶电动机的偏心轮装置的带动下作上下脉冲。

萃取过程是通过含酚废水与重苯油在塔内逆向流动而完成的。污水经过除焦油、预热等处理后,进入萃取塔的上部分布器,脱酚后的氨水从塔的下部流出,分离重苯后,去蒸氨系统;重苯从其循环槽用泵送往萃取塔的下部分布器,在振动筛板的分散作用下,油被分散成细小的颗粒,由于氨水和重苯的密度差,油缓慢上升,而氨水则连续缓慢下降,在两相逆流接触中,使废水中的酚被萃取到重苯中。富集了酚的重苯从萃取塔的上部流出,经过碱洗脱酚再生,循环使用。

溶剂脉冲萃取塔的操作制度见表 10-6。

表 10-6　脉冲脱酚萃取的操作制度

项　目	指　标	项　目	指　标
进萃取塔废水含酚/(mg/L)	1500～2500	碱洗塔碱液浓度/%	20～25
脱酚后废水含酚/(mg/L)	<200	碱洗塔温度/℃	50～60
脱酚效率/%	>90	酚钠盐中含游离碱/%	<3
溶剂与废水的比例	0.8～1.1	溶剂再生蒸馏釜温度/℃	140～150
进塔废水温度/℃	55～65	溶剂再生支流柱顶温度/℃	130～140

(2) 蒸氨

氨水中氨类化合物有挥发铵和固定铵两类,挥发铵有 NH_4OH、NH_4HS、NH_4HCO_3、$(NH_4)_2S$ 和 NH_4SCN 等,它们在加热时即分解而析出游离氨,故在一般蒸氨塔中可以脱除;但固定铵是非挥发的,如 $(NH_4)_2SO_4$ 和 NH_4Cl,它们在蒸馏时不能除去。所以只有加碱,如 $NaOH$ 或 $Ca(OH)_2$,才能使氨析出。加碱的位置可以在蒸发氨塔中部,也可以另外设一个副塔。

(3) 其他预处理

① 隔油　若废水中油类物质较多,则应该通过隔油池除去浮油以减轻生物化处理的负担。

② 混凝　除了可以去除固体悬浮物外,还可以除去多种有机和无机杂质。常用的混凝剂主要有硫酸铝、聚合氯化铝、硫酸亚铁和聚丙烯酰胺等。

③ 预爆气和加压浮选　通过预爆气可以除去废水中的易挥发物,如轻油、氨和氰化氢等,吹脱气送入燃烧炉燃烧处理后再排放,以免二次污染。加压浮选可以使废水中的悬浮物和油黏附在气泡上,而浮出水面,而后将上浮物与水体分离进行处理。

10.2.2.3　含酚废水的生化处理

含酚废水的处理方法较多,此处仅介绍国内多用的活性污泥法。

当向废水连续通入空气，经过一段时间后，就会形成悬浮生长的微生物絮体，即活性污泥。它由好氧微生物（细菌、真菌、原生和后生生物）及其代谢和吸附的有机物、无机物组成，具有很强的吸附和氧化分解有机物的能力，显示生物化学活性。

活性污泥法处理废水的工艺流程见图10-1。

图10-1　活性污泥法处理废水的工艺流程
1—初沉淀池；2—曝气池；3—二次沉淀池

废水先经过初沉淀池（1），除去某些大的悬浮物和胶体颗粒等，然后进入曝气池（2）内与活性污泥混合，并向池内充入空气或氧气，使水中的有机物被活性污泥吸附、氧化分解，处理后的废水与活性污泥一起进入二次沉淀池（3）进行分离。

污泥在上述处理过程中，由于微生物的新陈代谢作用，不断有新的原生质合成，活性污泥的量会不断增加，多余的污泥即剩余污泥从系统中排出。部分活性污泥需要回流到曝气池。回流污泥的作用，是保证池内足够数量的具有净化功能的微生物，因为通常参与分解废水中有机物的微生物，其增殖速度慢于微生物在池内的平均停留速度。

废水处理过程排出的污泥，再另外进行浓缩、脱水等处理。由于污泥的颗粒小而含水率较大，相对密度接近于1，所以其浓缩和脱水比较困难。为了使污泥沉降而与水分离，一般用硫酸亚铁和氯化铁混凝剂处理，而后进行真空过滤，滤饼的含水率仍然高达87%。宝钢焦化厂将滤饼掺入炼焦煤，回炉炼焦。

流程中的主体构筑物是曝气池。曝气是好氧生物处理法的关键操作，它不仅可以向池内供应充足的氧气，以保证好氧微生物的正常繁殖和对有机物的氧化分解，而且能使污泥处于悬浮状态，使废水和污泥充分接触。充氧方式有机械和鼓风两种。前者靠表面叶轮旋转，产生提水和疏水作用，液面不断地更新，叶轮边缘产生的水跃裹进大量的空气，叶片后形成负压，吸入空气；后者靠空气压缩机产生压缩空气，通过布气管道和扩散设备鼓入废水池内。

10.2.2.4　含酚废水的深度处理

经过生化处理后的废水，在很大程度上得到净化。使出水的COD＜120mg/L、酚＜0.5mg/L、油＜5mg/L、氰＜0.5mg/L，还有一定的色度。为了能使其循环使用，还需要进行进一步的深度处理。深度处理有许多方法，其中以活性炭吸附法应用最广，对煤化工废水处理尤其适合。因为用煤可以生产活性炭或活性焦，另外水的处理量比较大，故处理成本相对较低。

连续式吸附工艺，按吸附剂的填充方式，可分为固定床、移动床和流化床。宝钢采用固定床。其中活性炭吸附塔共4个，其中的一个用于再生。塔的直径为4.2m，活性炭填装高度4.3m，活性炭的填装量为28.6t。废水在三个塔间的停留时间为48min。再生炉为流化床，处理能力为4.5t/d，再生温度为850℃，时间120min，炭损失约10%。

10. 2. 2. 5 煤气化废水处理

以恩德炉气化技术为例，煤气化系统排放的循环废水，采用如图 10-2 所示的废水处理工艺。从恩德炉出来的废水通过渠道自流进入循环水处理站。首先经过集水池提升进入连续多斗排泥平流初沉池，大颗粒悬浮物重力沉降后排到污泥浓缩池。初沉池表面浮渣由集渣装置收集，与初沉池排泥混合后一并处理。初沉池出水经直列混合器进入翼片隔板混凝池，自动混凝投药系统投加的混凝剂在混凝池内与废水充分混合后，自流到 V 型板接触絮凝沉淀池进行泥、水分离。污泥与初沉池排泥混合浓缩。浓缩池上清液自流到集水池，充分利用水中混凝药剂提高初沉池出水水质。接触絮凝池出水渠设温度传感和变送器，大于 35℃（或高于系统要求）时，出水经冷却塔降温后进入循环水池；小于 35℃（或满足系统要求）时，絮凝池出水直接进入循环水池，由双吸离心泵输送回用。也可以使部分清水通过冷却塔降温后，再与循环水池的水混合并满足系统要求实现回用。这个过程与配用双速变频电机的冷却塔结合，可降低运行费用，并最大限度地减少系统水量损失。循环水池设传感器，监控循环给水的液位、温度、流量和压力。循环水池设高压清洗水泵，在为机械浓缩脱水和渣浆泵等设备提供清洗水的同时，定时冲洗排泥和输泥管道，避免污泥板结和污堵。脱水后的泥饼，机械输送外运至综合渣场；污泥脱水滤液和清洗水等废水自流到压滤液储池，池底浓缩的污泥泵入脱水设备，上清液自流到集水池。

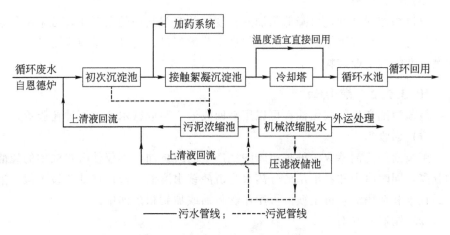

图 10-2 恩德炉循环废水处理工艺流程

10.3 煤化工废渣处理与利用

10. 3. 1 煤化工废渣的来源

煤化工生产中废渣数量不多，但种类不少，主要有焦化生产中产生的焦油渣、酸焦油、洗油再生残渣、生化脱酚产生的过剩活性污泥和洗煤车间的矸石等；煤气化过程产生大量灰渣；煤的直接液化过程中，产生大量含有煤中矿物质和催化剂的液化残渣，它一般用于气化，故转为灰渣。燃煤过程也产生大量的灰渣。我国全年排灰量达几千万吨，但利用率较少，大部分储入堆灰场，不但占用农田，还会污染水源和大气，需要予以处理。

10.3.2 煤化工废渣的处理与利用

煤化工废渣的处理和利用随着其来源、性质不同而变化。

10.3.2.1 焦油渣的利用

由于焦油中含有某些有毒物，早在 1976 年，美国《资源保护与回收管理条例》就已经确定，焦油渣是工业有害废渣，应该对其加工利用，变废为宝。焦油渣的利用主要有如下方面。

(1) 回配到煤料中炼焦

焦油渣由密度大的烃类组成，是一种很好的炼焦添加剂，可提高各单种煤胶质层指数。如山西焦化股份有限公司焦化二厂，研制出将焦粉与焦油渣按 3：1 的比例混合进行炼焦，结果不仅增大了焦炭块度、强度达到一级冶金焦炭的质量，增加装炉煤的黏结性，而且解决了焦油渣的污染问题。

(2) 作为煤料成型的黏结剂

焦油渣作为黏结剂，在电池用的电极生产中采用。

(3) 作为燃料

通过添加降黏剂，可降低焦油的黏度，并溶解其中的沥青质，若采用研磨的办法降低焦粉、煤粉等固体的粒度，添加稳定分散剂等，达到泵送应用要求，即为具有良好燃烧性能的工业燃料。

10.3.2.2 酸焦油

粗苯酸洗产生的酸焦油，可以用来回收苯、制取减水剂和石油树脂等。

(1) 回收苯

用杂酚油溶剂萃取法处理粗苯酸洗产生的酸焦油，不仅使酸焦油中的硫酸与聚合物分离，同时由中和器出来的分离水为硫酸铵水溶液，被送往硫酸铵工段。溶剂再生以回收苯和杂酚油，再生残渣可用作燃料油或加到粗焦油中。

(2) 制取减水剂

酸焦油中磺化物具有表面活性，在残余硫酸的催化作用下，酸焦油与甲醛发生聚合反应，可合成混凝土高效减水剂。

(3) 制取石油树脂

将混合苯、粗苯精制残液和酸焦油混合，在催化剂的作用下可聚合得石油树脂。

若将粗苯酸洗和硫酸铵生产过程产生的酸焦油集中处理，可采用以下方法。

(1) 直接掺入配煤中炼焦

在炼焦煤中加入酸焦油（加入量约为 0.3％），可以提高煤的堆密度；焦炭的产量、强度，对焦炭的反应性和反应后的强度改善也较为明显。但酸焦油对炼焦煤的结焦性和黏结性有些不利的影响，而且高浓度的酸焦油对炉墙砖有侵蚀作用。

(2) 用氨水中和

在与煤焦油和沥青混配成燃料油或制取沥青漆的原料油之前，先用氨水中和酸焦油。

10.3.2.3　再生酸的净化与利用

(1) 再生酸的净化方法

再生酸的净化方法有萃取吸附法和外掺沉淀吸附法。前者是用萃取剂将再生酸中的有机物萃取出来；后者是由廉价的外掺剂与再生酸中的有机物反应生成沉淀而被分离。去除有机物后的再生酸用活性炭吸附脱色。净化后的再生酸的浓度为 40%～60%，可作为生产化工产品的原料。

(2) 再生酸的利用

再生酸的利用有焙烧炉喷烧法和合成聚合硫酸铁法。前者是在生产硫酸的焙烧炉内喷洒再生酸，在 850～950℃ 的高温下，再生酸中的有机物被氧化成 CO_2 和 H_2O 等，其中的硫酸则生成 SO_3，用接触法吸收 SO_3，制得浓硫酸；后者是用再生酸中的硫酸与 $FeSO_4$ 为原料，经过氧化、水解和聚合反应制聚合硫酸铁。它是优良的无机高分子混凝剂，目前广泛地用于工业水和生活用水的处理。

10.3.2.4　洗油再生残渣的利用

洗油再生残渣是洗油的高沸点组分和一些缩聚产物的混合物，主要有芴、苊和萘等，洗油中的不饱和化合物和硫化物，如苯乙烯、茚、古马隆及其同系物等缩聚形成聚合物。

洗油再生残渣的利用方法有：配入焦油中；与蒽油或焦油混合，生产混合油，作为生产炭黑的原料；生产苯乙烯-茚树脂，它可作为橡胶混合体的软化剂，加入橡胶后可以改善其强度、塑性及相对延伸性，同时也减缓其老化作用。

10.3.2.5　酚渣的利用

酚渣可用来生产黑色石炭酸，也可作溶剂再生酸。

10.3.2.6　污泥的利用

我国每年产生大量的污泥（约 2100 万吨），需要合理进行处理。污泥处理费用占废水处理费用的 20%～70%。近几年来，世界各国污泥处理技术，已经从原来的单纯处理处置逐渐向污泥有效利用、实现资源化方向发展。污泥的综合利用主要有以下几种方法。

(1) 在农业上的应用

污泥中有植物所需要的营养成分和有机物，因此污泥用作农肥是最佳的最终处置办法。但是，由于含有大量的有害物质，如寄生虫卵、病原微生物、细菌、合成有机物及重金属离子等，故不能直接作为肥料使用，需要预先进行稳定化处理，使寄生虫卵、病原微生物、细菌等死亡或减少，稳定有机物和减少臭气。对其中的重金属离子的含量，也必须符合我国农业部制定的《农田污泥中污染物控制标准》的要求。

较为常用的处理方法是堆肥。利用嗜热微生物，使污泥中的有机物和水分好氧分解，能达到腐化稳定有机物、杀死病原体、破坏污泥中的恶臭物质和脱水的目的。堆肥的缺点是在天气不好的时候，过程缓慢，会产生臭气。

(2) 制建筑材料

污泥可用来制砖、纤维板材，也可铺路。污泥制砖可直接用干化污泥或污泥焚烧灰。但由于干化污泥与制砖黏土的组成有一定的差异，需要适当调整其成分；而污泥焚烧灰的化学成分与制砖黏土的成分比较接近，所以只需要加入适量的黏土与硅砂即可。

污泥制纤维板材主要是利用蛋白质的变性作用。活性污泥中所含的粗蛋白（有机物）与球蛋白（酶），在碱性条件下加热、干燥、加压后，会发生一系列的物理化学性质的改变，从而制成活性污泥树脂（又称蛋白胶）。废纤维先经过漂白、脱脂处理后，与污泥树脂一起压制成板材，即生化纤维板。其性能符合国家三级硬制纤维板的标准，见表10-7。

表 10-7　生化纤维板与三级硬制纤维板的比较

纤 维 板 类 别	容重/(kg/m³)	抗折强度/(kgf/cm²)	吸水率/%
三级硬制纤维板	>800	>200	<35
生化纤维板	1250	180~220	30

注：$1kgf/cm^2 = 98kPa$。

（3）污泥气的利用

污泥发酵产生的污泥气随污泥的性质而变化，一般含甲烷$50\%\sim60\%$以上，既可用作燃料，又可作化工原料。污泥气作为燃料，燃烧完全、储存运输方便、无二次污染，发热量为$22990kJ/m^3$，是一种理想的燃料。

污泥气用作化工原料，需要将其净化，去除CO_2后得甲烷，以甲烷为原料可制成多种化学品。

10.3.2.7　粉煤灰的综合利用

粉煤灰是煤粉炉燃烧粉煤时，从烟道气中收集到的灰烬。我国电厂产生的粉煤灰约占燃煤总量的30%，2009年我国粉煤灰的产量达到了3.75亿吨，2010年产生粉煤灰约7亿吨。预计2020年我国粉煤灰的年排放总量加上目前已有的20亿吨粉煤灰累积堆存量，总的堆存量将达到30多亿吨。如何合理利用粉煤灰，减轻环境和社会经济负担，已成为目前亟待解决的难题。

粉煤灰的化学成分与煤的成分密切相关。粉煤灰中的主要化学成分是SiO_2、Al_2O_3和Fe_2O_3，其总量一般超过70%，CaO的含量小于10%属于低钙灰，大于10%为高钙灰。20世纪70年代末，上海市建筑科学研究院曾对我国各地31个主要电厂的35种粉煤灰作了全面的化学成分及物理性能的测试，结果表明我国大多数粉煤灰属于低钙灰。粉煤灰在很多领域有应用，具体如下。

（1）粉煤灰混凝土

粉煤灰与水泥的化学成分的主要差别是粉煤灰中的CaO含量远低于水泥，SiO_2含量则高于水泥。水泥与水混合后的水化作用能产生一部分非结合态的游离CaO，而这部分CaO可以部分补充粉煤灰与水泥的差别，所以当粉煤灰掺入混凝土中，在水化时，可与这部分CaO一起，与水泥一样形成混凝土的胶凝物，使其产生强度。

粉煤灰混凝土的优点：粉煤灰大部分是由玻璃微珠组成，在水泥、混凝土中可起"滚珠轴承"的作用，从而使混凝土的减水性、泵送性更好；粉煤灰是多孔体，有保水、引水等优点；粉煤灰非常细，在新拌混凝土阶段，粉煤灰可充填于水泥粒子间，使水泥颗粒和粉煤灰颗粒成了一个"连续级配"。

（2）粉煤灰烧结砖

粉煤灰烧结砖（粉煤灰砖）以粉煤灰和黏土为原料。我国生产中最高的粉煤灰掺量为 50%（质量分数），其他国家的掺量最高达 70%。利用粉煤灰烧结砖具有节约土地、节约能源、减轻墙体重量、提高隔热性能等优点。

（3）粉煤灰陶粒及陶粒混凝土

粉煤灰陶粒是以粉煤灰作为主要原材料，再加入一定量的黏结剂，如黏土、页岩，经过混合、成球和烧结得到球状或块状物。其直径与混凝土的石子相近，可代替石子作为混凝土的轻骨料。粉煤灰陶粒具有质量轻、表面呈细孔、低容重、高强度、低导热性和高耐火性等特点。一般在高层建筑和大跨度桥梁中应用。在国外粉煤灰还可代替黏土用于花卉的无土培植。

（4）石灰-粉煤灰砌块

石灰-粉煤灰砌块是由粉煤灰与石灰和少量石膏混合作胶结料，用普通锅炉中的煤渣作骨料制成的砌块。砌块的配合比如下：石灰在砌块中必须满足有效氧化钙含量为 15%～25%；石膏占胶凝物质的 2%～5%；合理的骨料用量为胶结料/骨料在 1.1～1.5 范围内，因此粉煤灰的用量一般在 30%～35%。

（5）粉煤灰水泥

粉煤灰水泥可将粉煤灰与熟料、石膏一起混磨而成，或者将熟料与石膏一起磨，而粉煤灰与其分磨，然后再进行混合。粉煤灰可以与水泥熟料一起混磨，成为硅酸盐水泥的掺合料或者一个组分。许多国家如法国、奥地利、印度、日本等都有规范，正式把粉煤灰掺入水泥熟料中，成为一种水泥品种。我国国标 GB 1344—85 "矿渣硅酸盐水泥、火山灰硅酸盐水泥和粉煤灰硅酸盐水泥" 中将粉煤灰硅酸盐正式作为一种硅酸盐水泥。

（6）粉煤灰加气混凝土

粉煤灰作为硅质材料与水泥、石灰、少量石膏、微量铝粉（加气剂）混合后，使其发泡成孔，可制成一种轻质墙体材料。生产工艺主要是经过磨细、成浆、配制、浇灌、发气、切割和蒸压养护。粉煤灰加气混凝土具有大幅度减轻墙体重量和提高保温性能等优点，因此能使基础荷载大大减小，并对节能也有很大好处。

（7）粉煤灰在筑路工程中的应用

① 粉煤灰在筑路工程特别是在修建高路堤中的应用是其综合利用的另一个重要方面。筑高路堤无论湿灰或调湿灰均可应用，这对于我国大多数电厂是湿排灰的现状来说非常重要。粉煤灰由于比黏土的干容重低、强度高、孔隙大，因此更适用于铺超速公路的高路堤。

② 粉煤灰三渣路面　即由粉煤灰、消石灰和碎石按 1∶1∶3 的配比与水搅拌，用作城市道路、高速公路的基层和底基层材料。

（8）粉煤灰制泡沫玻璃

泡沫玻璃是一种新型建筑材料，以粉煤灰为主要原料烧制而成，其密度在 0.5～0.8t/m³ 之间。具有抗压、隔热、隔音、防水、能浮出水面等性能，是现代高层建筑的优质材料。泡沫玻璃还可用作大型雕塑材料。

（9）粉煤灰生产磁性复合肥

磁性复合肥是以电厂的锅炉除尘烟灰为主要原料，加入多种添加剂后经成粒、磁化处理后制成的优质肥料。肥料中的磁性能刺激作物的生长，活化土壤，提高作物根系对土壤中养分的吸收。此外，该肥料的养分齐全，除有 N、P、K 三种肥料外，同时还有 Si、Fe、Al、Ca 和 Zn 等作物所需的微量元素及养分。

(10) 从粉煤灰中提取化学、化工原料

① 碱法提取氢氧化铝　由于不少粉煤灰中的 Al_2O_3 含量高达 $25\%\sim40\%$，因此从粉煤灰中提取氢氧化铝既有经济效益又有环境效益。

② 合成沸石　用提取 $Al(OH)_3$ 的过滤液，根据 $Al(OH)_3$ 和水玻璃中的 Na_2O 和 SiO_2 的浓度计算原料配比，控制浓度、晶化温度和晶化时间等参数，然后合成沸石。过滤液经过合成、压滤、洗涤、喷雾干燥等步骤即可包装出厂。

③ 回收铁或磁珠　粉煤灰中的铁主要以 Fe_2O_3、Fe_3O_4 和硅酸铁等形态存在。铁的回收一般采用磁选法。由于粉煤灰中的铁含量一般不高，需先经旋流器预选后富集。富集的全铁粉煤灰渣通过圆筒式弱磁选矿机进行分选，可得到高品位精铁矿。

④ 回收空心微珠　空心微珠是粉煤在 $1350\sim1500℃$ 的高温区域内燃烧后呈熔融状态，在高压气流雾化后，靠自身的表面张力凝聚成微珠，排灰时遇冷后所产生的一种空心珠球体。由于空心微珠具有球形、微小、质轻、中空、耐高温、电绝缘、强度高等多种优异特性，因此广泛应用于耐火材料、塑料、橡胶、石油、电子、航天、潜艇和军工等领域，取得了显著的经济效益和社会效益。

⑤ 回收稀散元素镓、锗等　粉煤灰的比表面积大，吸附能力强，具有高分子缩聚的特点，因此它易吸附、还原和富集锗、镓等某些稀散元素，从粉煤灰中回收锗和镓在国内外均有成熟的工艺和经验。

10.4　煤化工烟尘污染和治理

10.4.1　煤化工大气污染物的来源

(1) 焦化生产过程

炼焦过程排入大气的污染物，主要发生在装煤、推焦和熄焦等工序。在回收和焦油精制车间，会产生少量的芳香烃、吡啶、苯并芘和硫化氢等。

在装煤时，当煤料进入高温炭化室内，立即产生大量的煤气和烟气，由上升管和加煤孔夹带煤粉喷出，炉顶顿时会烟雾弥漫；在推焦时，未完全炭化的细煤粉及其析出的挥发分、焦侧炉门和炉门框上的焦油蒸气和部分焦炭燃烧的烟气，由于温度高而产生向上冲的气流，形成滚滚浓烟，焦越生，污染越严重；在湿法熄焦时，由于产生大量的水蒸气，而夹带着污染物排入大气，一座年产 45 万吨焦炭的炼焦厂，约有 $700m^3$ 的水在熄焦过程中蒸发。

(2) 气化过程

煤气化过程中产生的污染物种类和数量随气化工艺不同而不同。如鲁奇气化工艺比德士古工艺对环境的污染严重得多。固定床气化炉生产水煤气或半水煤气时，在吹风阶段有相当多的废气和烟气排入大气。

(3) 煤液化过程

煤液化产生的废气数量不多，主要是气体的偶尔泄露及放空气体中含有一定量的污染物。表 10-8 是溶剂精炼煤法产生的大气污染物（以每加工 7 万吨煤计）。

表 10-8　溶剂精炼煤法产生的大气污染物

污　染　物	数量/t	污　染　物	数量/t
微粒	1.2	As	1.4
SO_2	16	Cd	130
NO_x	23	Hg	23
烃类	2.3	Cr	2200
CO	1.2	Pb	480

（4）燃煤的主要污染物

煤炭直接燃烧造成的大气污染最为严重，污染物按其状态，可分为气态污染物和粉尘或烟尘。

① 烟尘　燃煤锅炉特别是粉煤锅炉会产生大量的烟尘。大气中的烟尘和 SO_2 达到一定浓度，在遇到不良的大气条件下，就可能发生烟雾事件。

② 气态污染物　燃煤的气态污染物主要有 SO_2、NO_x 和 CO_2。

SO_2 主要来自煤炭的直接燃烧。我国煤炭平均含硫达 1.78%，80% 的煤用来直接燃烧。资料表明，全国每年排入大气的 SO_2 约 1800 万吨，数量相当大，其中来自煤炭的约占 87%，即 1566 万吨。SO_2 是造成酸雨（pH 小于 5.6 的雨/水）的主要污染物之一。酸雨的主要危害是：使湖泊酸化，水生生物减少；使土壤酸化，阻碍农作物森林牧草的生长；使各种建筑物、雕塑等遭受腐蚀破坏。在我国被酸雨污染的地区约占 37%，主要是四川、贵州和江苏，如重庆酸雨的 pH 达 3.35，贵阳达 3.44。

煤的燃烧也产生 NO_x（NO、NO_2），部分来自空气中的氮与氧气的化合，部分来自煤中的氮，其数量和成分与燃烧温度有很大关系。有数据表明，一个年燃煤 300 万吨的电厂，向大气排放的 NO_x 约 2.7 万吨。NO_x 的主要危害是：是形成光化学烟雾的主要污染物之一；形成酸雨；进入平流层还可以破坏臭氧层。

CO_2 是燃煤、燃油和天然气过程产生的有害气体，但在放出同样能量的条件下，燃煤放出的 CO_2 比其他的要多得多。CO_2 若在大气中的浓度增加，就会引起全球性气候变暖，产生"温室效应"。这些全球性的大气污染，危害很大，已经引起世界各国的高度重视并加以治理。

10.4.2　煤化工烟尘控制

10.4.2.1　一般除尘技术

烟尘处理即气固相分离，需要根据含尘气体的特点，如含尘的浓度、粒度的大小、粒子的电阻等选择合适的除尘装置进行除尘。

（1）除尘装置的主要性能指标　有技术指标和经济指标，技术指标有除尘效率、压力损失及处理气体量；经济指标有设备的基建投资与运转费用、使用寿命、占地面积及空间等。此处重点讨论技术指标。

① 除尘效率 η　除尘效率有总效率和分级效率之分，总效率是针对所有粒径的粒子，而分级效率是对一定粒度范围的粒子来说的。总效率的计算公式如下：

$$\eta = \frac{G_1 - G_2}{G_1}$$

$$\eta = \frac{C_1 - C_2}{C_1}$$

式中　G_1，G_2——设备进出口粉尘的质量流量，g/s；

　　　C_1，C_2——设备进出口粉尘的粉尘的浓度，g/m^3。

② 气体处理量 Q　每一种除尘装置都有一个标准的处理量，若实际处理量高于或低于此值，对除尘效率都有影响。如旋风分离器和文丘里洗涤器，其除尘效率随实际处理气体量的增加而增大；而电除尘和袋式除尘器则情况正好相反。

③ 压力损失 Δp　除尘器的压力损失是指气体进出口的压力差。由两部分构成，一是摩擦损失，主要与气体本身的黏滞性和器壁的粗糙度有关；二是局部损失，由于气体在流动时，其速度和方向发生变化而产生涡流而引起。其计算公式为：

$$\Delta p = \varepsilon \gamma W^2/2$$

式中　ε——阻力系数，由实验和经验公式确定；

　　　γ——烟气的密度，kg/m^3；

　　　W——烟气进口速度，m/s；

　　　Δp——压力损失，Pa。

（2）除尘装置的主要类型及其性能　除尘装置可分为机械式（重力、惯性力和离心力）、洗涤式、过滤式和电除尘等四大类。这些装置的性能特点各不相同，见表10-9。机械式除尘一般多作为一级除尘，适用于烟气流量大、粉尘浓度高和粉尘颗粒大的场合，旋风分离器是比较广泛使用的除尘装置；文丘里除尘和其他湿式除尘器集除尘、降温和吸收于一体，除尘效率高，但也有阻力较大和需要处理废水的缺陷；过滤除尘可以去除很小颗粒的烟尘，效率很高，但阻力较大，适宜除尘要求很高的场合或回收有用的固体粉末；电除尘器的除尘效率高，可以去除小颗粒粉尘，阻力小，适宜大流量烟气的深度除尘，应用较广。

表 10-9　常用除尘装置的性能

除尘装置	处理粉尘		除尘效率/%	压力损失/Pa	除尘原理	设备费	运行费
	浓度	粒度/μm					
重力除尘器	高	>50	40～70	100～150	重力沉降	低	低
惯性力除尘器	高	10～100	50～70	300～700	惯性力	低	低
旋风除尘器	高	3～100	85～96	500～1500	离心力	中	中
文丘里除尘器	高	0.1～100	80～89	>3000	尘粒被粘	中	高
袋滤器	高	0.1～20	90～99	1000～2000	过滤	较高	较高
静电除尘器	低	0.05～20	80～99.9	100～200	静电作用	高	低、中

（3）除尘装置的选择　除尘技术的方法和设备很多，各具特色，实际选择时，除了需要考虑处理对象的性质和要求外，还得充分了解各种除尘装置的性能和特点，这样才能合理地选择，使除尘过程既经济又有效。具体可参考以下选择原则。

① 若粉尘粒径较小，应该选择表10-9中的后三种除尘器，否则用前三种。

② 若气体含尘浓度高，选择机械除尘，否则用文丘里洗涤器，若气体进口含尘浓度高而出口要求浓度低时，可先用机械除尘除去较大的粒子，再用电或过滤式除尘，去除较小的粒子。

③ 对黏附性强的粒子，最好选择湿式除尘器。

④ 若尘粒的电阻率在 $10^4 \sim 10^{11} \Omega \cdot cm$ 范围，气体温度在 500℃ 以下，可用电除尘器。若粒子的电阻率不在上述范围，可预先通过调节温度、湿度或添加化学品，使

其满足电阻率要求。

⑤ 处理温度应该在高于露点温度 20℃下进行。温度太高时，会导致气体的黏度增加、压力损失增加、除尘效率下降等；温度太低，则会有水分析出，影响除尘处理。

⑥ 若气体中含有易燃、易爆的成分时，应该预先处理后再除尘。

10.4.2.2　煤化工生产中的烟尘控制技术

煤化工生产中的烟尘主要来自焦炉的装煤和出焦，所以烟尘控制也主要针对这两个工序。

(1) 装煤烟尘控制技术

① 无烟煤法　在上升管喷蒸汽形成负压，将荒煤气抽入集气管，这样做有一定的效果，但容易使煤粉一并带出。

② 装煤车上附设消烟除尘装置　这种装置由燃烧室、旋流板洗涤塔、排风机和给排水设施等组成。采用消烟除尘装置，可使焦炉的机、焦侧和炉顶的苯并芘降低 100 倍以上。表 10-10 是某厂的处理效果。

表 10-10　装煤烟尘控制装置的处理效果

项　目	气 体 的 组 成/%						
	CO_2	C_nH_m	CO	CH_4	H_2	N_2	O_2
处理前	6.5	4.7	11.05	19.6	30.9	26.9	0.35
处理后	12.55	0.04	2.13	0.57	3.2	80.2	1.40

(2) 出焦烟尘控制技术　可在拦焦车上安设与装煤车上类似的除尘设施。如宝钢焦化厂用此法消烟除尘，结果使含尘气体粉尘浓度由 $12g/m^3$ 降为 $50mg/m^3$，烟气流动路线如下：

吸尘罩→连接管→固定管→预除尘器（出口气体温度 220～230℃）→空气冷却器→布袋除尘器→抽风机→消声器→烟囱。

(3) 熄焦烟尘控制的措施　为防止熄焦过程的烟尘污染，可采用的措施有：禁止采用含酚废水熄焦；熄焦塔顶安置铁丝网、挡板或捕尘器，以减少焦粉排到大气中；将普通的熄焦车改为行走的熄焦车；采用干法熄焦，用惰性气体（N_2，85%；CO_2，5%～10%；CO，<5%）冷却焦炭，气体在密闭的系统中循环流动，多余部分经过除尘系统后排放。与湿法熄焦比，干法熄焦不仅大气污染小，而且能回收很多热能，每吨焦可以产生 420～450kg 的蒸汽，其压力为 4.6MPa，可用于发电，是目前最好的熄焦办法。

10.4.3　煤化工气态污染物的处置

10.4.3.1　一般处理技术

气态污染物的处理技术主要有吸收、吸附、冷凝和燃烧法等。

(1) 吸收法　利用气体混合物不同组分在吸收剂中的溶解度不同，或有的组分与吸收剂发生化学反应，从而使有害组分从气流中分离出来。对于气态污染物的处理，吸收法具有技术成熟、操作经验丰富、适用性强和应用广泛等特点。

吸收法分物理和化学两类。物理吸收过程的推动力是组分在气相中的分压与其在溶液中该气体的平衡分压之差。化学吸收过程是依靠溶解的气体与溶剂等发生化学反应，导致该气体的平衡蒸气压降低，从而推动吸收。

吸收剂应该具有对有害气体的溶解度大（吸收效率高）、物化稳定性高和容易再生等特点。常用的吸收剂有水、碱性吸收剂[$NaOH$、$Ca(OH)_2$ 和氨水等]、酸性吸收剂（稀硝酸等）和有机吸收剂（洗油和聚乙烯醚等）。

吸收装置主要有填料、筛板和喷淋塔。它们的工作原理与湿式除尘装置基本相似。其主要作用是提供大的气液接触面而且易于更新；最大限度地减少阻力和增加推动力。

(2) 吸附法 主要用于中低浓度废气的净化，也分物理和化学吸附。实际吸附过程中两者往往同时存在，低温时以物理吸附为主，高温时以化学吸附为主。

常用的吸附剂有活性炭、骨碳、硅胶、分子筛等，在大气污染物控制方面，以活性炭应用最广。

(3) 冷凝法 利用物质在不同温度下，具有不同的饱和蒸气压的性质，通过降低系统的温度或增加压力，使处于蒸气状态的污染物冷凝，从废气中分离出来。

该法特别适用于处理污染物浓度在 $10dm^3/m^3$ 以上的有机废气。常作为吸附、燃烧等净化高浓度废气的前处理，以减轻后续工序的负荷。冷凝法设备简单、操作方便，并容易回收纯产品。

(4) 燃烧法 利用热氧化或高温分解，将废气中的可燃成分转化为无害物质，如含烃废气在燃烧中被氧化成 CO_2 和 H_2O，同时还可以消烟除臭，因而被广泛应用。通过燃烧法处理的污染物有各种有机物、CO、H_2S、恶臭物质、黑烟（含弹粒和油烟）。

燃烧法可分为三类。一是直接燃烧或称为直接火炬后燃烧法。焦炉装煤的消烟除尘装置就采用火炬燃烧法，要求处理废气的发热量在 $3350\sim3725kJ/m^3$ 以上。火炬燃烧器是将可燃废气引至离地面一定高度，在大气中进行明火燃烧的装置。二是焚烧法，利用另外的燃料燃烧产生高温，使废气中污染物分解、氧化，进而无害化。最重要的是必须能保证燃烧完全，否则将会形成燃烧中间产物，其危害性可能更大。为此需要控制好以下条件：过量氧的存在；足够高的温度；足够的停留时间；高度的湍流。另一类是催化燃烧法。燃烧在催化剂（贵金属，也有非贵金属的）存在下进行。适用于去除低浓度有机蒸气和恶臭物质，如含油漆溶剂的废气及汽车尾气等。而不适合处理有机含氯、含硫化合物的废气，以及含高沸点或高分子化合物的废气。

除此之外，还有正在不断发展的处理气态污染物的高新技术，如生物法、膜分离法和电子束照射法等。

10.4.3.2 烟气中 SO_2 和 NO_x 的处理

(1) 烟气脱硫 降低或除去烟气中的 SO_2 共有三种方法：炉前脱硫，即煤脱硫；炉内脱硫，燃烧时同时向炉内喷入石灰石和白云石；炉后脱硫，即烟气脱硫，这是以下重点讨论的内容。

① 吸收法 用碱性吸收液，如氨水、石灰乳等吸收气体中的 SO_2。当用氨水做脱硫剂时，SO_2 的吸收率约达 99.5%，最后产物是高浓度 SO_2 和 $(NH_4)_2SO_4$，吸收过程的反应：

$$SO_2 + 2NH_3 + H_2O \longrightarrow (NH_4)_2SO_3$$

$$(NH_4)_2SO_3 + SO_2 + H_2O \longrightarrow 2NH_4HSO_3$$
$$NH_4HSO_3 + NH_3 \longrightarrow (NH_4)_2SO_3$$

在吸收过程中要控制加氨量，以保持 NH_4HSO_3 和 $(NH_4)_2SO_3$ 有一定的比例。在分解塔中，用 93% 的硫酸分解上述铵盐，反应如下：

$$2NH_4HSO_3 + H_2SO_4 \longrightarrow 2SO_2 + 2H_2O + (NH_4)_2SO_4$$
$$(NH_4)_2SO_3 + H_2SO_4 \longrightarrow SO_2 + H_2O + (NH_4)_2SO_4$$

分解后 SO_2 的浓度可达 95% 以上，可以生产硫酸或液体 SO_2。

当用石灰乳作脱硫剂时，有吸收和氧化两步反应：

$$Ca(OH)_2 + SO_2 + H_2O \longrightarrow CaSO_3 + 2H_2O$$
$$CaSO_3 + SO_2 + H_2O \longrightarrow Ca(HSO_3)_2$$
$$Ca(HSO_3)_2 + \frac{1}{2}O_2 + H_2O \longrightarrow CaSO_4 \cdot 2H_2O + SO_2$$
$$CaSO_3 + 2H_2O + \frac{1}{2}O_2 \longrightarrow CaSO_4 \cdot 2H_2O$$

石灰乳浓度为 7% 左右，脱硫效率约为 97%。副产品是脱硫石膏，主要成分是 $CaSO_4 \cdot 2H_2O$。此法在国内外已经有很多工业化装置，因此脱硫石膏的资源化利用也是急需解决的问题。在国外脱硫石膏几乎都被利用，广泛应用在生产熟石膏粉、α 石膏粉、石膏制品、石膏砂浆、水泥添加剂等各种建筑材料。与国外相比，我国的脱硫石膏利用率较低，但随着科技的不断进步，近几年我国对脱硫石膏的应用在生产建筑材料、水泥辅料、土壤改良、石膏制品等方面也取得了突破性进展。

② 吸附法　用活性炭可以吸附烟气中的 SO_2，并将其氧化为硫酸，已经实现工业化，但成本较高。

此外，还有亚硫酸钠法、次氯酸钠法、氧化镁和氧化锰法等。

(2) 烟气脱 NO_x

烟气中的 NO 占 NO_x 总量的 95%，其余是 NO_2。由于 NO_x 在烟气中含量少、化学活性低，所以脱 NO_x 比脱 SO_2 困难得多。需要用化学还原法处理。目前烟气脱 NO_x 净化技术大多采用的是选择催化还原法（SCR）、非催化还原（SNCR）工艺和活性炭及 DESONOX 联合工艺，这些工艺现已得到了进一步发展并用于工业生产。

① 选择催化还原法（SCR）　使用 NH_3 作为还原剂，将 NO_x 还原成 N_2，反应式如下：

$$4NH_3 + 6NO \xrightarrow{\text{催化}} 5N_2 + 6H_2O$$
$$4NH_3 + 4NO + O_2 \xrightarrow{\text{催化}} 4N_2 + 6H_2O$$
$$8NH_3 + 6NO_2 \xrightarrow{\text{催化}} 7N_2 + 12H_2O$$
$$4NH_3 + 2NO_2 + O_2 \xrightarrow{\text{催化}} 3N_2 + 6H_2O$$

此法通常有低粉尘和高粉尘两种运行方式，也可以把催化还原装置放在烟气脱硫之后，这样能避免剩余 NH_3 影响飞灰处理及综合利用，也能避免与脱 SO_2 过程相互作用。德国、日本、澳大利亚和美国等国均采用此技术，但此技术的缺点是所需成本高、占地面积大。

② 非催化还原法（SNCR） SNCR 法不使用催化剂，在 $850\sim1100℃$ 温度范围内还原 NO_x，最常用的还原剂为氨和尿素。喷药点必须位于燃烧室和省煤器间的过热器区域。烟气中 NO_x 和药品在最佳反应温度下的良好混合对于提高 NO_x 转化率及降低 NH_3 逃逸十分重要。当温度高于这个范围时，氮被氧化，生成更多的氧化氮；当温度低时，NO_x 转化率降低，形成氨。

SNCR 法比较适用于原烟气 NO_x 含量和还原率较低的机组。其维修、磨损件及电能的费用都较低，主要受还原剂成本（所要求的净烟气 NO_x 浓度和还原率）、贮存容量和控制技术的影响。SNCR 法商业机组现已在奥地利和德国投入运行（机组热功率 $>50MW$）。

③ 活性炭法 活性炭法可单独用来脱硫或脱硝，或者同时用来脱除两者。

当用来脱除两者时，使用的是活性硬煤，烟气经除尘器后便在 $90\sim150℃$ 下进入第一级炭床。需喷水冷却热烟气。二氧化硫与烟气中水分经催化氧化反应形成硫酸，再吸附到活性炭上。

第一阶段的反应：

$$SO_2+\frac{1}{2}O_2 \longrightarrow SO_3$$

$$SO_3+H_2O \longrightarrow H_2SO_4$$

$$2NO_2+2C \longrightarrow N_2+2CO_2$$

占烟气 NO_x 总量约 5% 的 NO_2 在这一阶段能被活性炭还原成 N_2。在烟气进入第二级前，在混合室向烟气喷氨。在第二级，NO 与氨催化反应形成 N_2 和 H_2O，其主反应式如下：

$$6NH_3+4NO \xrightarrow{\text{催化剂}} 5N_2+2H_2O$$

发生在第二级的进一步反应为：

$$6NO_2+8NH_3 \longrightarrow 7N_2+12H_2O$$

$$2NO+2NH_3+\frac{1}{2}O_2 \longrightarrow 2N_2+3H_2O$$

$$SO_2+2NH_3+\frac{1}{2}O_2+H_2O \longrightarrow (NH_4)_2SO_4$$

活性炭法具有以下优点：吸附容量大；吸附过程和催化转换过程快；对氧的反应性慢；可再生；机械稳定性高。

活性炭法容易形成"热点"，引发燃烧，另外所需设备体积大。此法在欧洲阿茨贝格电厂用于烟气联合脱硫、脱硝。

④ SNOX-DESONOX 法 丹麦的 SNOX 法和德国的 DESONOX 法是用催化剂联合脱硝、脱硫的两种方法。从除尘器出来的烟气进入催化反应器还原 NO_x，这一点与 SCR 方法相似。先将烟气加热至 $400\sim420℃$ 再送入催化反应器，使 SO_2 氧化为 SO_3。然后在换热器中将烟气冷却，大多数 SO_3 与烟气中所含的水汽化合成硫酸，即可出售。

由于稍过量的 NH_3 对 NO 的脱除有利，与普通的 SCR 法相比，这两种方法能解决氨逃逸量较高问题。这是因为在随后的 SO_2 氧化反应器中氨被氧化成 N_2 和 NO 而得到彻底解决。因此，脱硝催化器的布置可减小。

SNOX 与 DESONOX 法的基本区别在于还原和氧化催化剂是布置在单独的反应器里（SNOX），还是在联合反应器里（DESONOX）。由于脱硝和脱硫的运行温度不同，单独的反应器可以单独调节并使其在各自最佳温度下运行。而在联合反应器里（DESONOX）内，运行温度应为氧化催化剂的温度 450℃。

SNOX 与 DESONOX 法脱除率必须保持在 $90\% \sim 95\%$，否则一部分 NO_x 在 SO_2 氧化反应器中被氧化成 NO_2，如浓度较高时，呈褐色，又会成为环境问题。

10.4.3.3　废气的燃烧处理

用燃烧法可将废气中的可燃气体、有机蒸气和可燃尘粒转化为无害或容易除去的物质，在工业上应用非常广泛。

以上仅对煤化工生产中的典型污染物及其治理做了简要介绍。由于煤化工对环境的污染比较严重，污染物的种类也不止这些，所以其污染防治工作任重而道远，需要不断加强。总的原则有二：一是以防为主，制定相应的技术政策加强宏观调控，采用少废和无废工艺；二是加强废弃物的综合利用，实现资源化。

10.5　煤化工职业卫生设施与个人防护

10.5.1　煤化工职业卫生设施

为保护工人正常地工作，身体不受伤害，在其工作场所应安设有效的卫生设施，主要有暖通空调设施和采光与照明设施。

10.5.1.1　暖通空调设施

(1) 通风设施

通风的目的是提供新鲜空气，排除车间或房间内的余热、余湿、有毒气体、蒸汽和粉尘，以保证每人每小时的新鲜空气量约不小于 $30m^3$。在焦化厂需要通风降温的工作场所主要有：焦炉炉顶、机侧、焦侧工人休息室，高温环境下的热修工作室，调火工室，交换机工、焦台放焦工和筛焦工等的操作室等。通风设施的要求如下。

① 对多尘或散发有毒气体的厂房内的空气不得循环使用。

② 有燃烧或爆炸危险的生产厂房用的通风及排风设备不宜布置在同一通风机室，也不应和其他房间的排送风设备布置在一起。相互隔离着的易燃易爆场所的通风系统不得连接在一起。

③ 有燃烧或爆炸危险场所的通风设备应由非燃烧材料制成，通风系统应有接地和消除静电的措施。

④ 含有爆炸粉尘的空气，应该在进入排风机前进行净化。

⑤ 事故风机应该有两路电源，手动事故排风、通风机的开关应该分别设在室内、外便于操作的地点。

⑥ 焦炉炉顶、炉门修理站、焦炉地下室等处应该设轴流通风机组。

⑦ 鼓风机室、苯蒸馏泵房、精苯洗涤工段、室内库房、吡啶装置设备室、生产厂房等场所应该安设自动或手动排风装置。

(2) 空调

在焦炉的推焦车、装煤车、拦焦车和熄焦车的司机室应该设空调设备。通过空气调节控制相对湿度约在 50% 最好。湿度太大，人体散热困难；太小则干燥不适

（3）采暖

为保证工人不因冬季降温而影响工作，应该设采暖装置。采暖系统分局部和集中两种，其传热介质有热水、空气和蒸汽。

在设计集中采暖车间时，应该保证在轻、中、重作业地点的温度分别不得低于 15℃、12℃和10℃。当车间面积太大时，可以在作业或休息地点设局部采暖装置。设计时应该注意以下安全：

① 对能散发出可燃气体、蒸汽、粉尘，与采暖管道、散热表面接触能引起火灾的厂房，不应该采用循环热风采暖；

② 在散发可燃粉尘、纤维的厂房，集中采暖的热介质温度不能过高，热水低于 130℃，蒸汽要低于110℃；

③ 经常运转的露天移动设备的司机室内的温度要大于10℃；

④ 焦化厂的备煤、炼焦、回收和精制车间不应该采用翼型散热器取暖；

⑤ 生产闪点在28℃以下的易燃易爆液体（如苯类、二硫化碳和吡啶等）的车间或仓库不得采用散热器采暖，应该用不循环的热风采暖。

10.5.1.2　采光与照明设施

职业卫生学证明：适宜的工业照明，不仅能避免事故的发生，还能提高产品的质量和劳动生产率。

工业照明是通过天然采光和人工照明实现的。按照工作需要，可分为正常、事故、值班照明等，照明的安全要求如下。

① 甲、乙类液体储槽区，应该采用非爆炸危险区高处投光照明，甲类液体储槽区需要局部照明时，应采用防爆灯。

② 行灯电压不得大于36V，在金属容器或潮湿场所，电压不得大于12V，安全电压的电路必须是悬浮的。

③ 受煤坑地下通廊、翻车机室底层、焦炉交换机室、地下室、烟道走廊、鼓风机室、精苯车间、中央变电所和集中控制的仪表室等场所应该设事故照明。当正常照明中断时，事故照明能自动切换。

④ 生产装置上的照明灯，不应该面向可燃气体的放散管、储槽顶部入孔和管道法兰盘，也不应装在可能喷出可燃气体的水封槽和满流槽上部。

10.5.1.3　辅助设施

煤化工应根据生产的特点、实际需要和使用方便的原则，设置生产辅助用室，主要有浴室、厕所等。

设置辅助用室的要求：设置辅助用室的位置应避免毒物、高温、辐射等有害因素的影响；对接触有毒、恶臭物质或严重污染全身粉尘车间的浴室，不得设浴池，应采用淋浴；对可能发生灼伤或经过皮肤吸收引起急性中毒的工作地点或车间，应该设事故淋浴室；在易引起酸、碱烧伤的场所，应该设洗眼设备；食堂位置不得与有毒气体车间相邻。

10.5.2　煤化工个人防护用品

个人防护品是劳动者为防止有害因素的直接危害而使用的器具。为了保证劳动者的安全和健康，改善劳动条件，消除各种不安全、不卫生的因素，每个劳动者应该用好各种防护用品。

（1）头部、面部的防护品 主要有安全帽和面罩。安全帽可以保护劳动者的头部，避免或减缓堕落物的直接撞击、挤压伤害，是生产中广泛使用的个人防护用品。面罩的类型主要有两种，一是有机玻璃面罩，能屏蔽放射性的 α 射线、低能量的 β 射线，防止酸、碱等化学品、玻璃碎片等飞溅而引起的对面部的损伤和辐射热的灼伤；防酸面罩是接触酸、碱、有毒物质的防护用品。

（2）呼吸器官的防护品 呼吸器官保护器主要用于在粉尘、毒物污染、事故处理、抢救、检修、剧毒操作以及在狭小室内作业等场所，主要有过滤式和隔绝式两种。过滤式呼吸器能滤除空气中的有害物质，具有防尘和防毒的作用。其主要使用条件是：作业环境空气中含氧量大于 18%，温度在 $-30\sim45℃$；空气中尘、毒物浓度符合相应规定，一般不能在罐、槽等狭小、密闭容器中使用。

隔绝式呼吸器有送风式和携气式两类。前者是依靠电动、手动或自吸的方式来提供气源；后者是自带气源，有氧气、空气和化学氧呼吸器。隔绝式呼吸器的作用是使戴用者呼吸系统与劳动环境隔离，由呼吸器自身供气（空气或氧气）或从清洁环境中引入纯净空气以维持人体的正常呼吸。适用于缺氧、严重污染等有生命危险的工作场所使用。

（3）眼部、听觉器官、手臂和足部的防护 眼、面部防护用具用于防止辐射、烟雾、化学品、尘粒等伤害眼和面部，包括眼镜、眼罩和面罩。根据实际使用情况，眼部防护镜有：焊接用、炉窑用、防冲击用眼防护具，微波、激光、X射线、尘、毒防护镜。

为防止或减轻噪声对人听力的损害，需要使用护耳器（耳塞、耳罩和帽盔）。主要用于长期在 90dB(A) 以上或短期在 11dB(A) 的环境中。

手部防护品，即手套，主要有耐酸、耐碱、电工绝缘、电焊工、防寒、耐油、防X射线、石棉手套等。

足部防护品，即防护鞋，主要有防静电、导电、绝缘鞋，防酸碱、防油、防水、防寒鞋，防刺穿、防砸、防高温鞋等专用鞋。用于防止生产过程中有害物质和能量损伤劳动者足部和小腿部。

（4）躯体的防护 穿防护服，可以使劳动者免受粉尘、毒物等物理因素的伤害，不同的工作场所，应该穿不同的工作服，如表 10-11 所示。

表 10-11 躯体防护服的类型、作用

类　型		适　用　场　所	作　用
防尘服	工业防尘服	粉尘污染的劳动场所	防止粉尘危害皮肤
	无尘服	无尘工艺作业	保证产品质量
防毒服	密闭型	防止酸、碱、矿物质、油类等毒物污染或伤害皮肤	用于污染严重的场合
	透气型		轻、中度污染场所
高温工作服		高温、高热或辐射热场所	隔挡辐射热
防火服		消防、火灾场所	防火
阻燃服		工业锅炉、金属热加工、焊接等	阻燃
防静电服		产生静电积聚、易燃、易爆场所	消除服装及人体带电
带电作业服	等电位均压服	等电位带电检修	（由金属丝布缝制）屏蔽高压电流和分流电容电流
	绝缘服	低压电情况	
防机械外伤和脏污服		机械运转及使用材料、工具时	预防机械伤害，防止脏物污染

（5）皮肤的保护 在生产作业环境中，常存在各种化学、物理等危害因素，对人

体的暴露皮肤产生不断的刺激和影响，进而引起皮肤的病态反应，如皮疹、湿疹、皮肤角化、化学烫伤等职业性皮肤病。有的工业毒物甚至经过皮肤吸收，慢慢积累到一定程度而中毒。所以对特殊作业人员的外露皮肤应该使用特殊的护肤膏、洗涤剂等护肤品保护，它们与日常用的化妆品在用途上有所区别。

思考题

1 煤化工生产安全技术有哪些？安全生产管理的原则、措施和制度分别有哪些？
2 简述煤化工污染物的主要来源、种类及其治理技术。
3 简述煤化工生产过程中的职业卫生设施和个人防护的内容。

参 考 文 献

[1] 郭树才. 煤化工工艺学. 北京：化学工业出版社，1992.
[2] 许祥静，刘军. 煤炭气化工艺. 北京：化学工业出版社，2005.
[3] 谢全安，薛利平. 煤化工安全与环保. 北京：化学工业出版社，2005.
[4] 汪大翚，徐新华，杨岳平. 化工环境工程概论. 北京：化学工业出版社，2002.
[5] 虞继舜. 煤化学. 北京：冶金工业出版社，2000.
[6] 陈鹏. 中国煤炭性质分类和利用. 北京：化学工业出版社，2001.
[7] 俞珠峰. 洁净煤技术发展及应用. 北京：化学工业出版社，2004.
[8] 贺永得. 现代煤化工手册. 北京：化学工业出版社，2004.
[9] 谢克昌. 煤的结构与反应性. 北京：科学出版社，2002.
[10] 姚强. 洁净煤技术. 北京：化学工业出版社，2005.
[11] 应卫勇，曹发海，房鼎业. 碳一化工主要产品生产技术. 北京：化学工业出版社，2004.
[12] 吴宗鑫，陈文颖. 以煤为主多元化的清洁能源战略. 北京：清华大学出版社，2000.
[13] 郝吉明，王书肖，陆永琪. 燃煤二氧化硫污染控制技术手册. 北京：化学工业出版社，2001.
[14] 阎维平. 洁净煤发电技术. 北京：中国电力出版社，2002.
[15] 郑明东，水恒福，崔平. 炼焦新工艺与技术. 北京：化学工业出版社，2006.
[16] 王晓琴. 炼焦工艺. 北京：化学工业出版社，2005.
[17] 彭国胜. 利用煤炭资源发展洁净燃料二甲醚. 煤炭转化，2002，25：35～37.
[18] 吴春来. 21世纪我国煤炭综合利用趋势浅析. 煤化工，2000，93（4）：3～5.
[19] 韩凌. 二甲醚生产技术与市场状况. 煤化工，2000，92（3）：32～34.
[20] 贾广信，鼓泡塔一步法合成二甲醚工艺条件的研究. 煤炭转化，2002，25（1）：82～86.
[21] 舒歌平. 煤炭液化技术. 北京：煤炭工业出版社，2003.
[22] 吴春来. 煤炭间接液化技术及其在中国的产业化前景. 煤炭转化，2003，26（2）.
[23] 许文. 化工安全工程概论. 北京：化学工业出版社，2002.
[24] 周忠元，陈桂琴. 化工安全技术与管理. 第2版. 北京：化学工业出版社，2004.
[25] 朱宝轩，刘向东. 化工安全技术基础. 北京：化学工业出版社，2004.
[26] 刘景良. 化工安全技术. 北京：化学工业出版社，2003.
[27] 姚昭章，炼焦学. 第2版. 北京：冶金工业出版社，1995.
[28] 肖瑞华，白金锋. 煤化学产品工艺学. 北京：冶金工业出版社，2003.
[29] 向英温，杨先林. 煤的综合利用基本知识问答. 北京：冶金工业出版社，2002.
[30] 范伯云，李哲浩. 焦化厂生产问答. 第2版. 北京：冶金工业出版社，2003.
[31] 周敏，倪献智，李寒旭. 焦化工艺学. 北京：中国矿业大学出版社，1995.
[32] Robert JO'Brien, Liguang Xu, Robert L Spicer, et al. Activity and Selectivity of Precipitated Iron Fischer-Tropsch Catalysts. Catalysis Today, 1997, (36): 325～334.
[33] Wilfried Ngantsoue-Hoc, Yongqing Zhang, Robert JO'Brien, et al. Fischer-Tropsch Synthesis：Activity and Selectivity for Group I Alkali promoted iron-based Catalysts. Applied CatalysisA：General, 2002, (236): 77～89.
[34] Yuanyuan Ji, Hongwei Xiang, Jili Yang. Effect of Reaction Condition on the product Distribution During Fischer-Tropsch Synthesis over an Industrial Fe-Mn Catalyst. Applied Catalysis A：General, 2001, (214): 77～86.
[35] Yining Wang, Wenping Ma, Yijun Lu, et al. Kinetics Modeling of Fischer-Tropsch Synthesis over an Industrial Fe-Cu-K catalyst. Fuel, 2003, (82): 195～213.
[36] 黄戒介，房倚天，汪洋. 现代煤气化技术的开发与进展. 燃料化学学报，2002，30（5）：385～391.
[37] 朱晓苏. 我国煤炭直接液化技术及其工业应用前景. 煤炭转化，1998，21（2）：17～19.
[38] 周建明，王永刚，杨正伟等. 白洞煤直接液化性能的研究. 煤炭转化，2005，28（4）：17～19.
[39] 闻全，梁杰，钱路新等. 新河煤层地下气化模型试验研究. 煤炭转化，2005，28（4）：11～16.
[40] 常杰，滕波涛，白亮等. Fischer-Tropsch合成中的CO活化机理. 煤炭转化，2005，28（2）：1～6.
[41] 刘粉荣. 高硫煤热解过程中硫变迁行为的研究. 中国科学院山西煤炭化学研究所博士学位论文，2007.
[42] 袁春华. 粉煤灰的特性及多种元素提取方法研究. 广东化工，2009，36（11）：101～103.
[43] 茅沈栋，李镇，方莹. 粉煤灰资源化利用的研究现状. 混凝土，2011，261（7）：82～84.